网页设计与开发**殿堂之路**

Home　About　Services　Team　Blog　Contact

（第2版）

PHP+MySQL+Dreamweaver
动态网站建设全程揭秘

李晓斌　编著

U0215266

清華大學出版社
北　京

内 容 简 介

本书以Dreamweaver CC为工具，结合Apache服务器、PHP程序语言和MySQL数据库，全面系统地讲解了使用Dreamweaver开发PHP动态网站的方法和技巧，并通过多个网站实用系统功能的开发讲解，使读者能够快速掌握这些网站实用系统功能的实现方法。

本书内容简洁、通俗易懂，通过知识点与案例相结合的方式，让读者能够清晰明了地理解书中的相关技术内容，从而达到理想的学习效果。全书共分10章，包括配置PHP网站开发环境、PHP快速入门、MySQL数据库与phpMyAdmin管理、Dreamweaver内置服务器行为、会员管理系统、网站投票管理系统、网站新闻发布系统、网站图片管理系统、个人博客系统和商城购物车系统等内容。

本书结构清晰、实例经典、技术实用，适合动态网页制作的初、中级读者，也可以作为高等院校动态网页制作课程的教材，还可以作为网页设计与制作爱好者的自学参考书。

图书在版编目(CIP)数据

PHP+MySQL+Dreamweaver动态网站建设全程揭秘 / 李晓斌　编著. —2版. —北京：清华大学出版社，2019（2023.9重印）

（网页设计与开发殿堂之路）

ISBN 978-7-302-52685-8

Ⅰ. ①P… Ⅱ. ①李… Ⅲ. ①PHP语言—程序设计 ②SQL语言—程序设计 ③网页制作工具 Ⅳ. ①TP312.8 ②TP311.132.3 ③TP393.092.2

中国版本图书馆CIP数据核字(2019)第057431号

责任编辑：李　磊　焦昭君
封面设计：王　晨
版式设计：孔祥峰
责任校对：牛艳敏
责任印制：杨　艳

出版发行：清华大学出版社
　　　　网　　址：http://www.tup.com.cn，http://www.wqbook.com
　　　　地　　址：北京清华大学学研大厦A座　　　　　　邮　　编：100084
　　　　社 总 机：010-83470000　　　　　　　　　　　邮　　购：010-62786544
　　　　投稿与读者服务：010-62776969，c-service@tup.tsinghua.edu.cn
　　　　质 量 反 馈：010-62772015，zhiliang@tup.tsinghua.edu.cn
印 装 者：三河市铭诚印务有限公司
经　　销：全国新华书店
开　　本：185mm×260mm　　　印　　张：22　　　字　　数：636千字
版　　次：2014年10月第1版　　2019年8月第2版　　印　　次：2023年9月第5次印刷
定　　价：69.80元

产品编号：077881-01

随着科技的迅猛发展，网络在人们的生活中占据了重要的地位，无论是购物、学习、娱乐，还是远程教育，都可以通过网络实现。网络看似复杂，其实并不然，无论是多么复杂多变的网站都是由不同的网页组成的。所以，只要我们在了解网页设计理念的同时灵活地掌握网页设计的一系列软件，那么设计出一个完整的网站是一件很容易的事情。

本书由具有丰富网页设计经验的设计师编写，以 Dreamweaver CC 为工具，结合 PHP 语言及 MySQL 数据库的应用，为读者详细地剖析了 PHP 动态网站的开发技术和方法。从初学者的角度出发，通过由浅入深的方式详细地介绍 PHP 网站开发的流程，让读者能够更全面地了解 Dreamweaver+PHP+MySQL 开发网站的全部内容，从而达到学以致用的目的。本书将 PHP 和 MySQL 与 Dreamweaver 相结合，使读者能够轻松地了解原始程序代码与 Dreamweaver 之间的关系。

为了能够让读者清晰地了解每章的重点内容，本书为每一章的知识点都配备了相应的实战案例，通过知识点与案例相结合，并在其中穿插提示点拨，为读者全面、系统地介绍使用 Dreamweaver+PHP+MySQL 开发动态网站的方法和技巧。通过对本书的学习，希望能够提高读者阅读程序代码和编写代码的能力，并且可以利用 Dreamweaver 开发出 PHP 动态网站。全书共分 10 章，每章内容介绍如下。

第 1 章　配置 PHP 网站开发环境，介绍动态网站开发技术和 PHP 网站开发环境等相关知识，重点讲解 Apache+PHP+MySQL 开发环境的安装和配置，以及在 Dreamweaver 中创建 PHP 环境的方法。

第 2 章　PHP 快速入门，介绍 PHP 网站的运行原理和语法基础，以及 PHP 中的常量与变量、运算符与表达式、条件判断语句、循环语句、函数、数组等相关知识，使读者对 PHP 程序语言有更深入的了解。

第 3 章　MySQL 数据库与 phpMyAdmin 管理，介绍 MySQL 数据库的相关知识和基本操作，重点讲解如何使用 PHP 程序对 MySQL 数据库进行插入、查询、更新、删除等操作，并且还讲解了使用 phpMyAdmin 对 MySQL 数据库进行各种操作的方法和技巧。

第 4 章　Dreamweaver 内置服务器行为，介绍 Dreamweaver 动态网站开发的相关面板和术语，以及在 Dreamweaver 中创建记录集和使用各种服务器行为的方法，使读者快速掌握在 Dreamweaver 中开发 PHP 动态网站的方法和技巧。

第 5 章　会员管理系统，介绍网站会员管理系统规划和 MySQL 数据库设计，重点讲解网站会员登录、注册和找回密码功能的实现方法。

第 6 章　网站投票管理系统，介绍网站投票管理系统规划和 MySQL 数据库设计，重点讲解网站投票系统中用户投票、投票结果显示和后台投票管理功能的实现方法。

第 7 章　网站新闻发布系统，介绍网站新闻发布和管理系统规划及 MySQL 数据库设计，重点讲解新闻发布和管理系统中前台新闻显示、后台添加和管理新闻功能的实现方法。

第 8 章　网站图片管理系统，介绍网站图片管理系统规划和 MySQL 数据库设计，重点讲解图片管理系统中图片分类、图片上传、图片显示和图片管理功能的实现方法。

第 9 章　个人博客系统，介绍个人博客系统的规划和相关知识，以及个人博客系统数据库的设计，并且完成个人博客系统页面的制作和相关功能的开发。

第 10 章　商城购物车系统，介绍在线商城购物车系统规划和 MySQL 数据库设计，重点讲解将商品放入购物车、对购物车中商品进行管理操作的实现方法，以及通过商城后台管理系统对商品进行添加、修改、删除等管理操作的方法。

本书由李晓斌编著，另外张晓景、高鹏、胡敏敏、张国勇、贾勇、林秋、胡卫东、姜玉声、周晓丽、郭慧等人也参与了部分编写工作。本书在写作过程中力求严谨，由于作者水平所限，书中难免有疏漏和不足之处，希望广大读者批评、指正，欢迎与我们沟通和交流。QQ 群名称：网页设计与开发交流群；QQ 群号：705894157。

为了方便读者学习，本书为每个实例提供了教学视频，只要扫描一下书中实例名称旁边的二维码，即可直接打开视频进行观看，或者推送到自己的邮箱中下载后进行观看。本书配套的附赠资源中提供了书中所有实例的素材源文件、最终文件、教学视频和 PPT 课件，并附赠海量实用资源。读者在学习时可扫描下面的二维码，然后将内容推送到自己的邮箱中，即可下载获取相应的资源（注意：请将这几个二维码下的压缩文件全部下载完毕后，再进行解压，即可得到完整的文件内容）。

编　者

目录 ▾ 🔍

第9章　个人博客系统

第10章　商城购物车系统

第 1 章　配置 PHP 网站开发环境

PHP 是一种在服务器端解释执行的动态网页开发技术，如果在本地计算机中进行 PHP 网站的开发及测试工作，则在本地计算机中搭建 PHP 网站的开发环境。在本章中将向读者介绍动态网页开发与 PHP 网站开发环境的相关知识，使读者能够更深入地理解 PHP 动态网站开发，并能够在本地计算机中搭建 PHP 网站开发环境，这也是 PHP 网站开发的第一步。

本章知识点：
- 了解动态网站的开发流程
- 理解动态网站开发技术
- 了解 PHP 语言及 PHP 网站开发环境
- 了解 Apache 服务器和 MySQL 数据库
- 了解常见的 PHP 集成开发工具
- 掌握 AppServ 集成开发环境的安装与配置
- 掌握在 Dreamweaver 中创建 PHP 测试服务器站点的方法

1.1　了解动态网站的开发流程

Dreamweaver 提供了网站开发的整合性工作环境，可以支持不同的服务器技术，包括 ASP、PHP 和 JSP 等，能够使不懂程序的初学者快速掌握动态网站的制作技术。在对动态网站进行开发时需要遵循一定的工作流程，这样才会使网站开发过程更加有序。

1.1.1　网站策划

一件事情的成功与否，其前期策划非常重要，网站建设也是如此。网站策划是网站设计的前奏，主要包括确定网站的用户群和定位网站的主题，还有形象策划、制作规划和后期宣传推广等方面的内容。网站策划在网站建设的过程中尤为重要，它是制作网站迈出的重要的第一步。作为建设网站的第一步，网站策划应该切实地遵循"以人为本"的创作思路。

网络是用户主宰的世界，由于网络上可选择对象众多，而且寻找起来也相当便利，所以网络用户明显缺乏耐心，并且想要迅速满足自己的要求。如果他们不能在一分钟之内弄明白如何使用一个网站，他们会认为这个网站不值得再浪费时间，然后就会离开，因此只有那些经过周密策划的网站才能吸引更多的访问者。

1.1.2　规划站点基本结构

一个网站设计得成功与否，很大程度上取决于设计者规划水平的高低。网站规划包含的内容很多，如网站的结构、栏目的设置、网站的风格、网站导航、颜色搭配、版面布局、文字图片的运用等。只有在制作网站之前把这些方面都考虑到了，才能在制作时胸有成竹。

1.1.3　设计和制作网站静态页面

在版式布局完成的基础上，将确定需要的功能模块（功能模块主要包含网站标志、主菜单、新闻、搜索、友情链接、广告条、邮件列表、版权信息等)、图片、文字等放置到页面上。需要注意的是，这里必须遵循突出重点、平衡协调的原则，将网站标志、主菜单等重要的模块放在最显眼、最突出的位置，然后考虑次要模块的摆放。

整体的页面效果制作好以后，就要考虑如何把整个页面分割开来，使用什么样的方法可以使最后生成的页面的文件量最小。对页面进行切割与优化具有一定的规律和技巧。

接下来将页面制作成静态的 HTML 页面，也就是大家常说的网页制作。目前主流的网页可视化编辑软件是 Adobe 公司的 Dreamweaver，它具有强大的网页编辑功能，适合专业的网页设计制作人员，本书将主要介绍使用 Dreamweaver CC 对网页进行设计制作。

1.1.4　网站动态功能模块开发

完成网站 HTML 静态页面的制作后，接下来需要根据网站功能的需求来开发各部分动态功能模块。网站中常用的动态功能模块有新闻发布系统、搜索功能、产品展示管理系统、在线调查系统、在线购物、会员注册管理系统、统计系统、留言系统、论坛及聊天室等，这一部分也是本书将要重点介绍的内容。

1.1.5　网站功能测试

网站制作完成以后，暂时还不能发布，需要在本机上内部测试，并进行模拟浏览。测试的内容包括版式、图片等显示是否正确，是否有死链接或者空链接，网站中各种功能的运行是否正常等，发现有显示错误或功能欠缺后需要进一步修改再测试。

1.2　动态网站开发技术

静态网页只需要在浏览器中打开即可看到网页执行的结果，但是，对于使用各种服务器端语言 (PHP、ASP 和 JSP 等) 的动态网页，浏览器是无法直接解析这些程序代码的，需要经过 Web 服务器解析后才能够在浏览器中看到执行的结果。在学习 PHP 动态网站开发之前，首先需要了解动态网站开发的相关技术和原理。

1.2.1　网络工作原理

互联网是一组彼此连接的计算机，也称为网络。全世界所有计算机通过传输控制协议 (Transmission Control Protocol/Internet Protocol，TCP/IP 网络协议) 绑定成为一个整体。人们通过互联网可以与千里之外的朋友交流，共同娱乐、共同完成工作，如图 1-1 所示。

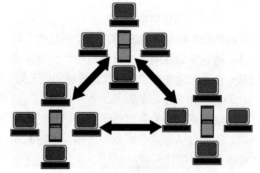

图 1-1

万维网，英文全称为 World Wide Web，简称 WWW，是互联网的一个子集，为全世界用户提供信息。万维网是 Internet 上基于客户端 / 服务器端体系结构的分布式多平台的超文本超媒体信息服务系统，它是 Internet 最主要的信息服务，允许用户在一台计算机上通过 Internet 存取另一台计算机上的信息。

WWW 又称为 3W 或 Web，它作为 Internet 上的新一代用户界面，摒弃了以往纯文本方式的信息交互手段，采用超文本 (Hypertext) 方式工作。利用该技术可以为企业提供全球范围的多媒体信息服务，使企业获取信息的手段有了根本性的改善。

WWW 主要由服务器端 (Server) 和客户端 (Client) 两部分组成。服务器端是信息的提供者，就是存放网页供用户浏览的网站，也称为 Web 服务器。客户端是信息的接收者，通过网络浏览网页的用户或计算机的总称，浏览网页的程序称为浏览器。

WWW 中的网页浏览过程，是由客户端的浏览器向服务器端的 Web 服务器发送浏览网页的请求，Web 服务器就会响应该请求并将该网页传送到客户端的浏览器，并由浏览器解析和显示网页。

1.2.2　静态网页

静态网页是指客户端的浏览器发送 URL 请求给 WWW 服务器，服务器查找需要的超文本文件，不加任何处理直接下载到客户端，运行在客户端的页面是已经事先做好并存放在服务器中的网页。其页面内容使用的仅仅是标准的 HTML 代码。静态网页通常由纯粹的 HTML 和 CSS 样式构成。

网站制作人员把内容设计成静态网页，访问者只能够被动地浏览网站中提供的内容，静态网页的内容不会发生变化，除非设计者修改了网页的内容。静态网页不能实现和浏览网页的用户之间的交互，信息流向是单向的，即从服务器到浏览器，服务器不能根据用户的选择调整返回给用户的内容。

1.2.3　动态网页

网络技术的发展日新月异，许多网页文件的扩展名不再只是 .html，还有 .php、.asp、.jsp 等，这些都是采用动态网页技术制作出来的。动态网页其实就是建立在浏览器 / 服务器 (B/S) 架构上的服务器端脚本程序。在浏览器端显示的网页是服务器端程序运行处理后的结果。

静态网页与动态网页的区别在于 Web 服务器对它们的处理方式不同。当 Web 服务器接收到静态网页的请求时，服务器直接将该页面发送给客户端浏览器，不进行任何处理。如果接收到动态网页的请求，则从 Web 服务器中找到该文件，并将它传递给一个称为应用程序服务器的特殊软件扩展，由它负责解释和执行网页，将执行后的结果传递给客户端浏览器进行显示。

> **提示**
>
> 动态网页是与静态网页相对应的，静态网页的 URL 扩展名是以 .htm、.html、.shtml、.xml 等常见形式出现的。而动态网页的 URL 扩展名是以 .asp、jsp、php、perl、cgi 等形式出现的。

动态网页技术根据程序运行的区域不同，分为客户端动态技术与服务器端动态技术。

1. 客户端动态技术

常见的客户端动态技术包括 JavaScript、VBScript、DHTML、Flash、Java Applet 和 ActiveX 等。客户端动态技术不需要与服务器进行交互，实现动态功能的代码往往采用脚本语言形式直接嵌入网页中。服务器发送给浏览者后，网页在客户端浏览器上直接响应用户的动作，有些应用还需要浏览器安装组件支持。

2. 服务器端动态技术

服务器端动态技术需要与客户端共同参与，客户通过浏览器发出页面请求后，服务器根据 URL 携带的参数运行服务器端程序，产生的结果页面再返回客户端。一般涉及数据库操作的网页 (如登录、注册和搜索等) 都需要服务器端动态技术程序。动态网页比较注重交互性，即网页会根据用户的要求和选择而动态地改变和响应。将浏览器作为客户端界面，这将是今后 Web 发展的趋势。动态网站上主要是一些页面布局，网页的内容大都存储在数据库中，并可以利用一定的技术使动态网页内容生成静态网页内容，方便网站的优化。

典型的服务器端动态网页技术有 CGI、ASP/ASP.NET、JSP 和 PHP 等。

1) CGI

CGI 是一种编程标准，它规定了 Web 服务器用其他可执行程序的接口协议标准。CGI 程序通过读取使用者的输入请求从而产生 HTML 网页。它可以用任何程序设计语言编写。

可以使用不同的程序语言编写适合的 CGI 程序，如 VB、Delphi 或 C/C++ 等。用户将编写好的程序放在 Web 服务器上运行，再将其运行结果通过 Web 服务器传输到客户端的浏览器上。事实上，这样的编制方式比较困难，而且效率低下，因为用户每一次修改程序都必须重新将 CGI 程序编译成可执行文件。

2) ASP/ASP.NET

ASP 是 Active Server Pages 的缩写，是 Microsoft 公司开发的 Web 服务器端脚本开发环境，利用它可以生成动态、高效的 Web 应用程序。

虽然人们习惯于将 ASP 称为 ASP 语言，但从严格意义上讲，ASP 只是为 VBScript 和 JavaScript 等脚本语言提供了一个运行的环境，使开发人员可以在 HTML 代码中使用脚本语言编写程序。当然，ASP 自身也提供了一些非常好用的命令和内置对象。

ASP 程序保存为扩展名为 .asp 的文件，一个 ASP 文件相当于一个可执行文件，因此必须放在 Web 服务器上有可执行权限的目录下。当浏览器向 Web 服务器请求调用 ASP 文件时，就启动 ASP。Web 服务器开始调用 ASP，将被请求的 .asp 文件从头读到底，执行每一个命令，然后动态生成一个 HTML 页面并送到浏览器。由于 ASP 在服务器端解释执行，开发者可以不必考虑浏览器是否支持 ASP，也不必担心程序会被从客户端下载。执行 ASP 文件的过程如图 1-2 所示。

图 1-2

如下代码所示，是一个简单的 ASP 程序实例。

```
<!doctype html>
<html>
<head>
<meta charset="utf-8">
<title> 简单 ASP 演示程序 </title>
</head>
<body>
这是一个简单的 ASP 演示程序，刷新可以显示当前时间：<br><br>
当前时间为：<%response.write Now%>
</body>
</html>
```

<% 和 %> 是 ASP 的定界符，其中的语句可以是 ASP 命令，也可以是 VBScript 脚本程序。response 是 ASP 的内置对象，用于回复浏览器端的请求。response.write 的功能是在当前位置输出指定的数据。Now 是 VBScript 的函数，功能是返回当前的系统日期和时间。

> **提示**
>
> ASP 源文件必须插入到 <%...%> 之间，微软公司针对 JavaScript 推出的 Script 语言即 VBScript，ASP 只能在 Windows 系列的服务器上使用，因此通常都主要使用 VBScript 语言。

ASP.NET 是微软公司近年来开发的以 .NET Framework 为基础的动态网站技术。ASP.NET 是 ASP 的 .NET 版本，是一种编译式的动态技术，执行效率较高，同时支持使用通用语言建立动态网页。

3) JSP

JSP 是由 Sun 公司主导，许多公司参与一起建立的一种动态网页技术标准，英文全称为 JavaServer Pages。该技术为创建显示动态生成内容的网页页面提供了一个简捷而快速的方法。

JSP 技术的设计目的是使构造基于网页的应用程序更加容易和快捷，而这些应用程序能够与各种网站服务器、应用服务器、浏览器和开发工具共同工作。在传统的 HTML 页面中加入 Java 程序片段和 JSP 标记，就构成了 JSP 网页 (*.jsp)。网站服务器在遇到访问 JSP 网页的请求时，首先执行其中的程序片段，然后将执行结果以 HTML 形式返回给访问者。程序片段可以操作数据库、重新定向网页以及发送 E-mail 等，这就是建立动态网站所需要的功能。所有程序操作都在服务器端执行，网络上传送给客户端的仅是得到的结果，对访问者的浏览器要求比较低。

JSP 的脚本以 <% 开始，以 %> 结束，可以把 JSP 脚本块放在文档中的任何位置。

如下代码所示，是一个简单的 JSP 程序实例。

```
<!doctype html>
<html>
<head>
<meta charset="utf-8">
<title> 简单 JSP 演示程序 </title>
</head>
<body>
<b> 今天是: </b>
<% = new java.util.Date() %>
</body>
</html>
```

提示

JSP 几乎可以运行在所有的服务器系统上，对客户端浏览器要求也很低。JSP 可以支持超过 85% 以上的操作系统，除了 Windows 外，它还支持 Linux 和 UNIX 等操作系统。

4) PHP

PHP 英文全称为 Hypertext Preprocessor，是一种被广泛应用的开放源代码的多用途脚本语言，它可以嵌入 HTML 中，尤其适合网页开发。

PHP 主要用于服务器端的脚本程序，可以用 PHP 来完成任何其他的 CGI 程序能够完成的工作，例如，收集表单数据，生成动态网页或者发送 / 接收 Cookies。但 PHP 的功能远不局限于此，它是一个基于服务器商来创建动态网站的脚本语言，可以用 PHP 和 HTML 生成网站页面。当访问者浏览页面时，服务器端便执行 PHP 的命令并将执行结果发送至访问者的浏览器中，工作机制类似于 ASP 和 CoildFusion，PHP 和它们的不同之处在于，PHP 是开放源码且可跨平台，PHP 可以运行在 Windows 和多种版本的 UNIX 及其他操作系统中。

PHP 的脚本以 <?php 开始，以 ?> 结束，可以把 PHP 的脚本代码放置在文档中的任何位置。

如下代码所示，是一个简单的 PHP 程序实例。

```
<!doctype html>
<html>
<head>
<meta charset="utf-8">
<title> 简单 PHP 演示程序 </title>
</head>
<body>
<?php
```

```
echo " 使用 PHP 输出文字 ";
?>
</body>
</html>
```

在代码中，<?php...?> 部分即 PHP 编程相关的部分。PHP 中的每个代码行都必须以分号结束。分号是一种分隔符，用于把指令集区分开来。

1.3 了解 PHP 网站开发 🔍

HTML 页面可以直接使用浏览器进行浏览，并不需要通过服务器解析。但是，浏览器只能看懂 HTML、VBScript、JavaScript 这些客户端语言，对于各种服务器端语言 (ASP、PHP、JSP 等) 的网页，浏览器无法解析这些程序代码。对于服务器端语言，则需要经过 Web 服务器解析成 HTML。

所以需要在自己的计算机上安装相关的软件，使其能够提供 Web 服务器的功能并支持 PHP 与 MySQL 数据库。这样，就可以在本地计算机中对开发的 PHP 页面进行测试。

1.3.1 了解 PHP ⟩

PHP 的英文全称是 Hypertext Preprocessor，中文称为超文本预处理器，是一种跨平台、HTML 嵌入式的服务器端脚本语言。其独特的语法混合了 C 语言、Java 语言和 Perl 语言的特点，是一种被广泛应用的、开源的多用途脚本语言，尤其适合 Web 开发。

与使用其他编程语言做出的动态页面相比，PHP 是将程序嵌入 HTML 文档中去执行的，执行效率比完全生成 HTML 标签的 CGI 要高许多。与同样嵌入 HTML 文档的脚本语言 JavaScript 相比，PHP 语言是在服务器端执行，充分利用服务器的性能。PHP 执行引擎还会将用户经常访问的 PHP 程序驻留在内存中，其他用户再一次访问这个程序时就不需要重新编译程序，只需直接执行内存中的代码即可，这也是 PHP 高效率的体现之一。如图 1–3 所示为 PHP 的运行模式，PHP 还具有非常强大的功能，所有的 CGI 或者 JavaScript 的功能 PHP 都能够实现，而且支持几乎所有流行的数据库以及操作系统。

图 1–3

1.3.2 PHP 语言的优势 ⟩

PHP 起源于 1995 年，是目前动态网页开发中使用广泛的语言之一。目前，在国内外有数以千计的个人和组织的网站在以各种形式和各种语言学习、发展和完善它，并不断地公布最新的应用和研究成果。PHP 语言能够在 Windows、Linux 等绝大多数的操作系统环境中运行，常与免费 Web 服务器软件 Apache 和免费数据库 MySQL 配合使用，具有非常高的性价比。使用 PHP 语言进行 Web 应用程序的开发具有以下优势。

1) 速度快

PHP 是一种强大的 CGI 脚本语言,执行 Web 页面的速度比 CGI、Perl 和 ASP 更快,而且占用系统资源比较少,这也是 PHP 语言的一个突出特点。

2) 面向对象

面向对象编程 (OOP) 是当前软件开发的趋势,PHP 为面向对象编程提供了良好的支持,可以使用面向对象的思想来进行 PHP 应用程序的开发,对于提高 PHP 编程能力和规划好 Web 页面开发架构都具有良好的意义。

3) 实用性

由于 PHP 语言是一种面向对象的、完全跨平台的 Web 程序开发语言,所以无论从开发者角度考虑还是从经济角度考虑,都是非常实用的。PHP 语法结构简单,易于入门,很多功能只需要一个函数就可以实现,并且很多机构都相继推出了用于开发 PHP 的 IDE 工具。

4) 成本低

PHP 属于自由软件,其源代码完全公开,任何程序员为 PHP 扩展附加功能都非常容易。在很多网站上都可以下载最新版的 PHP 语言。目前,PHP 主要是基于 Web 服务器运行的,它不受平台的束缚,可以在 UNIX、Linux、Windows 等众多版本的操作系统中架设基于 PHP 的 Web 服务器。在流行的企业应用 LAMP 平台中,Linux、Apache、MySQL 和 PHP 都是免费软件,这种开源免费的框架结构可以为网站开发和经营节省很大一笔费用。

5) 广泛的数据库支持

PHP 语言可以与多种数据库配合使用,包括 MySQL、Access、SQL Server、Oracle 等,其中 PHP 与 MySQL 数据库相配合使用是目前网站开发的最佳组合,它们的组合可以跨平台运行。

6) 运用范围广

PHP 语言在 Web 开发的各个方面应用非常广泛。目前,互联网上很多网站的开发都是通过 PHP 语言来完成的,例如百度、网易等,在这些知名网站的开发过程中都应用了 PHP 语言。

7) 模块化

使 PHP 程序逻辑与用户界面相分离。

8) 可选择性

PHP 语言可以采用面向对象和面向过程两种开发模式,并向下兼容,开发人员可以从所开发网站的规范和日后维护等多角度考虑,从而选择网站开发所需要的模式。

使用 PHP 语言进行 Web 开发的过程中使用最多的是 MySQL 数据库。PHP 5.0 以上版本中不仅提供了早期 MySQL 数据库的操作函数,而且提供了 MySQLi 扩展技术对 MySQL 数据库的操作。这样开发人员可以从稳定性和执行效率等方面考虑操作 MySQL 数据库的方式。

9) 版本更新速度快

与数年才更新一次的 ASP 相比,PHP 的更新速度要快得多,PHP 语言几乎每年至少更新一次。

1.3.3　PHP 网站开发环境包含的内容

PHP 的开发环境涉及操作系统、Web 服务器和数据库,基于 Windows 操作系统中的 PHP 网站开发运行环境包括 Apache 服务器、PHP 语言和 MySQL 数据库,该 PHP 网站开发运行环境被称为 WAMP,是 PHP 网站一种常用的开发运行环境。

1. Apache 服务器

Apache 是一款开放源代码的 Web 服务器,Apache 服务器可以在任何操作系统中运行,Apache 服务器具有强大的安全性和其他优势。虽然微软的 IIS(Internet Information Service) 服务器也支持 PHP,但 IIS 服务器受到较多的限制,其性能远不如 Apache 服务器。

2. PHP 语言

目前主流的版本是 PHP5，该版本的最大特点是引入面向对象的全部机制，并且保留向下的兼容性。程序员不必再编写缺乏功能性的类，并且能够以多种方法实现类的保护。另外，在对象的集成等方面也不再存在问题。使用 PHP5 引进的类型提示和异常处理机制，能更有效地处理和避免错误的发生。PHP5 成熟的 MVC 开发框架使它能适应企业级的大型应用开发，再加上天生强大的数据库支持能力，PHP5 将会得到更多 Web 开发者的青睐。

3. MySQL 数据库

MySQL 是一个开放源代码的小型关系数据库管理系统，由于其体积小、速度快、总体成本低等优点，目前被广泛应用于 Internet 的中小型网站中。MySQL 是一个真正的多用户、多线程的 SQL 数据库服务器。由于 MySQL 数据库源代码的开放性和稳定性，并且可与 PHP 完美结合，很多中小企业网站都使用它进行 Web 开发。

1.3.4　了解 Apache 服务器

Apache 服务器全称为 Apache HTTP Server，可以在大多数计算机操作系统中运行，由于其良好的安全性和出色的多平台支持而被广泛使用，是目前流行的 Web 服务器软件之一。

Apache 服务器的运行分为启动阶段和运行阶段。在启动阶段时，Apache 服务器以特权用户 root 启动，进行解析配置文件、加载模块和初始化一些系统资源（例如日志文件、共享内存段、数据库连接）等操作。处于运行阶段时，Apache 服务器放弃特权用户级别，使用非特权用户来接收和处理网络中用户的服务请求。这种基本安全机制可以阻止 Apache 服务器中由于一个简单软件错误（也可能是模块或脚本）而导致的严重系统安全漏洞，例如微软的 IIS 就曾经受到一些恶意代码的溢出攻击。

Apache 服务器是全球范围内使用广泛的 Web 服务器，超过 50% 的网站都在使用 Apache 服务器。Apache 服务器以其高效、稳定、安全、免费的优势成为受欢迎的服务器软件。

1.3.5　了解 MySQL 数据库

网站数据库用来存储大量的网站数据以及更新任何数据信息变动。也就是说，通过数据库的查询、新增、修改与删除，网站信息也能够随即跟着变动。MySQL 数据库允许用户快速、灵活地存储文件数据。

MySQL 数据库最初被开发的原因是因为需要一个 SQL 服务器，它能够处理超百多数量级以上的大型数据库，而且它的速度要很快。

> **提示**
>
> SQL 是一种标准化的语言，使用 SQL 可以轻松地实现数据的存储、更新等操作。例如，可以使用 SQL 为一个网站页面在数据库中快速检索产品信息以及所存储的相关顾客信息。

MySQL 数据库建立的基础是已经用于高要求的生产环境多年的一套实用程序。尽管 MySQL 数据库仍在开发中，但是它已经提供了一个丰富和极其有用的功能集。MySQL 数据库主要有以下几个优点。

1. 多线程

MySQL 数据库是一个快速、多线程、多使用者且功能强大的关系型数据库管理系统。也就是说，当客户端与 MySQL 数据库连接时，服务器会产生一个线程（Thread）或一个行程（Process）来处理这个数据库连接的请求。

2. 最佳化

数据库结构设计也会影响 MySQL 数据库的执行效率，对于使用 MySQL 数据库作为网站所使用的数据库，应该将重点放在如何让硬盘存取次数减少到最低，如何让一个或多个 CPU 随时保持在高速作业的状态，以及支持适当的网络频宽，而非实际上的数据库设计以及数据查询状况。

3. 支持多个使用者共同存取

MySQL 数据库支持多个使用者同时存取数据，MySQL 内定最大连接数为 100 个使用者。但是，即使网络上有大量数据往来，并不会对 MySQL 数据库的查询最佳化有多大的影响。

4. 高扩展性

MySQL 数据库同时具有高度多样性，能够提供给很多不同的使用者接口，包括命令列、客户端操作、网页浏览器，以及各种各样的程序语言接口，例如 C++、Perl、PHP、Java 等。

MySQL 数据库可用于 UNIX、Windows、OS/2 等系统平台，也就是说它可以用在个人计算机或者服务器上。

5. 方便学习

MySQL 数据库支持结构化查询语言，对于熟悉其他数据库操作的人来说，很快就能够熟悉 MySQL 数据库的操作，而对于初学者来说也是非常容易上手的。

1.4　配置 Apache+PHP+MySQL 开发环境

PHP 有多种开发工具，既可以单独安装 Apache、PHP 和 MySQL 这 3 个软件并进行配置，也可以使用集成开发工具。集成开发工具的优势在于一次性安装 PHP 开发环境所需要的 3 款软件，并省去了用户进行手动配置的麻烦。本节将向读者介绍 PHP 集成开发环境的安装与配置。

1.4.1　常见的 3 种 PHP 集成开发工具

PHP 集成开发工具有很多，因其具有简单、方便的特点，非常适合 PHP 初学者使用。下面向读者介绍 3 款常见的 PHP 集成开发工具，这 3 款 PHP 集成开发工具的安装和使用方法基本相同。

1. WampServer

WampServer 是一款由法国人开发的基于 Windows 系统环境的 Apache 服务器、PHP 解释器以及 MySQL 数据库的整合软件包，免去了开发人员将时间花费在烦琐的配置环境过程中。WampServer 开发工具拥有简单的图形安装配置环境，非常便于操作。

2. AppServ

AppServ 是由泰国人开发的一款整合了 Apache、PHP、MySQL 和 phpMyAdmin 的套装程序。也就是说，只需安装 AppServ 便相当于安装完上述 4 个项目，并且不需要手动去更改每个项目的设置，因为该整合套装已经将相关设置调整完成，我们仅需要修改一些小的设置以符合个人的使用习惯。

3. XAMPP

XAMPP 是一款具有中文说明的功能全面的 PHP 开发集成环境，XAMPP 并不仅仅针对 Windows 系统平台，而是一款适用于 Linux、Windows、Mac OS X 和 Solaris 的易于安装的 Apache 发行版。软件包中包含 Apache 服务器、MySQL 数据库、SQLite、PHP、Perl、Tomcat 等。

1.4.2　下载 AppServ 集成开发工具

AppServ 是一个 PHP 网站开发集成工作环境，其中包括开发 PHP 网站所必需的 Apache 服务器、

PHP 程序语言、MySQL 数据库和可视化数据库管理程序 phpMyAdmin，安装 AppServ 集成开发工具即可将开发 PHP 网站所需要的工作环境全部安装好，非常方便，并且 AppServ 是一款完全免费的开发工具。

打开浏览器，在地址栏中输入 AppServ 的官方网站地址 www.appserv.org，进入网站首页，如图 1-4 所示。在首页右侧显示了 AppServ 工具的最新版本 AppServ 8.6.0 的相关信息，单击下方的 DOWNLOAD 按钮，进入 APPServ 8.6.0 版本的介绍页面，如图 1-5 所示。

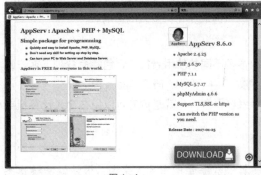 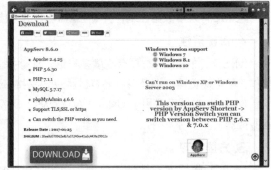

图 1-4   图 1-5

单击页面下方的 DOWNLOAD 按钮，打开 AppServ 8.6.0 版本的下载页面，并显示下载提示，如图 1-6 所示。单击"保存"按钮，即可下载 AppServ 8.6.0 版本安装程序。下载完成后，可以在文件保存位置看到所下载的 AppServ 8.6.0 安装程序文件，如图 1-7 所示。

图 1-6   图 1-7

> **提示**
>
> 最新版本的 AppServ 8.0.0 不支持 Windows XP 和 Windows Server 2003，支持 Windows 7、Windows 8.1 和 Windows 10 操作系统。

1.4.3　安装 AppServ 集成开发工作环境

完成 AppServ 集成开发工具的下载后，即可安装 AppServ，其安装方法和步骤与其他软件的安装基本相同，但在安装的过程中需要设置 MySQL 数据库的访问密码。

双击刚下载的 AppServ 8.6.0 版本安装程序，显示 AppServ 安装界面，在该界面中显示了软件的版本等说明信息，如图 1-8 所示。单击 Next 按钮，显示 AppServ 软件的用户许可协议，如图 1-9 所示。

单击 I Agree 按钮，同意用户许可协议，显示设置安装目录界面，默认的安装目录是 C:\AppServ，建议使用默认目录，如图 1-10 所示。单击 Next 按钮，选择需要安装的组件选项，默认全部选中，如图 1-11 所示。

图 1-8

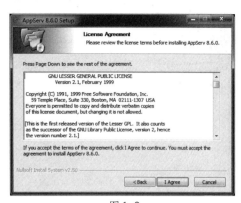

图 1-9

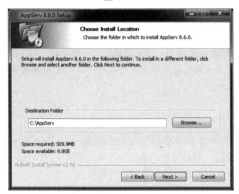

图 1-10

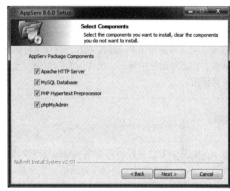

图 1-11

单击 Next 按钮，显示 Apache 服务器设置选项，可以设置服务器名称、管理者邮箱以及 Apache
服务器端口，这里使用默认设置，如图 1-12 所示。单击 Next 按钮，显示 MySQL 数据库的密码设
置选项，设置 MySQL 数据库管理密码，如图 1-13 所示。

提示

> 如果 Apache 服务器不需要对外服务，只是作为本地计算机的测试服务器，则使用默认的名称 localhost 即可。
> Apache 服务器使用的默认端口是 80，如果当前计算机中安装并启动微软的 IIS 信息服务，因为 IIS 服务器的默认端
> 口也是 80，需要先将 IIS 服务停止，否则会发生端口冲突。

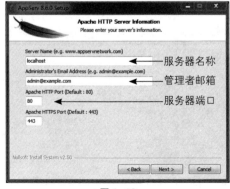

图 1-12

图 1-13

单击 Install 按钮，即可开始安装 AppServ，显示安装进度，如图 1-14 所示。安装完成后显示
安装完成界面，单击 Finish 按钮，即可完成 AppServ 集成开发环境的安装，并启动 Apache 服务和
MySQL 服务，如图 1-15 所示。

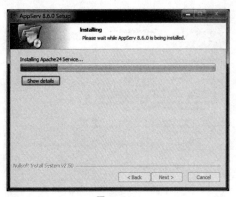

图 1-14　　　　　　　　　　　　　　　　　　　图 1-15

> **提示**
>
> 　　在安装完成界面单击 Finish 按钮后，会自动启动 Apache 和 MySQL 服务，如果系统设置了防火墙，则会弹出提示对话框，在该对话框中单击"允许访问"按钮，允许 Apache 服务器通过系统防火墙，否则会导致 Apache 服务器无法正常使用。

> **提示**
>
> 　　在 AppServ 的安装过程中需要 Windows 系统相关组件的支持，如果用户的系统中没有安装相关的 Windows 系统组件，AppServ 会弹出相应的提示对话框，按照相应的提示安装相关 Windows 系统组件即可。

1.4.4　测试 PHP 网站开发环境

　　完成了 AppServ 集成开发环境的安装后，就可以测试该 PHP 网站开发环境是否能够正常使用。

　　我们是在本地计算机中安装的 AppServ 集成开发环境，并且它的 HTTP 地址的预设路径是 http://localhost。打开 IE 浏览器，在地址栏中输入 Apache 服务器默认网站访问地址 http://localhost，如果能正常显示如图 1-16 所示的页面，则说明 AppServ 集成开发环境安装成功。也可以访问 http://localhost/phpinfo.php，显示如图 1-17 所示，phpinfo.php 是完成 AppServ 集成开发环境的安装后，在默认服务器站点目录中的文件，通过该文件可以检查 Apache 服务器是否正常运行，并且可以在该页面中查看服务器上的相关信息。

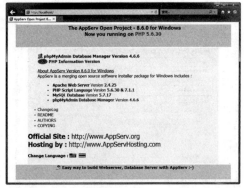

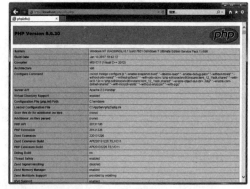

图 1-16　　　　　　　　　　　　　　　　　　　图 1-17

　　如果在安装 AppServ 集成工作环境的过程中，修改了 Apache 服务器的端口，则在访问 Apache 服务器默认网站时需要加上所设置的端口号。例如，如果设置了 Apache 服务器端口为 100，则在访问时需要输入的地址是 http://localhost:100。如果采用的是默认的 80 端口，则在访问 Apache 服务器默认网站时不需要加上端口号，因为 HTTP 的默认通信端口是 80。

1.4.5　认识 PHP 开发环境中的相关文件

完成 AppServ 集成工作环境的安装后，本地计算机就拥有 PHP 开发环境，可以在计算机中执行 PHP 程序和使用 MySQL 数据库。在 AppServ 集成工作环境的安装目录中可以看到该 PHP 开发环境中的相关文件和文件夹，默认的安装位置是 C:\AppServ，如图 1-18 所示。下面我们一起来认识一下 PHP 开发环境中的相关文件。

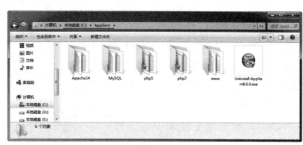

图 1-18

1. Apache24 文件夹

在该文件夹中放置的是 Apache 服务器的相关文件，包括 Apache 服务器环境配置文件、服务器执行文件以及服务器运行记录文件等。在 AppServ 8.6.0 版本集成工作环境中整合的是笔者在编写本书时最新版的 Apache 2.4.25 版本服务器。

2. MySQL 文件夹

在该文件夹中是 MySQL 数据库的相关文件，包括 MySQL 数据库的用户端指令，数据库数据表以及管理界面的文件等。在 AppServ 8.6.0 版本集成工作环境中整合的是笔者在编写本书时最新版的 MySQL 5.7.17 版本数据库。

3. php5 和 php7 文件夹

在这两个文件夹中分别包含了不同版本的 PHP 程序执行环境的相关文件，包括 PHP 主程序、函数库和 PHP 程序执行环境的相关配置文件等。在 AppServ 8.6.0 版本集成工作环境中整合的是笔者在编写本书时最新版的 PHP 5.6.30 版本 PHP 程序语言。同时在 AppServ 8.0.0 版本集成工作环境中还整合了最新的 PHP 7.1.1 版本程序语言，php7 相对于之前的 php5 版本来说是一次大规模的革新，尤其是在性能方面实现跨越式的大幅提升。

4. www

该文件夹是 PHP 网站服务器的根目录，其对应的本地测试服务器网址为 http://localhost/，用来存放编写好的 PHP 网站页面和应用程序，默认情况下编写的 PHP 网页只有放在该目录中才可以进行测试。注意，本书中所有制作好的 PHP 网页和应用程序都将放置在该目录中进行测试和执行。

5. Uninstall-AppServ8.6.0.exe 文件

该文件用于在计算机系统中卸载所安装的 AppServ 8.6.0 集成开发环境。如果需要卸载 AppServ 集成开发环境，直接双击该文件，按提示进行操作即可。

1.5　Apache 服务器的配置方法

完成 AppServ 集成开发环境的安装后，几乎不需要对任何参数进行设置就能够正常使用 Apache 服务器来测试 PHP 程序，但是必须将需要测试的 PHP 网页和应用程序放置在 AppServ 安装目录中的 www 文件夹中进行测试，因为该文件夹是默认的网站服务器根目录。如果需要修改默认的网站服务器根目录，则需要修改服务器的相关配置文件。

1.5.1 认识 Apache 服务器主目录中的文件

在 Apache 服务器的主目录中有多个文件夹，首先需要了解各文件夹的意义和用途。例如，本书的 Apache 服务器的主目录为 C:\AppServ\Apache24，打开该文件夹，可以看到 Apache 服务器主目录中的文件夹，如图 1-19 所示。

Apache 服务器主目录中各文件夹的意义和用途说明如表 1-1 所示。

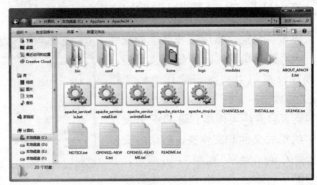

图 1-19

表 1-1　Apache 服务器主目录中各文件夹的意义和用途说明

文件夹	说明
bin	在该文件夹中存放编译程序及指令的文件
conf	在该文件夹中存放服务器结构文件，在该文件夹中的 httpd.conf 文件是对 Apache 服务器进行配置的主要文件
error	在该文件夹中存放运行出错时的提示文件
icons	在该文件夹中存放服务器显示相应网页的所有图片文件
logs	在该文件夹中存放 Apache 服务器的日志档案
modules	在该文件夹中存放网页应用程序

提示

因为此处安装的是 AppServ 8.6.0 版本的集成开发环境，在该环境中的 Apache 服务器目录中的相关文件与文件夹与单独安装 Apache 服务器目录中的相关文件有所不同，在 AppServ 集成开发环境的 Apache 服务器目录中只保留了 Apache 服务器运行所必需的相关文件和文件夹，而精减了一些非必需的内容。

1.5.2 Apache 服务器的基本操作

打开 Apache 服务器目录中的 bin 文件夹，双击 ApacheMonitor.exe，如图 1-20 所示。在系统桌面右下角会显示 Apache 服务器工作图标，如图 1-21 所示。

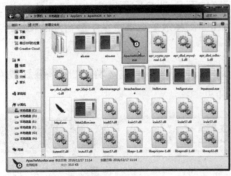

图 1-20

图 1-21

双击该 Apache 服务器工作图标，打开 Apache Service Monitor 对话框，在该对话框中可以启动或停止 Apache 服务，如图 1-22 所示。单击 Start 按钮，即可启动 Apache 服务，正常启动 Apache 服务后，选项前的图标会变为绿色，如图 1-23 所示。

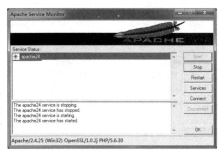

图 1-22   图 1-23

如果需要停止 Apache 服务，单击对话框中的 Stop 按钮；如果需要重启 Apache 服务，单击对话框中的 Restart 按钮。

除了可以在 Apache Service Monitor 对话框中单击相应的按钮对 Apache 服务进行启动、停止和重启等操作，还可以在系统桌面右下角的 Apache 服务器工作图标上单击鼠标右键，在弹出的菜单中选择相应的命令，同样可以实现对 Apache 服务的操作，如图 1-24 所示。

另外，完成 AppServ 集成开发环境的安装后，在操作系统的开始菜单中会自动生成 Apache 服务器启动、停止和重启的菜单命令，执行"开始">"所有程序">AppServ 命令，可以看到相应的 Apache 服务器操作命令，如图 1-25 所示。

图 1-24   图 1-25

1.5.3　如何修改默认网站目录

通过前面的学习可以知道，AppServ 集成开发环境中 Apache 服务器网站的根目录是 AppServ 安装目录中的 www 文件夹，如果需要修改默认网站目录，则需要对 Apache 服务器的配置文件 httpd.conf 进行修改。

打开 Apache 服务器目录中的 conf 文件夹，可以看到 Apache 服务器的配置文件 httpd.conf，如图 1-26 所示。在该文件上单击鼠标右键，选择使用记事本打开该文件，可以看到该配置文件中的内容，如图 1-27 所示。

图 1-26   图 1-27

在该配置文件中按快捷键 Ctrl+F，弹出"查找"对话框，输入关键词 DocumentRoot，如图 1-28 所示。单击"查找下一个"按钮，即可在该配置文件中找到默认网站目录的路径设置，如图 1-29 所示。

图 1-28   图 1-29

此处可以设置默认网站目录的名称和位置。注意，此处修改后，下一行 <Directory "C:/AppServ/www"> 中的默认网站目录名称和位置也需要进行同样修改。

> **提示**
>
> 如果对 Apache 服务器配置文件 httpd.conf 进行了修改，保存修改后都需要重新启动 Apache 服务，在 httpd.conf 配置文件中所做的修改才会生效。

> **提示**
>
> 本书为了便于初学者进行学习，并没有对 httpd.conf 配置文件进行修改，采用默认设置。也就是说，本书中所制作的 PHP 网站页面以及应用程序都将放置在默认的网站目录 www 中进行测试。

1.6   在 Dreamweaver 中创建 PHP 站点

根据前面介绍的内容就能够在本地计算机中完成 PHP 开发环境的搭建，但是如果使用 Dreamweaver 来开发 PHP 网站，还需要在 Dreamweaver 中创建动态网站站点，使 Dreamweaver 清楚网站目录和测试服务器路径等信息。

1.6.1   站点文件夹规划

在开发制作网站之前，将设计制作好的网站静态页面等相应的内容放置在本地计算机硬盘上，为了能够方便使用 Apache 服务器对所开发的 PHP 页面进行测试，我们将网站站点内容放置在 Apache 服务器的默认网站目录中，本书中的路径为 C:\AppServ\www 目录中，再创建合理的文件夹来管理站点文件。

1. 合理的文件夹规划

在本地站点中应该使用文件夹合理构建文档的结构。首先为站点创建一个主要文件夹，然后在其中再创建多个子文件夹，最后将文档分类存放在相应的文件夹中。

例如，可以在 images 文件夹中放置网站页面需要用到的图片，在 style 文件夹中放置网站页面需要用到的 CSS 样式表文件，在 admin 文件夹中放置后台管理程序页面等，如图 1-30 所示。

图 1-30

2. 合理的文件命名

在网站的开发制作过程中，可能需要创建较多的文件，这就需要为各文件命名合理的文件名称。合理的文件命名主要有两个好处，一是看到网页的文件名，就可以大致了解该网页的主要内容；二是当网站的规模变得很大时，也可以很容易地找到相应的文件进行修改或更新。

合理的文件命名，主要有以下几点要求。

(1) 尽量使用短名称为文件命名，避免文件名称过长，不便于记忆。

(2) 避免使用中文的文件夹和文件名，许多 Internet 服务器使用的是英文操作系统，对中文的文件夹和文件名支持都不好，而且浏览网站的用户也有可能使用的是英文操作系统，中文的文件夹和文件名同样可能导致浏览错误或访问失败。

(3) 建议在站点的规划和创建过程中，全部使用小写的文件名称。很多服务器采用 UNIX 操作系统，该操作系统是区分文件名称大小写的。

> **技巧**
>
> 在创建 PHP 网站站点过程中，所有文件夹和文件名称一定要使用英文或者数字名称，不能使用中文名称来命名，否则会导致 Apache 服务器不能正常支持该站点。

3. 保持本地和远程站点为相同的结构

保持本地和远程站点为相同的结构是指在本地站点中规划设计的网站文件结构要与上传到 Internet 服务器上被人们浏览的网站文件结构相同。这样在本地站点上的文件夹和文件上的操作，都可以同远程站点上的文件夹和文件相对应。

1.6.2　PHP 测试服务器

要创建动态的 PHP 网站程序，就必须首先在 Dreamweaver 中定义 PHP 测试服务器站点，在这个步骤中需要告诉 Dreamweaver 关于网站一些必要的基本信息。网站的完整规划与建设，能够让网页设计师和网站应用程序开发人员，甚至是后续负责维护更新的管理员，很轻易地熟悉与其相关的工作，以及找到必需的页面或文件。

实战　创建站点并设置 PHP 测试服务器

最终文件：无　视频：视频 \ 第 1 章 \1–6–2.mp4

01 打开 Apache 服务器的默认网站根目录，本书所安装的 AppServ 集成开发环境的默认网站根目录是 C:\AppServ\www，如图 1–31 所示。在默认网站根目录中创建用户站点文件夹，这里将文件夹命名为 chapter1，如图 1–32 所示。

图 1–31

图 1–32

02 打开 Dreamweaver CC，执行"站点">"新建站点"命令，弹出"站点设置对象"对话框，设置"站点名称"为 chapter1，"本地站点文件夹"为 C:\AppServ\www\chapter1\，如图 1–33 所示。在对话框左侧单击"服务器"选项，切换到服务器选项设置界面，如图 1–34 所示。

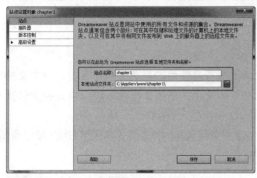

图 1–33　　　　　　　　　　　　　　　　图 1–34

03 单击"添加新服务器"按钮 **+**，弹出服务器设置窗口，在"连接方法"下拉列表中选择"本地 / 网络"选项，对相关选项进行设置，如图 1–35 所示。单击"高级"按钮，切换到"高级"选项卡中，在"服务器模型"下拉列表中选择 PHP MySQL 选项，如图 1–36 所示。

> **提示**
>
> "服务器文件夹"选项用于指定本地计算机中测试服务器的默认网站目录。Web URL 选项用于设置访问该站点的地址。Apache 服务器的默认网站访问地址是 http://localhost，因为这里是在默认网站根目录中创建的名为 chapter1 的站点文件夹，所以此处可以将该站点的访问地址设置为 http://localhost/chapter1/。

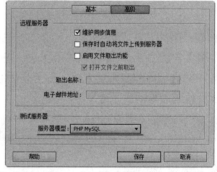

图 1–35　　　　　　　　　　　　　　　　图 1–36

04 单击"保存"按钮，保存服务器选项设置，返回"站点设置对象"对话框，在刚添加的测试服务器选项中，选中"测试"复选框，如图 1–37 所示。单击"保存"按钮，完成 PHP 网站测试服务器的定义，在"文件"面板中显示当前所创建的站点，如图 1–38 所示。

图 1–37　　　　　　　　　　　　　　　　图 1–38

在本地计算机中已经安装了 Apache 测试服务器，可以在本地计算机中测试 PHP 网页，所以不需要设置远程服务器信息，设置好本地信息和测试服务器之后，单击"保存"按钮，关闭"站点设置对象"对话框，这样就完成了 Dreamweaver 测试 PHP 网页服务器站点的创建和设置。

1.6.3　创建 PHP 页面

如果读者对网页编程有所了解，应该知道在编写网页程序时，可以将动态语言代码嵌入 HTML 代码中，嵌入 HTML 代码中的动态程序语言代码需要使用特殊的符号进行包含，PHP 也是这样，可以将 PHP 程序代码直接嵌入 HTML 页面中执行。

在 Dreamweaver 中创建 PHP 页面与创建 HTML 页面一样方便和快捷，只要在"新建文档"对话框中选择相应的选项即可。下面使用 Dreamweaver 创建一个 PHP 页面，并在该页面中输出相应的文字和当前系统时间。

实战　制作第一个 PHP 网页

最终文件：最终文件 \ 第 1 章 \chapter1\index.php　视频：视频 \ 第 1 章 \1-6-3.mp4

01 执行"文件" > "新建"命令，弹出"新建文档"对话框，选择 PHP 选项，如图 1-39 所示。单击"创建"按钮，新建 PHP 页面，执行"文件" > "保存"命令，将该文件保存在站点文件夹 chapter1 中，并命名为 index.php，如图 1-40 所示。

图 1-39

图 1-40

02 转换到代码视图中，可以看到页面的 HTML 代码，在 <title> 与 </title> 标签之间输入页面的标题，如图 1-41 所示。在 <body> 与 </body> 标签之间输入相应的 PHP 代码，如图 1-42 所示。

图 1-41

```
<!doctype html>
<html>
<head>
<meta charset="utf-8">
<title>制作第一个PHP网页</title>
</head>

<body>
<?php
    echo "<h1>欢迎学习PHP网站开发! </h1> <br> <h2>当前的系统时间为: </h2>";
?>
</body>
</html>
```

图 1-42

嵌入 HTML 代码中的 PHP 程序代码必须使用"<?php"和"?>"包含，PHP 中的每个代码行都必须以分号结束，分号是一种分隔符，用于把指令集区分开来。

03 在刚输入的 PHP 代码之后输入水平线 <hr> 标签，在 <hr> 标签后输入 PHP 代码用于输出当前系统时间，如图 1-43 所示。返回 Dreamweaver 设计视图中，可以看到 PHP 代码在设计视图中显示为 PHP 代码图标，如图 1-44 所示。

图 1-43   图 1-44

04 完成该 PHP 页面的制作，完整的代码如下。

```
<!doctype html>
<html>
<head>
<meta charset="utf-8">
<title>制作第一个 PHP 网页</title>
</head>
<body>
<?php
    echo "<h1>欢迎学习 PHP 网站开发！</h1> <br> <h2>当前的系统时间为：</h2>";
?>
<hr>
<?php
    date_default_timezone_set("PRC");
    echo date("y-m-d h:i:s");
?>
</body>
</html>
```

> **提示**
>
>   PHP 代码被嵌入 HTML 代码中，必须被 PHP 服务器编译解析后，将解析后的结果输出到客户端的浏览器中，才能正常显示 PHP 页面的结果。

05 执行"文件">"保存"命令，保存该 PHP 页面，打开浏览器窗口，在地址栏中输入 localhost/chapter1/index.php，可以看到该 PHP 页面的执行结果，如图 1-45 所示。在网页上单击鼠标右键，在弹出的快捷菜单中执行"查看源"命令，在弹出的对话框中可以看到该 PHP 被服务器编译执行后的代码全部是静态网页代码，如图 1-46 所示。

图 1-45

图 1-46

提示

　　在对 PHP 网页进行测试之前，还需要确保 Apache 服务已经正常启动，否则服务器将无法解析 PHP 网页代码。

技巧

　　在 Dreamweaver 中创建站点时只要正确地设置了 PHP 的测试服务器，那么在测试 PHP 网页时也可以直接使用 Dreamweaver 中的预览功能，而不需要在浏览器地址栏中手动输入测试页面地址。

第 **2** 章 PHP 快速入门

PHP 是一种创建动态交互性网站强有力的服务器端脚本语言。既然是脚本语言，那么在使用之前就需要学习 PHP 的基本语法，只有掌握了基本语法才能够方便地进行动态网站的开发。本章将向读者介绍一些 PHP 的基本语法，包括 PHP 的标签形式、变量、常量、运算符、控制语句、函数等，通过学习这些基础知识，使读者能够更加深入地了解 PHP。

本章知识点：
- ➤ 了解 PHP 与 HTML 的运行原理
- ➤ 掌握 PHP 程序的基本结构
- ➤ 掌握 HTML 与 PHP 相互结合使用的方法
- ➤ 了解 PHP 中的数据类型
- ➤ 理解 PHP 中的常量与变量，以及预定义常量的使用方法
- ➤ 了解 PHP 中的运算符
- ➤ 掌握 PHP 中条件判断语句和循环控制语句的使用方法
- ➤ 理解 PHP 中的函数及使用方法
- ➤ 理解 PHP 中数组的使用方法

2.1　PHP 与 HTML 运行原理

一般用户在客户端（浏览器）看到的网页是由 HTML 标签组成的。而 PHP(Hypertext Preprocessor，超文本预处理器) 可以当作一种网页程序语言，它可以内嵌在 HTML 标签中，也可以独立分开。当客户端读取 PHP 程序时，这个程序就开始在服务器端运行，最后服务器端会产生一些客户端要求 (request) 的信息，并将这些信息回传到客户端的浏览器上，以 HTML 的格式输出，运行模式如图 2-1 所示。

通过 PHP 还可以和数据库沟通，用户可以不通过网页的数据就能很方便地更改网页的内容。另外再配合循环等控制结构及函数，可以帮助用户在处理相同的网页数据上省去许多时间。由于 PHP 的程序运行效能高、语法简单，而且

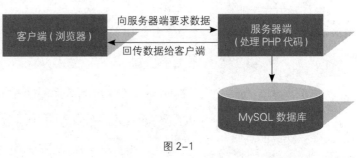

图 2-1

易学易用，相对于 CGI 又比较安全，因此，目前使用相当广泛，这也正是学习 PHP 的原因。

> **提示**
>
> 前面讲到 PHP 是一种服务器端语言，所谓的服务器端语言，即原始程序代码只会在服务器端 (如 Apache 和 IIS 等 Web 服务器上的 PHP 引擎) 被解释，解释后以 HTML 的方式发送给客户端 (浏览器)，因此一般浏览网页的用户看不到 PHP 原始程序代码。

2.2　PHP 语法基础

PHP 是一种 HTML 内嵌式的服务器端语言，所谓 HTML 内嵌式，是指它可以与 HTML 写在一起。PHP 提供了多种方式与 HTML 标签区别，用户可以根据自己的喜好选择一种，也可以同时使用几种。本节将介绍 PHP 的语法基础，包括 PHP 中的标签、注释等内容。

2.2.1　PHP 标签

PHP 程序代码是由 Web 服务器中的 PHP 引擎解释为 HTML 后再发送给客户端浏览器，那么 PHP 引擎如何分辨哪些是需要解释的 PHP 程序代码，哪些是可以直接发送给客户端浏览器的呢？所依靠的是 PHP 程序的开始和结束标签，PHP 中的开始和结束标签有 4 种基本形式。

第 1 种形式是以符号 "<?" 开始，以符号 "?>" 结束，中间放置 PHP 程序代码，如下所示。

```
<?
PHP 程序代码
?>
```

第 2 种形式是以符号 "<?php" 开始，以符号 "?>" 结束，中间放置 PHP 程序代码，如下所示。

```
<?php
PHP 程序代码
?>
```

第 3 种形式是以 <script language="php"> 开始，以 </script> 结束，中间放置 PHP 程序代码，如下所示。

```
<script language="php">
PHP 程序代码
</script>
```

第 4 种形式是以符号 "<%" 开始，以符号 "%>" 结束，中间放置 PHP 程序代码，如下所示。

```
<%
PHP 程序代码
%>
```

第 1 种和第 2 种是比较常用的方式，其中第 2 种是 Dreamweaver 使用的方式，也是推荐使用的方式；第 3 种是 HTML 的 Script 表示格式；第 4 种对于接触过 ASP 的用户来说并不陌生，但如果要使用第 4 种方式，则必须在 php.ini 文件中设置 asp_tages=On(默认值为 Off)。基本上，都是以第 2 种形式为主。

2.2.2　PHP 输出数据和注释

在 PHP 程序中，如果需要输出字符或数据等，可以使用 echo 函数。PHP 输出数据的语法如下。

```
echo "字符串";
```

注释是对 PHP 代码的解释和说明，PHP 服务器在解析 PHP 程序代码时将自动忽略注释中的所有文本。PHP 注释一般分为单行注释和多行注释。

1. 单行注释

单行注释可以使用 C++ 风格的注释，C++ 风格的注释是以符号 "//" 开始，所在行结束的时候结束；还可以使用 shell 脚本风格的注释，shell 脚本风格的注释是以符号 "#" 开始，所在行结束的时候结束。

```
<?php
echo "这是我们制作的";       // 这是 C++ 风格的注释
echo "第一个 PHP 页面";      # 这是 shell 脚本风格的注释
?>
```

2. 多行注释

多行注释一般是 C 语言风格的注释，以符号"/*"开始，以符号"*/"结束。

```
/* 这是我们制作的
第一个 PHP 页面
*/
```

实战 输出数据与注释在 PHP 代码中的应用

最终文件：最终文件\第2章\chapter2\2-2-2.php　视频：视频\第2章\2-2-2.mp4

01 打开 Dreamweaver CC，执行"文件">"新建"命令，在弹出的"新建文档"对话框中选择 PHP 选项，单击"创建"按钮，如图 2-2 所示。将该文件保存在站点文件夹中，并命名为 2-2-2.php，在 <body> 与 </body> 标签之间编写 PHP 程序代码，如图 2-3 所示。

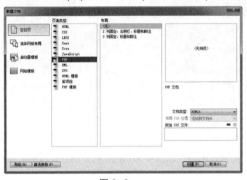

```
<!doctype html>
<html>
<head>
<meta charset="utf-8">
<title>输出数据与注释在PHP代码中的应用</title>
</head>

<body>
<?php
    echo "<h2>你好，一起开始学习PHP!</h2>";
    echo "<hr>";
    echo "<h3>学习使用Dreamweaver开发实用的网站功能! </h3>";
?>
</body>
</html>
```

图 2-2　　　　　　　　　　　　　　　图 2-3

02 在刚编写的 PHP 程序代码中适当地加入相应的注释，如图 2-4 所示。执行"文件">"保存"命令，在 PHP 的测试服务器中执行该页面，可以看到页面执行的效果，如图 2-5 所示。

```
<!doctype html>
<html>
<head>
<meta charset="utf-8">
<title>输出数据与注释在PHP代码中的应用</title>
</head>

<body>
<?php
    echo "<h2>你好，一起开始学习PHP!</h2>";    //使用php中的echo函数输出字符串
    echo "<hr>";
    /*这里输出HTML中的<hr>标签，
    功能与HTML中的<hr>标签相同，
    可以在页面中输入一条水平直线。
    */
    echo "<h3>学习使用Dreamweaver开发实用的网站功能! </h3>";    //每一条php语句使用英文分号结束
?>
</body>
</html>
```

图 2-4　　　　　　　　　　　　　　　图 2-5

你好，一起开始学习PHP!

学习使用Dreamweaver开发实用的网站功能!

2.2.3　在 HTML 代码中嵌入 PHP 程序

在 HTML 代码中嵌入 PHP 代码相对来说比较简单，下面是一个在 HTML 中嵌入 PHP 代码的例子，代码如下。

```
…
<body>
设置文本框的默认值
<input type="text" value="<?php echo '这里是 PHP 的输出内容 ' ?>" >
</body>
…
```

2.2.4　在 PHP 程序中输出 HTML

echo() 显示函数在前面的内容中已经使用过，用于输出一个或多个字符串。print() 函数的使用方法与 echo() 函数类似，如下代码所示为分别使用 echo() 函数和 print() 函数输出字符串的例子。

```php
<?php
echo(" 你好 ");          // 使用带括号的 echo() 函数
echo "PHP";             // 使用不带括号的 echo() 函数
print(" 你好 ");         // 使用带括号的 print() 函数
print "PHP";            // 使用不带括号的 print() 函数
?>
```

echo() 函数与 print() 函数只提供显示功能，不能输出风格多样的内容，在 PHP 显示函数中使用 HTML 代码可以使 PHP 输出内容进行样式设置。如下所示为在 PHP 中输出 HTML 的代码。

```php
<?php
echo '<h1 align="center"> 欢迎学习 PHP</h1>';
echo "<hr>";   // 输出 HTML 标签，在页面中显示水平线
print "<font color='#FF0000'>
   使用 Dreamweaver+PHP+MySQL 开发网站 </font>"
?>
```

图 2-6

在 PHP 测试服务器中执行该页面，输出的结果如图 2-6 所示。

2.2.5　在 PHP 程序中调用 JavaScript 脚本代码

在 PHP 程序代码中嵌入 JavaScript 脚本代码，能够与客户端建立起良好的用户交互界面，强化 PHP 的功能，其作用十分广泛。在 PHP 中生成 JavaScript 脚本的方法与输出 HTML 的方法相同，可以使用 echo() 函数。

```php
<?php
echo "<script>";
echo "alert(' 欢迎光临本网站 '); ";
echo "</script>";
?>
```

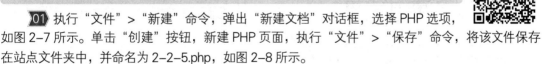

实战　PHP 与 JavaScript 脚本相结合

最终文件：最终文件 \ 第 2 章 \chapter2\2-2-5.php　　视频：视频 \ 第 2 章 \2-2-5.mp4

01 执行 "文件" > "新建" 命令，弹出 "新建文档" 对话框，选择 PHP 选项，如图 2-7 所示。单击 "创建" 按钮，新建 PHP 页面，执行 "文件" > "保存" 命令，将该文件保存在站点文件夹中，并命名为 2-2-5.php，如图 2-8 所示。

图 2-7

图 2-8

02 在 <body> 与 </body> 标签之间编写 PHP 代码和 HTML 代码,代码如下。

```php
<?php
  $a = " 欢迎学习 PHP";               //PHP 程序中的变量定义以 $ 符号开始
  $b = " 请输入内容 ";                // 需要在文本框中显示的内容
  echo "<script>";
  echo "alert('$a');";              // 在 JavaScript 脚本中调用 $a 变量
  echo "</script>";
?>
<h1 align="center">PHP 与 JavaScript 脚本结合 </h1>
<hr>
<form id="form1" name="form1" method="post">
  <input type="text" name="tx" id="tx"><br>
  <br>
  <input type="button" name="btn" id="btn" value=" 单击在文本框中输出内容 "
    onClick="tx.value='<?php echo $b; ?>'">
</form>
```

> **提示**
>
> 在按钮的 onClick 事件中包含 PHP 程序代码,需要注意引号在嵌套调用时,外层使用双引号,内层使用单引号。

03 执行 "文件" > "保存" 命令,保存该 PHP 页面,在测试服务器中执行该 PHP 页面,首先弹出第 1 个对话框,如图 2-9 所示。单击 "确定" 按钮,进入页面,单击页面中的按钮,可以看到为文本框赋予的内容,如图 2-10 所示。

图 2-9

图 2-10

2.3 常量与变量

常量和变量是计算机编程语言基本的构成元素,学习常量和变量是编程的基础。它们代表了运算过程中所需要的各种值,通过常量和变量,程序才能对各种值进行访问。常量与变量的区别在于常量一旦初始化就不再发生变化,可以把常量理解为符号化的常数;而变量顾名思义就是指在程序运行过程中可以改变的量。

2.3.1 PHP 常量

常量是指在程序运行过程中无法修改的值。常量在程序的任何地方都不可以修改,但是可以在程序的任何地方访问。常量分为自定义常量和预定义常量。

1. 自定义常量

自定义常量使用 define() 函数来定义,语法格式如下。

```php
define(" 常量名 ", " 常量值 ");
```

常量一旦定义，就不能再改变或取消定义，而且值只能是标量，数据类型只能是布尔型、整型、浮点型或字符串。和变量不同，常量定义时不需要加 "$"。例如下面的程序代码。

```php
<?php
define("HOST", "www.baidu.com");
define("CONSTANT", "Nice to meet you!");
echo CONSTANT;                          // 输出 Nice to meet you!
?>
```

常量是全局的，可以在脚本的任何位置引用。

2. 预定义常量

PHP 提供了大量的预定义常量，但是很多常量是由不同的扩展定义的，只有加载这些扩展库后才能使用。预定义常量使用方法和常量相同，但它们的值会根据情况的不同而不同，经常使用的预定义常量有 5 个，这些特殊的常量是不区分大小写的。常用的预定义常量如表 2-1 所示。

表 2-1 PHP 常用的预定义常量

预定义常量	说明
LINE	表示该常量所在的文件中的当前行号
FILE	表示该常量所在的文件的完整路径和文件名
FUNCTION	表示该常量所在的函数名称
CLASS	表示该常量所在的类的名称
METHOD	表示该常量所在的类的方法名

提示

预定义常量又分为内核预定义常量和标准预定义常量两种，内核预定义常量在 PHP 的内核、Zend 引擎和 SAPI 模块中定义；而标准预定义常量是 PHP 默认定义的，例如常用的 E_ERROR、E_NOTICE 和 E_ALL 等。

2.3.2 PHP 变量

变量是指在程序运行过程中值可以改变的量。变量的作用就是存储数值，一个变量具有一个地址，这个地址中存储变量数值信息。在 PHP 中可以改变变量的类型，也就是说，PHP 变量的数值类型可以根据环境的不同而做调整。PHP 变量分为自定义变量、预定义变量和外部变量。

PHP 中的自定义变量由一个美元符号 "$" 和其后面的字符组成，字符是区分大小写的。

1. 变量的命名

在定义变量时，变量名与 PHP 中其他标记一样遵循相同的规则：一个有效的变量名由字符或下画线 "_" 开头，后面跟任意数量的字符、数字或下画线。在这里说明下面代码的含义和作用。

```php
<?php
// 合法的变量名
$a=1;
$a12_3=1;
$_abc=1;
// 非法的变量名
$123=1;
$12AB=1;
$ 西瓜 =1;
$*b=1;
?>
```

2. 变量的初始化

PHP 变量的类型有布尔型、整型、浮点型、字符串型、数组、对象、资源和 NULL。变量在初始化时，使用 "=" 给变量赋值，变量的类型会根据其赋值自动改变。在这里说明下面代码的含义和作用。

```
$var="abc";                           //$var 为字符串型
$var=True;                            //$var 为布尔型
$var=888;                             //$var 为整型
```

PHP 也可以将一个变量的值赋给另外一个变量。

```
<?php
$height=150;
$width=$height;                       //$width 的值为 150
?>
```

3. 变量的引用

PHP 提供了另外一种给变量赋值的方式——引用赋值，即新变量引用原始变量，改动新变量的值将影响原始变量，反之亦然。使用引用赋值的方法是，在将要赋值的原始变量前加一个"&"符号。在这里说明下面代码的含义和作用。

```
<?php
$var="English";                       //$var 赋值为 English
$bar=&$var;                           // 变量 $bar 引用 $var 的地址
echo $bar;                            // 输出结果为 English
$bar="world";                         // 给变量 $bar 赋新值
echo $var;                            // 输出结果为 world
?>
```

4. 变量的作用域

变量的使用范围，也称为变量的作用域。从技术上来讲，作用域就是变量定义的有效范围，根据变量使用范围的不同，可以把变量分为局部变量和全局变量。

局部变量只有在程序的局部有效，它的作用域分为两种。

在当前文件主程序中定义的变量，其作用域限于当前文件的主程序，不能在其他文件或当前文件的局部函数中起作用。

在局部函数或方法中定义的变量仅限于局部函数或方法，文件中的主程序、其他函数在其他文件中无法引用。例如下面的程序代码。

```
<?php
$my_var="Hello";                      //$my_var 的作用域仅限于当前主程序
Function my_func()
{
  $local_var=865;                     //$local_var 的作用域仅限于当前函数
  echo '$local_var='.$local_var. "<br>"; // 调用该函数时输出结果值为 865
  echo '$my_var='.$my_var. "<br>";    // 调用该函数时输出结果值为空
}
my_func();                            // 调用 my_func() 函数
echo '$local_var='.$local_var. "<br>"; // 输出结果值为空
echo '$my_var='.$my_var. "<br>";      // 输出结果值为 "Hello"
?>
```

全局变量可以在程序的任何地方访问。但是，为了修改一个全局变量，必须在要修改该变量的函数中将其显式地声明为全局变量。只要在变量前面加上关键字 global，这样就可以将其标识为全局变量。例如下面的程序代码。

```
<?php
$my_global=1;                         // 定义变量 $my_global
Function my_func1()                   // 函数 my_func1()
{
  global $my_global;                  // 声明 $my_global 为全局变量
  global $two_global;                 // 声明 $two_global 为全局变量
```

```
    echo '$my_global='.$my_global. "<br>";          // 调用该函数时输出结果值为 1
    $two_global=2;
}
Function my_func2()                                  // 函数 my_func2()
{
    global $two_global;                              // 声明 $two_global 为全局变量
    echo '$two_global='. $two_global. "<br>";        // 调用该函数时输出结果值为 2
    $two_global=3;
}
my_func1();                                          // 调用 my_func1() 函数，输出 1
my_func2();                                          // 调用 my_func2() 函数，输出 2
echo $two_global;                                    // 输出结果值为 3
?>
```

2.4　预定义变量与表单变量

预定义变量是在 PHP 中预先定义好的变量数组，主要包括 $_ENV(环境变量)、$SERVER(服务器变量)、$_GLOBALS(Global 变量)、$_FILES(文件变量)、$_REQUEST(Request 变量)、$_POST(POST 变量)、$_GET(GET 变量)、$_COOKIE(Cookie 变量) 和 $_SESSION(Session 变量)。

2.4.1　Cookie

Cookie 与 Session 在网页中扮演着记录用户信息的角色，被大量使用在各个网站中，例如很多用户网站都提供的会员登录服务，让用户一次登录就可以使用网站的各种服务，在使用论坛时不需要每次都重新登录，这些都需要使用 Cookie 或 Session。

在 PHP 程序中主要使用 setcookie() 函数来设置 Cookie，其语法格式如下。

```
<?php
setcookie(Cookie 变量名称 ","值 ","期限 ","路径 ","网域 ","安全 ");
?>
```

Cookie 的值将存放在 $_COOKIE 数组中。

```
$_COOKIE[' 变量名称 ']
```

了解了网页中 Cookie 的作用之后，下面通过一个小实例介绍如何为网页设置 Cookie，以及如何删除所设置的 Cookie 信息。

实战　网页 Cookie 信息的创建与应用

最终文件：最终文件 \ 第 2 章 \chapter2\2-4-11.php　视频：视频 \ 第 2 章 \2-4-1.mp4

01 执行 "文件" > "新建" 命令，弹出 "新建文档" 对话框，选择 PHP 选项，如图 2-11 所示。单击 "创建" 按钮，新建 PHP 页面，执行 "文件" > "保存" 命令，将该文件保存在站点文件夹中，并命名为 2-4-11.php，如图 2-12 所示。

02 在所有 HTML 代码之前添加设置 Cookie 信息的 PHP 代码，如图 2-13 所示。在 <body> 与 <body> 标签之间编写相应的 HTML 代码，如图 2-14 所示。

> **提示**
>
> 此处的 PHP 程序中设置了一个名称为 testcookie 的 Cookie 变量，其值为 "cookie2018"，存活时间为 time()+3600，time() 表示当前时间，而后面的 +3600 则代表当前时间加上 3600s，意味着该 Cookie 在 1 小时内都有效。

图 2-11

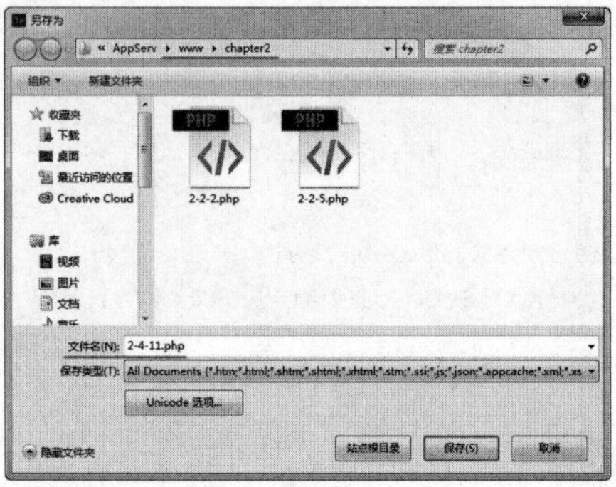

图 2-12

```php
<?php
    setcookie("testcookie","cookie2018",time()+3600);
?>
<!doctype html>
<html>
<head>
<meta charset="utf-8">
<title>网页Cookie信息的创建与应用</title>
</head>

<body>
</body>
</html>
```

图 2-13

```php
<?php
    setcookie("testcookie","cookie2018",time()+3600);
?>
<!doctype html>
<html>
<head>
<meta charset="utf-8">
<title>网页Cookie信息的创建与应用</title>
</head>

<body>
<a href="2-4-11.php">创建Cookie</a>
<a href="2-4-12.php">删除Cookie</a>
<a href="2-4-13.php">显示Cookie</a>
</body>
</html>
```

图 2-14

03 使用相同的方法，新建一个 PHP 网页并保存为 2-4-12.php，并在该文件中编写删除所设置的 Cookie 信息的程序代码，如图 2-15 所示。使用相同的方法，新建一个 PHP 网页并保存为 2-4-13.php，在该文件中编写输出 Cookie 信息的程序代码，如图 2-16 所示。

```php
<?php
    setcookie("testcookie","",time()-60);
?>
<!doctype html>
<html>
<head>
<meta charset="utf-8">
<title>网页Cookie信息的创建与应用</title>
</head>

<body>
<a href="2-4-11.php">创建Cookie</a>
<a href="2-4-12.php">删除Cookie</a>
<a href="2-4-13.php">显示Cookie</a>
</body>
</html>
```

图 2-15

```php
<!doctype html>
<html>
<head>
<meta charset="utf-8">
<title>网页Cookie信息的创建与应用</title>
</head>

<body>
<?php
    echo "所设置的Cookie=".$_COOKIE["testcookie"];
?>
<hr>
<a href="2-4-11.php">创建Cookie</a>
<a href="2-4-12.php">删除Cookie</a>
<a href="2-4-13.php">显示Cookie</a>
</body>
</html>
```

图 2-16

04 在测试服务器中测试 2-4-11.php 页面，测试该页面时已经为 Cookie 设置了相应的值，如图 2-17 所示。单击页面中的"显示 Cookie"超链接，跳转到 2-4-13.php 页面中，则显示该 Cookie 变量的值，如图 2-18 所示。

技巧

　　如果在自己的本地计算机中无法测试 Cookie 的效果，可以打开浏览器窗口，执行"工具">"Internet 选项"命令，打开"Internet 选项"对话框，切换到"隐私"选项卡中，检查隐私的设置是否为封锁所有 Cookie，如果是，可以将其设置为接收所有 Cookie。

图 2-17　　　　　　　　　　　　　　　　　　　图 2-18

05 单击"删除 Cookie"超链接，跳转到 2-4-12.php 页面中，在该页面中清除 Cookie 的值，如图 2-19 所示。再次单击"显示 Cookie"超链接，跳转到 2-4-13.php 页面中，因为 Cookie 变量已经被删除，因此输出为空，如图 2-20 所示。

图 2-19　　　　　　　　　　　　　　　　　　　图 2-20

2.4.2　Session

Session 与 Cookie 不同的是 Session 将信息存放于服务器端，当用户将浏览器关闭时 Session 也随之消失，而且每个 Session 都有其 Session ID，客户端会在 Session 建立的同时也产生一个记录 Session ID 的 Cookie，两者相对应以便识别哪个 Session 属于哪个用户。

> **技巧**
>
> 　　如果客户端完全不接收 Cookie，Session 也不会有作用，可以编辑 php.ini 设置 session.use_trans_sid=1，这样 PHP 遇到客户端不接收 Cookie 时，就会修改 URL 参数使其附带 PHPSESSION，即可正常使用 Session。

在使用 Session 前必须使用 session_start() 函数，并且该函数必须在网页中所有内容之前使用，即在网页所有 HTML 代码之前添加 session_start() 函数，来启动 Session。

设置 Session 变量的语法格式如下。

```
$_SESSION[' 变量名称 ']= " 值 "
```

了解了网页中 Session 的作用之后，下面通过一个小实例介绍如何为网页设置 Session，以及如何删除所设置的 Session 信息。

实战　网页 Session 信息的创建与应用

最终文件：最终文件 \ 第 2 章 \chapter2\2-4-21.php　视频：视频 \ 第 2 章 \2-4-2.mp4

01 执行"文件">"新建"命令，弹出"新建文档"对话框，选择 PHP 选项，如图 2-21 所示。单击"创建"按钮，新建 PHP 页面，执行"文件">"保存"命令，将该文件保存在站点文件夹中，并命名为 2-4-21.php，如图 2-22 所示。

图 2-21

图 2-22

02 在所有 HTML 代码之前添加启动 Session 和设置 Session 变量的 PHP 代码，如图 2-23 所示。在 <body> 与 <body> 标签之间编写相应的 HTML 代码，如图 2-24 所示。

```php
<?php
    session_start();
    $_SESSION['name']="TOM";
?>
<!doctype html>
<html>
<head>
<meta charset="utf-8">
<title>网页Session信息的创建与应用</title>
</head>

<body>
</body>
</html>
```

图 2-23

```php
<?php
    session_start();
    $_SESSION['name']="TOM";
?>
<!doctype html>
<html>
<head>
<meta charset="utf-8">
<title>网页Session信息的创建与应用</title>
</head>

<body>
<a href="2-4-21.php">创建Session</a>    |
<a href="2-4-22.php">删除Session</a>    |
<a href="2-4-23.php">显示Session值</a>
</body>
</html>
```

图 2-24

> **提示**
> 在该文件中所编写的 PHP 程序代码，首先通过 session_start() 函数来启动 Session，接下来定义一个名称为 name 的 Session 变量，并为该 Session 变量赋值。

03 使用相同的方法，新建一个 PHP 网页并保存为 2-4-22.php，在该文件中编写删除所设置的 Session 信息的程序代码，如图 2-25 所示。使用相同的方法，新建一个 PHP 网页并保存为 2-4-23.php，在该文件中编写输出 Session 信息的程序代码，如图 2-26 所示。

```php
<?php
    session_start();
    session_destroy();
?>
<!doctype html>
<html>
<head>
<meta charset="utf-8">
<title>网页Session信息的创建与应用</title>
</head>

<body>
<a href="2-4-21.php">创建Session</a>    |
<a href="2-4-22.php">删除Session</a>    |
<a href="2-4-23.php">显示Session值</a>
</body>
</html>
```

图 2-25

```php
<?php
    session_start();
?>
<!doctype html>
<html>
<head>
<meta charset="utf-8">
<title>网页Session信息的创建与应用</title>
</head>

<body>
<?php
    echo "所设置的Session=".$_SESSION['name'];
?>
<hr>
<a href="2-4-21.php">创建Session</a>    |
<a href="2-4-22.php">删除Session</a>    |
<a href="2-4-23.php">显示Session值</a>
</body>
</html>
```

图 2-26

04 在测试服务器中测试 2-4-21.php 页面，测试该页面时已经为 Session 设置了相应的值，如图 2-27 所示。单击页面中的"显示 Session 值"超链接，跳转到 2-4-23.php 页面中，则显示该 Session 变量的值，如图 2-28 所示。

图 2-27　　　　　　　　　　　　图 2-28

05 单击"删除 Session"超链接，跳转到 2-4-22.php 页面中，在该页面中清除 Session 的值，如图 2-29 所示。再次单击"显示 Session 值"超链接，跳转到 2-4-23.php 页面中，因为 Session 变量已经被删除，因此输出为空，如图 2-30 所示。

图 2-29　　　　　　　　　　　　图 2-30

2.4.3　POST 表单变量

POST 表单变量用于设置处理表单数据的类型，POST 是系统的默认值，表示将表单中的数据内容提交到"动作"属性指定的文件进行处理。例如，有一个 HTML 表单使用 method="post" 的方式传递给本页一个 name="test" 的文字信息，可以通过以下 3 种风格来显示这个表单变量。

```php
<?php
echo $test;                      // 简短格式，需要配置 php.ini 文件中的默认设置
echo $_POST["test"];             // 中等格式，推荐使用该方式
echo $HTTP_POST_VARS["test"];    // 冗长格式
?>
```

例如，新建一个空白的 PHP 页面，在 `<body>` 与 `</body>` 标签之间编写如下的表单代码和 PHP 程序代码。

```
<form id="form1" name="form1" method="post">
  输入内容:
```

```
    <input type="text" name="title" id="title">
    <input type="submit" name="submit" id="submit" value=" 提交 ">
</form>
<?php
if(isset($_POST['title'])) {
    echo "<hr>";
    echo " 输入的内容为: ".$_POST["title"]; // 输出 id 名称为 test 的表单元素中的内容
    }
?>
```

保存该页面，在测试服务器中预览该页面，在文本域中输入任意内容，如图 2-31 所示。单击 "提交" 按钮，可以看到通过 POST 表单变量的方式输出的结果，如图 2-32 所示。

图 2-31

图 2-32

2.4.4 GET 表单变量

GET 方式表示追加表单的值到 URL 并发送服务器请求，对于数据量比较大的长表单最好不要使用这种数据处理方式。

例如，有一个 HTML 表单使用 method="get" 的方式传递给本页一个 name="test" 的文字内容，可以通过以下 3 种风格来显示这个表单变量。

```
<?php
echo $test;                      // 简短格式，需要配置 php.ini 文件中的默认设置
echo $_GET["test"];              // 中等格式，推荐使用该方式
echo $HTTP_GET_VARS["test"];     // 冗长格式
?>
```

例如，新建一个空白的 PHP 页面，在 <body> 与 </body> 标签之间编写如下的表单代码和 PHP 程序代码。

```
<form id="form1" name="form1" method="get">
  输入内容:
  <input type="text" name="title" id="title">
  <input type="submit" name="submit" id="submit" value=" 提交 ">
</form>
<?php
if(isset($_GET['title'])) {
    echo "<hr>";
    echo " 输入的内容为: ".$_GET["title"];   // 输出 id 名称为 test 的表单元素中的内容
    }
?>
```

保存该页面，在测试服务器中预览该页面，在文本域中输入任意内容，如图 2-33 所示。单击 "提交" 按钮，可以看到通过 GET 表单变量的方式输出的结果，在浏览器的地址栏中显示表单变量传递的值，如图 2-34 所示。

图 2-33　　　　　　　　　　　　　　　　图 2-34

GET 方式和 POST 方式的区别主要有以下 3 点。

(1) 数据传递的方式以及大小不同。

(2) GET 方式会将所传递的表单数据显示在 URL 地址上，POST 方式则不会。

(3) GET 方式传递数据有限制，一般大量数据都需要使用 POST 方式进行传递。

2.5　数据类型

在 PHP 程序中提供了一个不断扩充的数据类型集，不同的数据可以保存在不同的数据类型中，在本节中将向读者介绍 PHP 程序中的数据类型。

2.5.1　PHP 中的数据类型

1. 整型

整型是指变量的值为整数，范围是 −2147483648 ~ 2147483647，整型变量的数量可以使用十进制数、八进制数或十六进制数进行指定。如果以八进制方式设置整型变量的值，则值前必须加 0；如果以十六进制方式设置整型变量的值，则值前必须加 0x。例如下面代码中分别为整型变量通过不同的方式设置数值。

```php
<?php
$x1 = 100;          // 十进制
$x2 = 0;            // 变量值为 0
$x3 = -5;           // 变量值为负数
$x4 = 0100;         // 八进制数（等于十进制数的 64）
$x5 = 0x1B;         // 十六进制数（等于十进制数的 27）
?>
```

2. 浮点型

浮点型也称为浮点数、双精度数或实数，浮点型的字长与平台相关，最大值是 1.8e308，具有 14 位十进制数的精度。例如下面的代码中分别为变量设置浮点型数值。

```php
<?php
$pi = 3.1415926;        // 十进制浮点数
$width = 3.3e4;         // 科学记数法浮点数
$height = 3e-5;         // 科学记数法浮点数
?>
```

3. 字符串型

1) 单引号

定义字符串型数值最简单的方法是使用英文单引号"'"括起来。如果要在字符串中使用单引号，则需要使用转义字符 "\"，将单引号转义之后才能输出。和其他语言一样，如果在单引号之前或字符串结尾处出现一个反斜线 "\"，则需要使用两个反斜线来表示。例如下面的代码中输出字符串型数值。

```php
<?php
echo ' 字符串型 ';              // 输出: 字符串型
echo ' 输出 \' 单引号 ';        // 输出: 输出 ' 单引号
echo ' 输出反斜线 \\ ';         // 输出: 输出反斜线 \
?>
```

2) 双引号

使用英文双引号 """ 将字符串括起来同样可以定义字符串型数值。如果需要在定义的字符串中表示双引号，则同样需要使用转义字符 "\" 进行转义后才能输出。另外，还有一些特殊字符的转义介绍如表 2-2 所示。

表 2-2　特殊字符的转义说明

转义写法	说明
\n	换行 (LF 或 ASCII 字符 0x(10))
\r	回车 (CR 或 ASCII 字符 0x0D(13))
\t	水平制表符 (HT 或 ASCII 字符 0x09(9))
\\	反斜线
\$	美元符号
\"	英文双引号
\[0-7]{1,3}	该正则表达式序列匹配一个使用八进制符号表示的字符
\[0-Fa-f]{1,2}	该正则表达式序列匹配一个使用十六进制符号表示的字符

> **提示**
>
> 转义字符 "\" 在 PHP 代码中只适用于以上说明的情况，如果使用 "\" 试图转义其他字符，则反斜线本身也会被显示出来。

使用双引号与单引号的主要区别是，单引号定义的字符串中出现的变量和转义序列不会被变量的值替代，而双引号中使用变量名在显示时会显示为该变量的值。例如下面的代码中分别使用双引号与单引号输出相同的字符串会得到不同的输出结果。

```php
<?php
$str = "欢迎学习";              // 定义变量，变量值为字符串
echo ' $strPHP！ ';            // 输出: $strPHP！
echo " $strPHP！ ";            // 输出: 欢迎学习 PHP！
?>
```

3) 字符串连接符

使用字符串连接符 "." 可以将几个字符串连接成为一个字符串。通常在使用 echo 函数向浏览器输出内容时使用字符串连接符，这样可以避免编写多个 echo 函数。例如下面的代码中使用字符串连接符对输出内容进行连接。

```php
<?php
$str = "新年快乐";              // 定义变量，变量值为字符串
echo "祝大家"."新年快乐";        // 将字符串与字符串连接输出
echo "祝大家".$str;             // 将字符串与变量连接输出
?>
```

4. 布尔型

布尔型是最简单的一种数据类型，其值可以是 True(真) 或 False(假)，这两个关键字不区分大小写。如果需要定义布尔值变量，只需将其值设置为 True 或 False。布尔型变量通常用于流程控制。例如下面的代码。

```php
<?php
$x1 = True;
$x2 = False;
$uname = "Mike";
// 使用字符串进行逻辑控制
if($uname =="Mike"){
    echo "你好，欢迎你 Mike！";
    }
// 使用布尔值进行逻辑控制
if($x1 == True){
    echo "变量 x1 为真";
    }
// 单独使用布尔值进行逻辑控制
if($x2){
    echo "b 为真";
    }
?>
```

5. 数组

数组是一组由相同数据类型元素组成的一个有序映射。在 PHP 中，映射是一种把 values(值)映射到 keys(键名)的类型。数组通过 array() 函数进行定义，其值使用 "key->value" 的方式进行设置，多个值通过逗号进行分隔。当然也可以不使用键名，默认为 1，2，3，…例如下面的代码为 PHP 中定义数组的方法。

```php
<?php
$arr1 = array(1,2,3,4,5,6,7,8,9);              // 定义数组并直接为数组赋值
$arr2 = array("animal"->"tiger","color"->"red","number"->"12");
// 定义数组并为数组指定键名和值
?>
```

2.5.2　数据类型之间的转换 ⟩

PHP 数据类型之间的转换有两种：隐式类型转换(自动类型转换)和显式类型转换(强制类型转换)。

1. 隐式类型转换

PHP 中隐式数据类型转换很常见，例如下面的代码。

```php
<?php
$x1 = 100;                        // 定义变量，变量值为整型
$x2 = "string";                   // 定义变量，变量值为字符串
echo $x1.$x2;                     // 使用字符串连接符连接输出两个变量
?>
```

在以上的代码中，使用字符串连接符操作将使用自动数据类型转换。连接操作前，变量 x1 为整型，x2 为字符串类型。连接操作后，变量 x1 隐式(自动)转换为字符串类型。

PHP 自动类型转换的另一个例子是加号 "+"。如果一个数是浮点数，则使用加号后其他的所有数都被当作浮点数，结果也是浮点数。否则，参与 "+" 运算符的运算数都被解释成整数，结果也是一个整数。例如下面的代码。

```php
<?php
$x1 = "10";                       // 定义变量，变量值为字符串
$x2 = "abc";                      // 定义变量，变量值为字符串
$num1 = $x1 + $x2;                //$num1 的结果为整型，值为 10
```

```
$num2 = $x1 + 20;              //$num2 的结果为整型，值为 30
$num3 = $x1 + 5.5;             //$num3 的结果为浮点型，值为 15.5
?>
```

2. 显式类型转换

在 PHP 中还可以使用显式类型转换，也称为强制类型转换。它将一个变量或值转换为另一种类型，这种转换与 C 语言类型的转换是相同的：在需要转换的变量前面加上用括号括起来的目标类型。在 PHP 中允许的强制转换如下。

(int)、(integer)：将数据类型转换为整型。

(string)：将数据类型转换为字符串型。

(float)、(double)、(real)：将数据类型转换为浮点型。

(bool)、(boolean)：将数据类型转换为布尔型。

(array)：将数据类型转换为数组。

(object)：将数据类型转换为对象。

例如下面的代码。

```
<?php
$x1 = (int)"Hello";           // 强制转换为整型，变量值为 0
$x1 = (int)True;              // 强制转换为整型，变量值为 1
$x1 = (int)15.56;             // 强制转换为整型，变量值为 15
$x1 = (string)20.68;          // 强制转换为字符串型，变量值为 20.68
$ x1 = (bool)1;               // 强制转换为布尔型，变量值为 True
$ x1 = (bool)0;               // 强制转换为布尔型，变量值为 False
$ x1 = (bool) "Hello";        // 强制转换为布尔型，变量值为 False
?>
```

强制转换成整型还可以使用 intval() 函数，强制转换成字符串型还可以使用 strval() 函数。例如下面的代码。

```
<?php
$x1 = intval("15ab3c");       // 强制转换为整型，变量值为 15
$x1 = strval(2.7e6);          // 强制转换为字符串型，变量值为 2.7e6
?>
```

在将变量强制转换为布尔型时，当被强制转换的值为整型值 0、浮点型 0.0、空白字符或字符串 "0"、没有特殊成员变量的数组、特殊类型 NULL 时都被认为是 False，其他的值都被认为是 True。

如果需要获得变量或表达式的信息，如类型、值等，可以使用 var_dump() 函数，例如下面的代码。

```
<?php
$x1 = var_dump(100);
$x2 = var_dump((int)False);
$x3 = var_dump((bool)NULL);
echo $x1;                      // 输出结果为：int(100)
echo $x2;                      // 输出结果为：int(0)
echo $x3;                      // 输出结果为：bool(False)
?>
```

在输出结果中，前面是变量的数据类型，括号内是变量的值。

2.6 运算符

表达式是由操作数 ($a) 和运算符（ + ）组合而成的。操作数可以是常数和变量，运算符用来对变量进行操作，PHP 程序中包括多种不同类型的运算符，本节将介绍 PHP 程序中的运算符。

2.6.1　算术运算符

算术运算符是最简单也是用户使用最多的运算符，对两个变量进行操作。PHP 中包括 6 种最基本的算术运算符，分别是加 (+)、减 (–)、乘 (*)、除 (/)、取模 (%) 和取负 (–)。

实战　使用算术运算符进行计算

最终文件：最终文件 \ 第 2 章 \chapter2\2–6–1.php　视频：视频 \ 第 2 章 \2–6–1.mp4

01 执行"文件">"新建"命令，弹出"新建文档"对话框，选择 PHP 选项，如图 2–35 所示。单击"创建"按钮，新建 PHP 页面，将该文件保存为 2–6–1.php。在 <body> 与 </body> 标签之间编写 PHP 程序代码，通过算术运算符为变量赋值，如图 2–36 所示。

```
<body>
<?php
$a = 4+5;          //加法运算符
$b = 2-6;          //减法运算符
$c = 4*5;          //乘法运算符
$d = 5/$a;         //除法运算符
$e = 9%$a;         //取模运算符
$f = -$a;          //负数运算符
?>
</body>
```

图 2–35　　　　　　　　　　　　　　　　　图 2–36

02 编写 PHP 程序代码，输出运算结果，如图 2–37 所示。保存页面，在测试服务器中测试该页面，可以看到页面执行的效果，如图 2–38 所示。

```
<body>
<?php
$a = 4+5;          //加法运算符
$b = 2-6;          //减法运算符
$c = 4*5;          //乘法运算符
$d = 5/$a;         //除法运算符
$e = 9%$a;         //取模运算符
$f = -$a;          //负数运算符
echo "4+5 = ".$a."<br>";
echo "2-6 = ".$b."<br>";
echo "4*5 = ".$c."<br>";
echo "5/9 = ".$d."<br>";
echo "9%9 = ".$e."<br>";
echo "\$f = ".$f."<br>";
?>
</body>
```

图 2–37

图 2–38

2.6.2　赋值运算符

赋值运算符的作用是将右侧表达式的值赋给左侧变量。最基本的赋值运算符是"="，如"$a=10"表示将 10 赋给变量 $a，变量 $a 的值为 10。由"="组合的其他赋值运算符还有"+="、"–="、"*="、"/="和"%="。赋值运算符说明如表 2–3 所示。

表 2-3　赋值运算符说明

赋值运算符	例子	说明
=	x = y	将右侧表达式的值赋给左侧变量
+=	x += y(等同于 x=x+y)	将左右两侧值相加赋给左侧变量
–=	x –= y(等同于 x=x–y)	将左右两侧值相减赋给左侧变量
*=	x *= y(等同于 x=x*y)	将左右两侧值相乘赋给左侧变量
/=	x /= y(等同于 x=x/y)	将左右两侧值相除赋给左侧变量
%=	x %= y(等同于 x=x%y)	将左右两侧值取模赋给左侧变量

以 1+2=3 为例，在数学上表示 1 加 2 等于 3，但是在程序中的意思是：将 1 加 2 产生的值指定给 3。例如下面的程序代码。

```php
<?php
$a=5;
$b=8;
$num=$a + $b;          // 将 $a+$b 的结果值赋给 $num，其值为 13
$a+=5;                 // 等同于 $a=$a+5, $a 的值为 10
$b-=2;                 // 等同于 $b=$b-2, $b 的值为 6
$a*=3;                 // 等同于 $a=$a*2, $a 的值为 30
$b/=2;                 // 等同于 $b=$b/2, $b 的值为 3
$text=" 欢迎学习 ";
$text.="PHP";          // 等同于 $text=$text."PHP", $text 的值为 " 欢迎学习 PHP"
?>
```

2.6.3 位运算符

位运算符可以操作整型和字符串型两种类型数据，它允许按照位来操作整型变量，如果左右参数都是字符串，则位运算符将操作字符的 ASCII 值。PHP 程序中的位运算符说明如表 2-4 所示。

表 2-4　位运算符说明

位运算符	名称	例子	说明
|	按位或	$a | $b	将 $a 或 $b 中任何一个为 1 的位设为 1
&	按位与	$a & $b	将 $a 和 $b 中都为 1 的位设为 1
^	按位异或	$a ^ $b	将 $a 和 $b 中一个为 1、另一个为 0 的位设为 1
~	按位取反	~ $a	将 $a 中为 0 的位设为 1，反之亦然
<<	左移	$a << $b	将 $a 中的位向左移动 $b 次 (每一次移动都表示 "乘以 2")
>>	右移	$a >> $b	将 $a 中的位向右移动 $b 次 (每一次移动都表示 "除以 2")

 提示

位移在 PHP 中是数学运算，向任何方向移出去的位都被丢弃。左移时右侧以零填充，符号位被移走意味着正负号不被保留。右移时左侧以符号位填充，意味着正负号被保留。

2.6.4 比较运算符

比较运算符用于对两个值进行比较，不同类型的值也可以进行比较，如果比较的结果为真则返回 True，否则返回 False。PHP 程序中的比较运算符说明如表 2-5 所示。

表 2-5　比较运算符说明

比较运算符	名称	例子	说明
==	等于	$a == $b	如果 $a 等于 $b，则返回 True，否则返回 False
===	全等于	$a === $b	如果 $a 等于 $b，并且它们的类型也相同，则返回 True，否则返回 False
!=	不等于	$a != $b	如果 $a 不等于 $b，则返回 True，否则返回 False
<>	不等	$a <> $b	如果 $a 不等于 $b，则返回 True，否则返回 False
!==	非全等	$a !== $b	如果 $a 不等于 $b，或者它们的类型不同，则返回 True，否则返回 False
<	小于	$a < $b	如果 $a 严格小于 $b，则返回 True，否则返回 False
>	大于	$a > $b	如果 $a 严格大于 $b，则返回 True，否则返回 False
<=	小于等于	$a <= $b	如果 $a 小于或等于 $b，则返回 True，否则返回 False
>=	大于等于	$a >= $b	如果 $a 大于或等于 $b，则返回 True，否则返回 False

 提示

如果整数与字符串进行比较，字符串会被转换成整数；如果两个数字字符串进行比较，则会将这两个数字字符串作为整数进行比较。

2.6.5　逻辑运算符

逻辑运算符可以操作布尔型数据，PHP 中的逻辑运算符有 6 种，说明如表 2-6 所示。

表 2-6　逻辑运算符说明

逻辑运算符	名称	例子	说明
and	逻辑与	$a and $b	如果 $a 与 $b 都为 True，则返回 True，否则返回 False
or	逻辑或	$a or $b	如果 $a 或 $b 任意一个为 True，则返回 True，否则返回 False
xor	逻辑异或	$a xor $b	如果 $a 或 $b 任意一个为 True，但不同时是，则返回 True，否则返回 False
!	逻辑非	!$a	如果 $a 不为 True，则返回 True，否则返回 False
&&	逻辑与	$a && $b	如果 $a 与 $b 都为 True，则返回 True，否则返回 False
||	逻辑或	$a || $b	如果 $a 或 $b 中任意一个为 True，则返回 True，否则返回 False

实战　比较运算符和逻辑运算符的应用

最终文件：最终文件 \ 第 2 章 \chapter2\2-6-5.php　视频：视频 \ 第 2 章 \2-6-5.mp4

01 执行"文件">"新建"命令，弹出"新建文档"对话框，选择 PHP 选项，如图 2-39 所示。单击"创建"按钮，新建 PHP 页面，将该文件保存为 2-6-5.php。在 <body> 与 </body> 标签之间编写 PHP 程序代码，使用比较运算符，如图 2-40 所示。

图 2-39

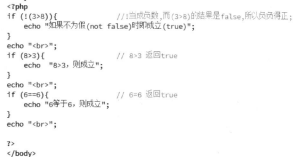

图 2-40

02 在 PHP 程序代码中输入逻辑运算符的应用代码，如图 2-41 所示。执行"文件">"保存"命令，在 PHP 的测试服务器中执行该页面，可以看到页面执行的效果，如图 2-42 所示。

```php
if ((3>8)||(8>3)){      //如果(3大于8)或(8大于3)成立，返回true
    echo "只要(3>8)或(8>3)其中一者为true，则成立";
}
echo "<br>";
if (3!=8){              // 如果(3不等于8) 返回true
    echo "3不等于8成立，则成立";
}
echo "<br>";
if ((3>8)&&(8>3)) {     // 如果(3大于8)and(8大于3)都成立，则返回true
    echo "此段不成立";
}else{
    echo "要(3>8)且(8>3)两者的结果都为true才成立";
}
echo "<br>";
?>
```

图 2-41

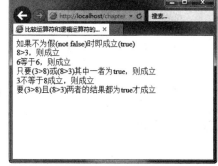

图 2-42

2.6.6　递增和递减运算符

PHP 支持 C 语言风格的递增和递减运算符。PHP 的递增和递减运算符主要对整型数据进行操作，同时对字符串也有效。这些运算符是前置递增、后置递增、前置递减和后置递减。PHP 中的递增和递减运算符说明如表 2-7 所示。

表 2-7　递增和递减运算符说明

递增、递减运算符	名称	说明
++$a	前置递增	变量 $a 先加 1 递增，然后再返回 $a
$a++	后置递增	先返回 $a，然后再加 1 递增
−−$b	前置递减	变量 $b 先减 1 递减，然后再返回 $b
$b−−	后置递减	先返回 $b，然后再加 1 递减

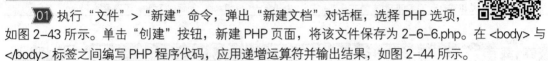

实战　递增和递减运算符的应用

最终文件：最终文件 \ 第 2 章 \ chapter2\2-6-6.php　视频：视频 \ 第 2 章 \2-6-6.mp4

01 执行 "文件" > "新建" 命令，弹出 "新建文档" 对话框，选择 PHP 选项，如图 2-43 所示。单击 "创建" 按钮，新建 PHP 页面，将该文件保存为 2-6-6.php。在 <body> 与 </body> 标签之间编写 PHP 程序代码，应用递增运算符并输出结果，如图 2-44 所示。

```php
<body>
<?php
echo "以\$a=5为例子，说明各运算符的运行结果：<br>";
echo "==下面是递增（++）运算符范例==<br>";
echo "前置递增>><br>";
$a=5;
echo "++\$a=".++$a."（前置递增；变量先加1再返回）<br>";
echo "\$a=".$a."<br>";
echo "后置递增>><br>";
$a=5;
echo "\$a++=".$a++."（后置递增；变量返回再加1）<br>";
echo "\$a=".$a."<br>";

?>
</body>
```

图 2-43　　　　　　　　　　　　图 2-44

02 在 PHP 程序代码中添加递减运算符代码并输出结果，如图 2-45 所示。执行 "文件" > "保存" 命令，在 PHP 的测试服务器中执行该页面，可以看到页面执行的效果，如图 2-46 所示。

```php
echo "==下面是递减（--）运算符范例==<br>";
echo "前置递减>><br>";
$a=5;
echo "--\$a=".--$a."（前置递减；变量先减1才返回)<br>";
echo "\$a=".$a."<br>";
echo "后置递减>><br>";
$a=5;
echo "\$a--=".$a--."（后置递减；变量先返回再减1）<br>";
echo "\$a=".$a."<br>";
?>
```

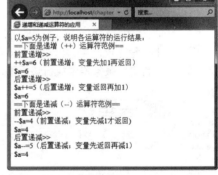

图 2-45　　　　　　　　　　　　图 2-46

2.6.7　三元运算符

PHP 程序中还提供了一种三元运算符 <?:>，其用法与 C 语言中的三元运算符相同，语法格式如下。

```
condition?value if True: value if False
```

condition 是需要判断的条件，当条件为真时返回冒号前面的值，否则返回冒号后面的值，例如下面的程序代码。

```php
<?php
$a=20;
$b=$a>100? 'YES': 'NO';
```

```
echo $b;                    // 输出 NO
?>
```

2.6.8 运算符优先级

一般来说，运算符具有一组优先级，也就是它们的执行顺序。运算符还具有结合性，也就是同一优先级的运算符的执行顺序，这种顺序通常是从左至右、从右到左或者非结合。在表 2-8 中从高到低列出了 PHP 运算符的优先级，同一行中的运算符具有相同的优先级，此时它们的结合性决定了求值顺序。

表 2-8　运算符的优先级和结合性说明

运算符	结合性	说明
new	非结合	new
[	从左至右	Array()
++、−−	非结合	递增和递减运算符
!、~、(int)、(float)、(string)、(array)、(object)、@	非结合	类型
*、/、%	从左至右	算术运算符
+、−、.	从左至右	算术和字符串运算符
<<、>>	从左至右	位运算符
<、<=、>、>=	非结合	比较运算符
==、!=、===、!==	非结合	比较运算符
&	从左至右	位运算符
|	从左至右	位运算符
&&	从左至右	逻辑运算符
||	从左至右	逻辑运算符
?、:	从左至右	三元运算符
=、+=、−=、*=、/=、.=、%=、&=、|=、^=、<<=、>>=	从右至左	赋值运算符
and	从左至右	逻辑运算符
xor	从左至右	逻辑运算符
or	从左至右	逻辑运算符
,	从左至右	分隔表达式

技巧

在表 2-8 中没有包括优先级最高的圆括号运算符，它提供圆括号内部的运算符的优先级，这样可以在需要时避开运算符优先级法则。

2.7　流程控制

程序代码中的流程控制主要是通过条件判断语句来实现的，条件判断语句是结构化程序设计语言中重要的内容，也是最基础的内容。常用的条件判断语句有 if...else 和 switch。PHP 中的条件判断语句是从 C 语言中借鉴过来的，它们的语法几乎完全相同，如果用户对 C 语言比较熟悉，很容易掌握 PHP 中的条件判断语句。

2.7.1 if 条件判断语句

如果程序需要判断，最常用的是 if 条件判断语句，if 条件判断语句的用法如下。

```php
<?php
if (条件){
语句;
}
?>
```

例如，程序代码如下所示。

```php
<?php
  $age=14;
  if($age<=14) {
    echo "儿童";
  }
?>
```

在程序第 2 行中将值 14 赋给变量 $a，第 3 行判断 $age 是否小于或等于 14，如果是，则执行大括号区域内的程序代码。

很多初学者在写判断式时，常常把判断是否等于的程序错误地写成如下的形式。

```php
<?php
$weather="snow";
if($weather ="snow"){
echo "下雪了";
}
?>
```

程序代码的原意应该是判断变量 $weather 是否为 snow，如果是，则输出"下雪了"的字符串。但是注意看第 3 行的判断语句，在程序中写成了 $weather="snow"，这里只有一个等于号。单个等于符号为赋值运算符，PHP 解读到此时会把 snow 的值赋给 $weather，而不是判断是否等于 snow，所以程序不会按照我们想要的去运行。比较是否等于应该使用比较运算符 ==。

2.7.2 if...else 条件判断语句 ⊙

上节介绍的 if 条件判断语句只是针对条件满足时做出的反应，而 if...else 条件判断语句则可以对条件满足或不满足的情况分别做出相应的操作，其语法格式如下。

```php
<?php
if(条件){
条件满足时的语句；
}
else{
条件不满足时的语句；
}
?>
```

例如，程序代码如下所示。

```php
<?php
  $age=10;
  if($age<=18) {
    echo "少年儿童";
  }
  else {
    echo "成人";
  }
?>
```

在程序中首先判断变量 $age 是否小于或等于 18，如果是，则输出"少年儿童"；否则，输出"成人"。

技巧

在使用 if...else 语句进行判断时，如果条件满足需要执行的语句只有 1 行，在这种情况下，可以省略大括号。

2.7.3　if...elseif...else 条件判断语句

如果判断很复杂，只有 if...else 语句的判断不够使用，那么就可以使用 if...elseif...else 判断语句，中文可以理解为"如果……不然如果……再不然就"，可以一直增加 elseif 的部分。if...elseif...else 判断语句的语法格式如下。

```php
<?php
if( 条件一 ){
  语句 ;
}
elseif( 条件二 ){
  语句 ;
}
elseif( 条件三 ){
  语句 ;
}
else{
  语句 ;
}
?>
```

例如，程序代码如下所示。

```php
<?php
  $age=10;
  if($age<=3) {
    echo " 婴幼儿阶段 ";
  }
  elseif($age>3 && age<=14) {
    echo " 儿童阶段 ";
  }
  elseif($age>14 && age<=18) {
    echo " 少年阶段 ";
  }
  elseif($age>18 && age<=35) {
    echo " 青年阶段 ";
  }
  elseif($age>35 && age<=55) {
    echo " 中年阶段 ";
  }
  else {
    echo " 老年阶段 ";
  }
?>
```

运行该段程序代码，将输出"儿童阶段"。

实战　使用 if...elseif...else 条件判断语句

最终文件：最终文件 \ 第 2 章 \chapter2\2-7-3.php　视频：视频 \ 第 2 章 \2-7-3.mp4

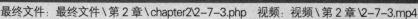

01 执行"文件" > "新建"命令，弹出"新建文档"对话框，选择 PHP 选项，如图 2-47 所示。单击"创建"按钮，新建 PHP 页面，将该文件保存为 2-7-3.php。在 <body> 与 </body> 标签之间编写 HTML 表单代码，在页面中插入一个 id 名称为 price 的文本字段和一个提交按钮，如图 2-48 所示。

图 2-47

```html
<!doctype html>
<html>
<head>
<meta charset="utf-8">
<title>使用if_elseif_else条件语句</title>
</head>

<body>
<h1>计算商品折扣价格</h1>
<form id="form1" name="form1" method="post">
  商品原价：
  <input type="text" name="price" id="price" placeholder="请输入商品原价">
  <input type="submit" name="submit" id="submit" value="计算">
</form>
</body>
</html>
```

图 2-48

02 在表单结束标签之后编写相应的 PHP 程序代码，在代码中使用 if...elseif...else 条件判断语句判断价格，并计算折扣价格，所编写的 PHP 程序代码如下。

```php
<?php
if(isset($_POST['submit'])){        // 判断表单中 id 名称为 submit 的按钮是否按下
  $price = $_POST["price"];         // 定义变量，将变量值设置为接收的表单中 id 名称为 price 的值
  if($price<1000){
    $newprice=$pirce;               // 原价小于 1000 时没有折扣
  }
  elseif($price<3000){
    $newprice=$price*0.9;           // 原价大于或等于 1000 并且小于 3000 时，打 9 折
  }
  else {
    $newprice=$price*0.8;           // 原价大于或等于 3000 时，打 8 折
  }
  echo "<hr>商品的原价是: ".$price."<br>商品的优惠价是: <font color='#FF0000'>
  <b>".$newprice."</b></font>";
}
?>
```

> **提示**
>
> 代码中的 isset($_POST['submit']) 用来判断表单中 id 名称为 submit 的按钮是否按下，产生 POST 方法提交。程序运行后，当按下 id 名称为 submit 的按钮时，isset() 函数的返回值为 True，这样才能执行后面的代码。

> **提示**
>
> 在语句 $price = $_POST["price"] 中，"="右侧的 $_POST["price"] 用于获取表单中 id 名称为 price 的文本字段中的值，"="左侧的 $price 表示接收提交内容的自定义变量。整条语句的作用是将文本字段中输入的内容提交后赋值给左侧的自定义变量 $price，以供后面的程序使用。

03 保存页面，在测试服务器中测试该页面，当输入的商品原价为 999 时，单击"计算"按钮，得到商品优惠价不打折，如图 2-49 所示。当输入的商品原价为 1880 时，单击"计算"按钮，得到的商品优惠价为原价的 9 折，如图 2-50 所示。

2.7.4 多路径选择 switch 条件语句

如果有一个变量，它可能会有不同的值，而且一部分程序依据这个值做不同操作时，就可以使用 switch 语句，switch 语句的语法格式如下。

图 2-49　　　　　　　　　　　　　　　图 2-50

```
switch(条件表达式){
  case 条件值一：
    条件值一语句；
    break;
  case 条件值二：
    条件值二语句；
    break;
  default;
    默认语句；
    break;
}
```

使用 switch 语句可以避免大量地使用 if...else 条件语句。switch 语句首先根据变量值得到一个表达式的值，然后根据表达式的值来决定执行什么语句。switch 语句中的表达式是唯一的，而不像 elseif 语句中有其他的表达式。表达式的值可以是任何一种简单的变量类型，如整数、浮点数或字符串，但是表达式不能是数组或对象等复杂的变量类型。

switch 语句是一行一行执行的，开始时并不执行什么语句，只有在表达式的值和 case 后面的数值相同时才开始执行它下面的语句。程序中 break 语句的作用是跳出程序，使程序停止运行。如果没有 break 语句，程序就是继续一行一行地执行下去，当然也会执行其他 case 语句下的语句。例如下面的代码。

```
switch($a){
case 0:
    echo "a 等于 0";
case 1:
    echo "a 等于 1";
case 2:
    echo "a 等于 2";
}
```

如果变量 $a 的值为 0，那么上面的代码会把 3 个语句都输出；如果变量 $a 的值为 1，则会输出后面两个语句；只有当变量 $a 的值为 2 时才能得到预期的结果。所以一定要注意使用 break 语句来跳出 switch 结构。

case 后面的语句可以为空，在这种情况下将执行相同的语句。例如下面的代码。

```
switch($a){
case 0:
case 1:
case 2:
    echo "a 小于 3, 但不是负数 ";
    break;
```

```
case 3:
    echo "a 等于 3";
}
```

在这种情况下，在变量 $a 的值为 0、1 或 2 时，都输出 "a 小于 3，但不是负数"。

Switch 条件语句中还有一个特殊的语句 default。如果表达式的值和前面所有的情况都不相同，就会执行最后的 default 语句。例如下面的代码。

```
switch($a){
case 0:
    echo "a 等于 0";
    break;
case 1:
    echo "a 等于 1";
    break;
case 2:
    echo "a 等于 2";
    break;
  default:
    echo "a 的值不等于 0、1 或 2";
}
```

2.8 循环语句

通过使用循环语句，可以在满足条件的情况下重复完成指定的动作。使用循环语句时需要注意的是结束条件的设置，如果永远无法满足结束条件，就会形成无穷循环，也就是死循环。本节将介绍 for、while 和 do...while 3 种循环语句。

2.8.1 for 循环语句

在使用 for 循环语句时，需要变量的初始值与循环是否继续重复执行的条件，以及每循环一次后需要执行的语句，for 循环语句的语法格式如下。

```
<?php
for( 初始值 ; 执行条件 ; 执行动作 ){
语句 ;
}
?>
```

例如，程序代码如下。

```
<?php
  $a=2;
  echo "$a x 1 =".$a*1 ."<br>";
  echo "$a x 2 =".$a*2 ."<br>";
  echo "$a x 3 =".$a*3 ."<br>";
  echo "$a x 4 =".$a*4 ."<br>";
  echo "$a x 5 =".$a*5 ."<hr>";

  for($a=1;$a<=5;$a++){
      echo "2 x $a =".$a*2 ."<br>";
      }
?>
```

图 2-51

执行该程序，输出的结果如图 2-51 所示。

该程序中使用循环的方法在网页中输出2×1至2×5的结果。如果不使用循环的方法需要写5行程序，而使用循环的方法，则只需要写2行程序。

2.8.2 while循环语句

while循环为先测试循环，也就是只有条件判断成立后，才会执行循环内的程序。while循环语句的语法格式如下。

```php
<?php
While(执行条件){
  语句；
}
?>
```

例如，程序代码如下所示。

```php
<?php
  $a=1;
  while($a<10) {
    echo "$a<10" ."<br>";
    $a++;
  }
?>
```

图2-52

执行该程序，输出的结果如图2-52所示。

与for循环相同，程序会在每执行循环一次，将用来判断循环是否继续执行的变量进行递增。这样，在循环9次后，$a<10的条件将不再满足，程序将跳出循环。

2.8.3 do...while循环语句

do...while又称为后测试循环语句，与while循环语句不同的是，do...while循环一定要先执行一次循环中的语句，然后才去判断循环是否终止，do...while循环的语法格式如下。

```php
<?php
do{
  语句；
}while(执行条件)
?>
```

do...while循环语句与while循环语句非常相似，区别在于do...while循环语句首先执行循环体内的代码，而不管while语句中的条件是否成立。程序执行一次后，do...while循环才来检查条件是否成立，如果条件成立则继续循环，如果条件不成立则停止循环。而while循环语句是首先判断条件是否成立才开始循环。所以当两个循环中的条件都不成立时，while循环体中的语句一次也没有运行，而do...while循环体中的内容至少要运行一次。

例如下面的代码。

```php
<?php
  $a=1;
  do {
    echo $a ."<br>";
     $a++;
  }while($a>10);
?>
```

以上程序的循环条件是变量$a大于10，但是$a的值是1，并不满足循环条件，但是循环体仍然会执行一次并输出 1，程序执行到第 6 行时才会去判断是否应该继续执行循环。

2.8.4 跳转语句

为了能够更加精确地控制整个程序的执行流程，方便程序的设计，PHP 还提供了一些跳转语句，本节将对这些跳转语句做简单的介绍。

1. break 跳转语句

break 跳转语句在前面已经使用过，使用该语句可以结束当前 for、while、do...while 或 switch 结构的执行。当程序执行到 break 跳转语句时，将会立即跳出当前的循环。

例如下面的代码。

```php
<?php
  $a=1;
  while($a<10) {
    if($a>3) {
      break;                  // 当变量 $a 大于 3 时，结束 while 循环
    }
    echo $a ."<br>";          // 输出变量 $a，最后输出的值只有 1、2、3
  $a++;                       // 变量 $a 自动递增 1
}
?>
```

2. continue 跳转语句

continue 跳转语句用于结束本次循环，跳过剩余的代码，并在条件为真时开始执行下一次循环。例如下面的代码。

```php
<?php
  $a=5;
  for($b=0; $b<10; $b++) {
    if($b==$a) {
    continue;                 // 跳出本次循环
  }
  echo $b;                    // 输出变量 $b，输出结果为 012346789
}
?>
```

3. return 跳转语句

在函数中使用 return 跳转语句，将立即结束函数的执行并将 return 语句所带的参数作为函数值返回。在 PHP 脚本代码中使用 return 语句，将结束当前脚本的运行。例如下面的代码。

```php
<?php
  $a=5;
  for($b=1; $b<10; $b++) {
    if($b>$a) {
      return;                 // 当变量 $b 大于 5 时，跳出循环
      echo "大于 5";          // 此处的内容将不会输出
    }
    echo $b ." ";             // 输出变量 $b，输出结果为 1 2 3 4 5
}
?>
```

4. exit 跳转语句

exit 跳转语句也可以结束脚本的运行，其使用方法和 return 跳转语句类似。例如下面的代码。

```php
<?php
  $a=3;
```

```
$b=7;
if($a<$b)  {
  exit;                      // 如果变量 $a 的值小于变量 $b 的值，则结束脚本
}
echo $a ." 小于 " .$b;        // 此处内容不会被输出
?>
```

2.9 函数

函数是一段完成指定任务的已命名代码，函数可以遵照给它的一组值或参数完成任务，可能返回一个值。函数节省了编译时间，无论调用函数多少次，函数都只需为页面编译一次。函数允许在一处修改任何错误，而不是在每个执行任务的地方修改，这样就提高了程序的可靠性，将完成指定任务的代码一一隔离，也提高了程序的可读性。

2.9.1 自定义函数

PHP 为用户提供了自定义函数的功能，编写的方法非常简单，定义函数的格式如下。

```
function function_name([$parameter[,...]])
{
  // 函数代码段
}
```

定义函数的关键字为 function。fnction_name 是用户自定义的函数名，通常这个函数名可以使用以字母或下画线开头后面跟0个或多个字母、下画线和数字的字符串，且不区分大小写。需要注意的是，函数名不能与系统函数或用户已经定义的函数重名。

在定义函数时，大括号内的代码就是在调用函数时将会执行的代码，这段代码也可包括变量、表达式、流程控制语句，甚至是其他的函数或类定义。

例如下面的程序代码。

```
<?php
fnction func($a,$b){
  if($a==$b)
  echo "a=b";
  elseif($a>$b)
  echo "a>b";
  else
  echo "a<b";
}
?>
```

2.9.2 传递参数

函数可以通过参数来传递数值。参数是一个用逗号隔开的变量或常量的集合。参数可以传递值，也可以以引用的方式传递，还可以为参数指定默认值。

1. 引用方式传递参数

默认情况下函数参数是通过值进行传递的，如果在函数内部改变参数的值，并不会体现在函数外部。如果希望一个函数可以修改其参数，就必须通过引用方式传递参数，只要在定义函数时在参数前面加上 "&"。例如下面的程序代码。

```
<?php
function xinqi(&$to)              // 定义函数 xinqi()
```

```
    {
      $to=" 星期一 ";
    }
  $zhou=" 星期日 ";
  xinqi($zhou);                    // 调用函数 xinqi()，参数使用变量 $zhou
  echo $zhou;                      // 输出 " 星期一 "
```

2. 默认参数

函数还可以使用默认参数，在定义函数时给参数赋予默认值，参数的默认值必须是常量表达式，不能是变量或函数调用。例如下面的程序代码。

```php
<?php
function tool($webtool="Dreamweaver")
{
  echo " 网页设计软件 " .$webtool;      // 输出结果为：网页设计软件 Dreamweaver
}
?>
```

2.9.3 函数变量的作用范围 ⟩

在主程序中定义的变量和在函数中定义的变量都是局部变量。在主程序中定义的变量只能在主程序中使用，而不能在函数中使用。同样，在函数中定义的变量也只能在函数内部使用。例如下面的程序代码。

```php
<?php
$x=5;                            // 主程序中定义的变量
function sum()
{
  $x=10;                         // 函数中定义的变量
}
sum();                           // 调用函数
echo $x;                         // 输出仍为主程序中定义的变量值 5
?>
```

2.9.4 函数的返回值 ⟩

函数声明时，在函数代码中使用 return 语句可以立即结束函数的运行，程序返回调用该函数的下一条语句。例如下面的程序代码。

```php
<?php
function my_function($x=5)
{
  echo $x;
  return;                        // 结束函数的运行，下面的语句将不被运行
  $x++;
  echo $x;
}
my_function();                   // 输出 5
?>
```

中断函数执行并不是 return 语句最常用的功能，许多函数使用 return 语句返回一个值来与调用它们的代码进行交互。函数的返回值可以是任何类型的值，包括列表和对象。例如下面的程序代码。

```php
<?
function my_function($x){
  return $x*$x;                  // 返回一个数的平方
```

```
}
echo my_function(5);                    // 输出 25
function m_function($a,$b)
{
  if(!isset($a)||!isset($b))            // 如果变量未设置则返回 False
    return False;
  else if($a>=$b)                       // 如果 $a>=$b 则返回 $a
    return $a;
  else                                  // 如果 $a<$b 则返回 $b
    return $b;
}
echo m_function(5,6);                    // 输出 6
if(large("a",5)===False)
  echo "False";                         // 输出 False
?>
```

2.9.5 变量函数

PHP 中有变量函数这个概念，在变量的后面加上一对小括号就构成了一个变量函数。例如下面就是一个变量函数。

```
$count();
```

如果创建了变量函数，PHP 程序运行时将寻找与变量名相同的函数，如果函数存在，则尝试执行该函数；如果函数不存在，则产生一个错误。为了防止这类错误，可以在调用变量函数之前，使用 PHP 的 function_exists() 函数来判断该变量函数是否存在。例如下面的程序代码。

```
<?php
$action="showstr";
function showstr()
{
  echo " 显示字符串 ";
}
if(function_exists($action()))          // 判断函数是否存在
  $action();                            // 实际调用了 snowstr 函数
?>
```

2.10 数组

数组是对大量数据进行组织和管理的有效手段之一。在 PHP 编程过程中，许多信息都是用数组作为载体的，经常要使用数组处理数据。

数组是具有某种共同特性的元素的集合，每个元素由一个特殊的标识符来区分，这个标识符称为键。PHP 数组中的每个实体都包含两项：键和值。可以通过键值来获取相应的数组元素，这些键可以是数值键或关联键。

2.10.1 创建数组

既然要操作数组，第一步要创建一个新数组。创建数组一般有以下几种方法。

1. 使用 array() 函数创建数组

PHP 中的数组可以是一维数组，也可以是多维数组。创建数组可以使用 array() 函数，语法格式如下。

```
array array([$keys=>]$values,...)
```

其中，$keys=>$values 用逗号分开，定义了关键字的键名和值，自定义键名可以是字符串或数字。如果省略了键名，会自动产生从 0 开始的整数作为键名。如果只对某个给出的值没有指定键名，则取该值前面最大的整数键名加 1 后的值。例如下面的程序代码。

```php
<?php
$array1=array(1,2,3,4);                    // 定义不带键名的数组
$array2=array("color"=>"red","name"=>"rose");    // 定义带键名的数组
$array3=array(1=>2,2=>4,5=>6,8,10);        // 定义省略某些键名的数组
?>
```

数组创建完后，要使用数组中某个值，可以使用 $array["键名"] 的形式。如果数组的键名是自动分配的，则默认情况下 0 元素是数组的第一个元素。例如下面的程序代码。

```php
<?php
$array1=array(" 黄色 ", " 蓝色 ", " 黑色 ");
echo $array1[1];                            // 输出结果为：蓝色
$array2=array ("a"=>10, "b"=>20, "c"=>30);
echo $array2["b"];                          // 输出结果为：20
?>
```

另外，通过对 array() 函数的嵌套使用，还可以创建多维数组。例如下面的程序代码。

```php
<?php
$array=array (
  "color"=>array(" 红色 ", " 蓝色 ", " 绿色 "),
  "number"=>array (1,2,3,4,5,6)
  );                                        // 定义二维数组 $array
echo $array["color"][2];                    // 输出数组元素，输出结果为：绿色
?>
```

2. 使用变量建立数组

通过使用 compact() 函数，可以把一个或多个变量，甚至数组，建立成数组元素，这些数组元素的键名就是变量的变量名，值是变量的值。

compact() 函数的语法格式如下。

```
array compact(mixed $varname[,mixed...])
```

任何没有变量名与之对应的字符串都被略过。例如下面的程序代码。

```php
<?php
$n=15;
$str="hello";
$array=array(1,2,3);
$newarray=compact("n","str","array");       // 使用变量名创建数组
?>
```

与 compact() 函数相对应的是 extract() 函数，作用是将数组中的单元转化为变量。例如下面的程序代码。

```php
<?php
$array=array ("key1"=>1, "key2"=>2, "key3"=>3);
extract($array);
echo "$key1 $key2 $key3";                   // 输出 123
?>
```

3. 使用两个数组创建一个数组

使用 array_combine() 函数，可以使用两个数组创建另外一个数组，array_combine() 函数的语法格式如下。

```
array array_combine(array $keys,array $values)
```

array_combine() 函数用来自 $keys 数组的值作为键名，来自 $values 数组的值作为相应值，最后返回一个新的数组。例如下面的程序代码。

```php
<?php
$a=array("绿色", "红色","黄色");
$b=array("树木", "太阳", "杜果");
$c=array_combine($a,$b);
print_r($c);                    // 输出：Array ([绿色]=> 树木 [红色]=> 太阳 [黄色]=> 杜果 )
?>
```

4. 建立指定范围的数组

使用 range() 函数可以自动建立一个值在指定范围的数组，range() 函数的语法格式如下。

```
array range(mixed $low,mixed $high[,number $step])
```

$low 为数组开始元素的值，$high 为数组结束元素的值。如果 $low>$high，则序列将从 $high 到 $low。$step 是单元之间的步进值，如果未指定则默认为 1。

range() 函数将返回一个数组，数组元素的值就是从 $low 到 $high 之间的值。例如下面的程序代码。

```php
<?php
$array1=range(1,5);
$array2=range(2,10,2);
$array3=range("a", "e");
print_r($array1);          // 输出：Array ([0]=>1[1]=>2[2]=>3[3]=>4[4]=>5)
print_r($array2);          // 输出：Array ([0]=>2[1]=>4[2]=>6[3]=>8[4]=>10)
print_r($array3);          // 输出：Array ([0]=>a[1]=>b[2]=>c[3]=>d[4]=>e)
?>
```

5. 自动建立数组

数组还可以不用预先初始化或创建，在第一次使用它的时候，数组就已经创建。例如下面的程序代码。

```php
<?php
$arr [0]= "a";
$arr [1]= "b";
$arr [2]= "c";
print_r($arr);             // 输出：Array ([0]=>a[1]=>b[2]=>c
?>
```

2.10.2 操作数组键名和键值 ⊘

数据存储在内存中一个连续的区块中，在程序中它们拥有相同的变量名，但每个元素都有一个不同的键值，通过 PHP 的相关函数可以对数组的键名和键值进行操作。

1. 检查数组中的键名和键值

检查数组中是否存在某个键名可以使用 array_key_exists() 函数，是否存在某个键值使用 in_array() 函数。array_key_exists() 和 in_array() 函数都为布尔型，存在则返回 True，不存在则返回 False。例如下面的程序代码。

```php
<?php
$array=array(1,2,3,5=>4,7=>5);
if(in_array(5,$array))              // 判断是否存在值 5
  echo "数组中存在值：5";          // 输出结果为：数组中存在值：5
if(!array_key_exists(3,$array))     // 判断是否不存在键名 3
  echo "数组中不存在键名：3";       // 输出结果为：数组中不存在键名：3
?>
```

array_search() 函数也可以用于检查数组中的值是否存在，与 in_array() 函数不同的是，in_array() 函数返回的是 True 或 False，而 array_search() 函数当值存在时返回这个值的键名，若值不存在则返回 NULL。例如下面的程序代码。

```php
<?php
$array=array(1,2,3, "x",5, "y");
$key=array_search("x",$array);        // 查找 x 是否在数组 $array 中
if($key==NULL)                        // 如果返回结果为 NULL 则不存在
{
    echo " 数组中不存在这个值 ";       // 不输出
}
else
    echo $key;                        // 输出 3
?>
```

2. 取得数组当前单元的键名

使用 key() 函数可以取得数组当前单元的键名，例如下面的程序代码。

```php
<?php
$array==array("a"=>1, "b"=>2, "c"=>3, "d"=>4);
echo key($array);                     // 输出 a
next($array);                         // 将数组中的内部指针向前移动一位
echo key($array);                     // 输出 b
?>
```

另外，end($array); 表示将数组中的内部指针指向最后一个单元；reset($array); 表示将数组中的内部指针指向第一个单元，即重置数组的指针；each($array) 表示返回当前的键名和值，并将数组指针向下移动一位，这个函数非常适合在数组遍历时使用。

3. 将数组中的值赋给指定的变量

使用 list() 函数可以将数组中的值赋给指定的变量。这样就可以将数组中的值显示出来，这个函数在数组遍历时非常有用。例如下面的程序代码。

```php
<?php
$arr=array(" 红色 ", " 蓝色 ", " 绿色 ");
list($red,$blue,$green)=$arr;         // 将数组 $arr 中的值赋给 3 个变量
echo $red;                            // 输出结果为: 红色
echo $blue;                           // 输出结果为: 蓝色
echo $green;                          // 输出结果为: 绿色
?>
```

4. 用指定的值填充数组的值和键名

使用 array_fill() 和 array_fill_keys() 函数可以用指定的值填充数组的值和键名。arry_fill() 函数的语法格式如下。

```
array array_fill(int $start_index,int $num,mixed $value)
```

array_fill() 函数用参数 $value 的值将一个数组从第 $start_index 个单元开始，填充 $num 个单元。$num 必须是一个大于零的数值，否则 PHP 会发出一条警告。

array_fill_keys() 函数的语法格式如下。

```
array array_fill_keys(array $keys,mixed $value)
```

array_fill_keys 函数用给定的数组 $keys 中的值作为键名，$value 作为值，并返回新数组。例如下面的程序代码。

```php
<?php
$array1=array_fill(2,3, "red");       // 从第 2 个单元开始填充 3 个值 red
```

```
$keys=array("a", 3, "b");
$array2=array_fill_keys($keys, "good");      // 使用 $keys 数组中的值作为键名
print_r($array1);
// 输出结果为: Array ([2]=>red[3]=>red[4]=>red)
print_r($array2);
// 输出结果为: Array ([a]=>good[3]=>good[b]=>good)
?>
```

5. 取得数组中所有的键名和值

使用 array_keys() 和 array_values() 函数可以取得数组中所有的键名和值，并保存到一个新的数组中。例如下面的程序代码。

```
<?php
$arr=array("red"=>" 红色 ", "blue"=>" 蓝色 ", "green"=>" 绿色 ");
$newarr1=array_keys($arr);           // 取得数组中的所有键名
$newarr2=array_values($arr);         // 取得数组中的所有值
print_r($newarr1);
// 输出结果为: Array ([0]=>red[1]=>blue[2]=>green)
print_r($newarr2);
// 输出结果为: Array ([0]=> 红色 [1]=> 蓝色 [2]=> 绿色 )
?>
```

6. 移除数组中重复的值

使用 array_unique() 函数可以移除数组中重复的值，返回一个新数组，并不会破坏原来的数组。例如下面的程序代码。

```
<?php
$input=array(1,2,3,2,3,4,1);
$output=array_unique($input);        // 移除 $input 数组中重复的值
print_r($output);
// 输出结果为: Array ([0]=>1[1]=>2[2]=>3[5]=>4)
?>
```

2.10.3　数组的遍历和输出　>

在 PHP 程序中可以使用 for 循环语句、while 循环语句和 foreach 语句遍历数组，本节将向读者介绍数组遍历和输出的方法。

1. 使用 for 循环语句访问数组

使用 for 循环语句可以来访问数组。例如下面的程序代码。

```
<?php
$array=range(1,10);
for($i=0;$i<10;$i++)
{
    echo $array[$i];                 // 输出 12345678910
}
?>
```

> **提示**
>
> 使用 for 循环语句只能访问键名是有序的整型数组，如果是其他类型则无法访问。

2. 使用 while 循环语句访问数组

while 循环语句、list() 和 each() 函数结合使用就可以实现对数组的遍历。list() 函数的作用是将数组中的值赋给变量，each() 函数的作用是返回当前的键名和值，并将数组指针向下移动一位。例如下

面的程序代码。

```php
<?php
$arr=array(1,2,3,4,5,6);
while(list($key,$value)=each($arr))        // 直到数组指针到数组尾部时停止循环
{
    echo $value;                           // 输出 123456
}
?>
```

3. 使用 foreach 循环访问数组

foreach 循环是一个专门用于遍历数组的循环，语法格式如下。

```
foreach (array_expression as $value)
  // 代码段
```

或

```
foreach (array_expression as $key=>$value)
  // 代码段
```

第一种格式遍历给定的 array_expression 数组。每次循环中，当前单元的值被赋给变量 $value 并且数组内部的指针向前移一步（因此下一次循环将会得到下一个单元）。第二种格式做同样的事，只是当前单元的键名也会在每次循环中赋给变量 $key。

例如下面的程序代码。

```php
<?php
$color=array("a"=>"red", "blue", "white");
foreach($color as $value)
{
  echo $value. "<br>";                     // 输出数组的值
}
foreach($color as $key=>$value)
{
  echo $key. "=>".$value. "<br>";          // 输出数组的键名和值
}
?>
```

2.11 控制输出内容

在实际的网站开发过程中，单纯使用 echo() 函数输出内容并不能满足实际的应用需求，如果需要输出随机数，控制字符串的大小写以及一些特殊的字符处理等常用操作，都可以通过调用相应的函数来实现。

2.11.1 字符串的输出显示

在前面已经介绍过，字符串的输出显示可以使用 echo() 和 print() 函数。echo() 和 print() 函数并不是完全一样的，两者之间的存储有一些区别：print() 函数具有返回值，返回 1，而 echo() 函数则没有，所以 echo() 比 print() 函数处理速度要快一些，也正因如此，print() 函数能应用于复合语句中，而 echo() 函数则不能。例如下面的程序代码。

```php
<?php
$result=print "ok";
echo $rresult;                             // 输出结果为：1
?>
```

另外，echo() 函数可以一次输出多个字符串，而 print() 函数则不可以。例如下面的程序代码。

```php
<?php
echo "Dreamweaver+","PHP+","MySQL";        // 输出结果为：Dreamweaver+PHP+MySQL
print "Dreamweaver+","PHP+","MySQL";        // 将提示语句错误
?>
```

2.11.2　调用 PHP 函数

如果要实现相应的字符控制就需要调用相应的函数命令，在 PHP 编程中调用相应的函数比较简单，例如，调用 rand() 函数来产生一个随机数，范围控制在 100~1000 之间，则可以通过如下的代码来实现。

```php
<?php
echo rand(100,1000);
?>
```

rand() 函数中的 100 和 1000 是指定给 rand() 函数的参数，前面的 100 表示最小可能出现的数值为 100，后面的 1000 表示最大可能出现的数值为 1000。在测试服务器中测试页面，可以看到随机输出的 100~1000 的任意数，如图 2-53 所示。

图 2-53

2.11.3　截去输出内容首尾空白

在实际应用中，字符串经常被读取，以及用于其他函数的操作。当一个字符串的首尾有多余的空白字符，如空格、制表符等，参与运算时就有可能产生错误的结果，这时可以使用 trim()、rtrim() 和 ltrim() 函数来截去字符串首尾的空白字符。

trim()、rtim() 和 ltrim() 函数的语法格式如下。

```php
string trim(string $str [,string $charlist])
string rtrim(string $str [,string $charlist])
string ltrim(string $str [,string $charlist])
```

可选参数 $charlist 是一个字符串，指定要删除的字符。ltrim()、rtrim()、trim() 函数分别用于删除字符串 $str 中最左侧、最右侧和左右两侧与 $charlist 相同的字符，并返回剩余的字符串。

例如下面的程序代码。

```php
<?php
$text1 = " 欢迎学习 PHP";         // 该字符串前后有较多的空白字符
$text1 = trim($text1);            // 去除字符串前后的空白字符
echo $text1;                      // 输出结果为：欢迎学习 PHP
$text2 = "aaahello";
$text2 = ltrim($text2, "a");      // 去除字符串左侧的 a 字符
echo $text2;                      // 输出结果为：hello
?>
```

2.11.4　获取字符串长度

在对字符串进行操作时经常需要计算字符串的长度，这时就可以使用 strlen() 函数。

strlen() 函数的语格式如下。

```
int strlen(string $str)
```

strlen() 函数返回字符串的长度，1 个英文字母长度为 1 个字符，1 个汉字长度为两个字符，字符串中的空格也算一个字符。

例如下面的程序代码。

```php
<?php
$text1 = "Hello Welcome";
echo strlen($text1);                    // 输出结果为：13
$text2 = " 欢迎光临本网站 ";
echo strlen($text2);                    // 输出结果为：14
?>
```

2.11.5　处理特殊字符

有些字符对于 MySQL 数据库有特殊意义，比如引号、反斜杠和 NULL 字符，那么如何正确处理这些特殊字符呢？可以使用 addslashes() 和 stripslashes() 函数。

例如下面的程序代码。

```php
<?php
$str = "\"'\NULL";
echo $str;                              // 输出结果为："'\NULL
echo addslashes($str);                  // 输出结果为：\"\'\\NULL
echo stripslashes($str);                // 输出结果为："'NULL
?>
```

第3章 MySQL 数据库与 phpMyAdmin 管理

数据库是网站应用程序不可缺少的重要部分，在进行网站应用程序设计之前，必须了解数据的相关概念和操作。本章主要介绍 MySQL 数据库的相关基础，包括 MySQL 数据库的特点、数据库对象和字段等相关知识，并且还介绍了如何使用 phpMyAdmin 这个基于 Web 的应用程序来管理和操作 MySQL 数据库。

本章知识点：

➤ 理解 MySQL 数据库对象

➤ 了解数据库字段类型

➤ 掌握 MySQL 数据库的基本操作方法

➤ 掌握在数据表中插入数据和查询数据的方法

➤ 掌握更新数据和删除数据的方法

➤ 了解 phpMyAdmin 的相关基础

➤ 掌握使用 phpMyAdmin 对 MySQL 数据进行管理和操作的方法

3.1 MySQL 数据库基础

目前市场上的数据库有几十种，例如，Access 和 VFP 属于小型数据库，而 SQL Server 和 Oracle 属于大型网络数据库。对于网站开发而言，一般中小型数据库就能够满足网站开发的要求。MySQL 是当前网站开发中尤其是 PHP 开发中使用最为广泛的数据库。

3.1.1 了解 MySQL 数据库

MySQL 是由瑞典 MySQL AB 公司开发的一种开放源代码的关系型数据库管理系统 (RDBMS)。MySQL 是一个快速、多线程、多用户的 SQL 数据库服务器，其出现虽然只有短短的数年时间，但凭借其众多优势，它从众多的数据库中脱颖而出，成为 PHP 开发的首选数据库。

MySQL 关系型数据库在 1998 年 1 月发行第一个版本。它使用系统核心提供的多线程机制提供完全的多线程运行模式，提供了面向 C、C++、Eiffel、Java、Perl、PHP 和 Python 等编程语言的编程接口，支持多种字段类型并且提供了完整的操作符。

2001 年 MySQL 4.0 版本发布。在这个版本中提供了新的特性：新的表定义文件格式、高性能的数据复制功能和更加强大的全文搜索功能等。目前，MySQL 已经发展到 MySQL 5.5，功能和效率方面都得到更大的提升。

大概是由于 PHP 开发者特别钟情于 MySQL，因此才在 PHP 中建立了完美的 MySQL 支持。在 PHP 中，用来操作 MySQL 数据库的函数一直是 PHP 的标准内置函数。开发者只需写出几行 PHP 代码，就可以轻松地连接到 MySQL 数据库。PHP 还提供了大量的函数来对 MySQL 数据库进行操作，可以说，使用 PHP 操作 MySQL 数据库极为简单和高效，这也使得 PHP+MySQL 成为当今最为流行的网页开发语言与数据库搭配之一。

3.1.2 MySQL 数据库的特点

MySQL 数据库是一个多线程、多用户并且功能强大的关系型数据库系统，相当于一般人所熟悉的 Microsoft 公司的 Access 数据库和 SQL Server 数据库所扮演的角色。MySQL 与 PHP 同样具有跨平台的特性，在遵循 GPL 规范的条件下可以免费使用。在编写网站应用程序时，几乎离不开数据库。

> **提示**
>
> GPL(General Public License，通用公共授权)，这是一种版权声明的方式，以 GPL 方式发行的软件其程序源代码必须公开，并且允许任何人传播、使用甚至修改。用户可以将自己改写过的 GPL 程序以自己的名义发布，甚至作为商业软件来获利，但前提是这个改写过的软件也必须遵循 GPL 的规范。

MySQL 数据库具有如下特点。

- ➢ 使用核心线程的完全多线程服务，这意味着可以采用多 CPU 体系结构。
- ➢ 支持 Linux、Mac OS、Novell Netware、OS/2 Wrap、Solaris 和 Windows 等多种操作系统。
- ➢ 使用 C 和 C++ 语言编写，并使用多种编译器进行测试，保证源代码的可移植性。
- ➢ 为多种编程语言提供了接口，这些编程语言包括 C、C++、Eiffel、Java、Perl、PHP、Rython 和 Ruby 等。
- ➢ 支持多线程，充分利用 CPU 资源。
- ➢ 优化的 SQL 查询算法，可以有效地提高查询速度。
- ➢ 提供 TCP/IP、ODBC 和 JDBC 等多种数据库连接途径。
- ➢ 提供可用于管理、检查、优化数据库操作的管理工具。
- ➢ 可以处理拥有上千万条记录的大型数据库。

3.1.3 MySQL 数据库的对象

数据库可以看作一个存储数据对象的容器，在 MySQL 数据库中，主要包含的数据库对象的说明如表 3-1 所示。

表 3-1　MySQL 数据库对象说明

数据库对象	说明
数据表	"数据表"是 MySQL 中最主要的数据库对象，是用来存储和操作数据的一种逻辑结构。数据表由行和列组成，因此也称为二维表。数据表是在日常工作和生活中经常使用的一种表示数据及其关系的形式
视图	视图是从一个或多个基本表中引出的表。数据库中只存放视图的定义，而不存放视图对应的数据，这些数据仍存放在导出视图的基本表中 由于视图本身并不存储实际数据，因此也称为虚表。视图中的数据来自定义视图的查询所引用的基本表，并在引用时动态生成数据。当基本表的数据发生变化时，从视图中查询出来的数据也随之改变。视图一经定义，就可以像基本表一样被查询、修改、删除和更新
索引	索引是一种不用扫描整个数据表就可以对表中的数据实现快速访问的途径，它是对数据表中一列或多列的数据进行排序的一种结构 表中的记录通常按其输入的时间顺序存放，这种顺序称为记录的物理顺序。为了实现对表中记录的快速查询，可以对表中记录按某个或某些属性进行排序，这种顺序称为逻辑顺序 索引是根据索引表达式的值进行逻辑排序的一组指针，它可以实现对数据的快速访问
约束	约束机制保障了 MySQL 中数据的一致性与完整性，具有代表性的约束就是主键和外键。主键约束当前表记录的唯一性，外键约束当前表记录与其他表的关系

（续表）

数据库对象	说明
存储过程	在 MySQL 5.0 版本以后，MySQL 才开始支持存储过程、存储函数触发器和事件这 3 种过程式数据库对象。存储过程是一组完成特定功能的 SOL 的语句集合。这个语句集合经过编译后存储在数据库中，存储过程具有输入、输出和输入 / 输出参数，它可以由程序、触发器或另一个存储过程调用从而激活它，实现代码段中的 SQL 语句。存储过程独立与表存在
触发器	触发器是一个被指定关联到一个表的数据库对象，触发器是不需要调用的，当对一个表的特别事件出现时，它会被激活。触发器的代码由 SQL 语句组成，因此用在存储过程中的语句也可以用在触发器的定义中。触发器与表的关系密切，用于保护表中的数据。当有操作影响触发器保护的数据时，触发器自动执行，例如，通过触发器实现多个表间数据的一致性。当对表执行 INSERT、DELETE 或 UPDATE 语句时，将激活触发器程序。在 MySQL 中，目前触发器的功能还不够全面，在以后的版本中将得到改进
存储函数	存储函数与存储过程类似，也是由 SQL 和过程式语句组成的代码片段，并且可以从应用程序和 SQL 中调用。但存储函数不能拥有输出参数，因为存储函数本身就是输出参数 存储函数必须包含一条 RETURN 语句，从而返回一个结果
事件	事件与触发器类似，都是在某些事情发生时启动。不同的是，触发器是在数据库上启动一条语句时被激活，而事件是在相应的时刻被激活。例如，可以设定在 2016 年 1 月 1 日上午 10 点启动一个事件，或者设定每个周日下午 3 点启动一个事件。从 MySQL 5.1 版本开始才添加了事件，不同的版本功能也不相同

3.1.4　字段的类型

为了对不同性质的数据进行区分，以提高数据查询和操作的效率，数据库系统将存入的数据分为多种类型。例如，姓名和性别之类的信息为字符串型，年龄、价格和人数之类的信息为数字型，日期为日期时间型，下面为读者介绍 MySQL 数据库中的字段类型。

1. 整数型

整数型包括 BIGINT、INTEGER、MEDIUMINT、SMALLINT 和 TINYINT，从标志符的含义可以看出，它们表示整数的范围依次缩小。整数型的字段类型说明如表 3-2 所示。

表 3-2　整数型的字段类型说明

字段类型	说明
BIGINT	大整数，数值范围为 −263(−9223372036854775808)~263(9223372036854775807)，其精度为 19，小数位为 0，字节为 8B
INTEGER（简写为 INT）	整数，数值范围为 −231(−217483648)~231(217483647)，其精度为 10，小数位为 0，字节为 4B
MEDIUMINT	中等长度整数，数值范围为 −223(−8388608)~223(8388607)，其精度为 7，小数位为 0，字节为 3B
SMALLINT	短整数，数值范围为 −215(−32768)~215(32767)，其精度为 5，小数位为 0，字节为 2B
TINYINT	微短整数，数值范围为 −27(−128)~27(127)，其精度为 3，小数位为 0，字节为 1B

2. 精确数值型

精确数值型由整数部分和小数部分构成，其所有的数字都是有效位，能够以完整的精度存储十进制数。精确数值型包括 DECIMAL、NUMERIC 两种。从功能上说两者完全相同，两者唯一的区别在于 DECIMAL 不能用于带有 IDENTITY 关键字的列。

声明精确数值型数据的格式是 NUMERIC | DECIMAL(P[,S])，其中 P 为精度，S 为小数位数，S 的默认值为 0。例如，指定某列为精确数值型，精度为 6，小数位数为 3，即 DECIMAL(6,3)。如果向某记录的该列赋值 65.342689 时，那么该列实际存储的是 65.3427。

3. 浮点型

浮点型也称为近似数值型，这种类型不能提供精确表示数据的精度。使用这种类型来存储某些数值时，有可能会损失一些精度，所以它可用于处理取值范围非常大且对精确度要求不是十分高的数值量，如一些统计量。

有两种浮点数据类型：单精度 (FLOAT) 和双精度 (DOUBLE)。两者通常都使用科学记数法表示数据，尾数 E 阶数，如 6.5432E20，–3.92E10，1.237649E–9 等。

4. 位型

位字段类型表示如下。

```
BIT[(M)]
```

其中，M 表示位值的位数，范围为 1~64，如果省略 M，默认为 1。

5. 字符型

字符型数据用于存储字符串，字符串中可以包括字母、数字和其他特殊符号 (如 #、@、& 等)。在输入字符串时，需要将字符串中的符号使用单引号或双引号括起来，如 'ABC'、"ABC<CDE"。

MySQL 数据库中包括固定长度 (CHAR) 和可变长度 (VARCHAR) 两种字符数据类型。

CHAR[(N)] 为固定长度字符数据类型，其中 N 定义字符型数据的长度，取值范围为 1~255 之间，默认为 1。当表中的列定义为 CHAR(N) 类型时，如果实际需要存储的字符串长度不足 N 时，则在字符串的尾部添加空格以达到长度 N，所以 CHAR(N) 的长度为 N。例如，某列的数据类型为 CHAR(20)，而输入的字符串为 "ABCD2018"，则存储的字符为 ABCD2018 和 12 个空格。如果所存储的字符个数超出 N，则超出的部分会被截断。

VARCHAR[(N)] 为可变长度字符数据类型，其中 N 表示字符串可达到的最大长度，取值范围是 0~65535 之间的值。VARCHAR(N) 的长度为输入的字符串的实际字符个数，而不一定是 N。例如，表中某列的数据类型为 VARCHAR(50)，而输入的字符串为 "ABCD2018"，则存储的就是字符 ABCD2018，其长度为 8 位。

6. 文本型

当需要存储大量的字符数据 (例如较长的备注、正文内容等) 时，可以使用文本型数据，文本型数据对应 ASCII 字符，其数据的存储长度为实际字符数的字节。

文本型数据可以分为 4 种：TINYTEXT、TEXT、MEDIUMTEXT 和 LONGTEXT。各种文本数据类型的最大字符数如表 3–3 所示。

表 3-3　文本数据类型的最大字符数说明

文本数据类型	最大字符数说明
TINYTEXT	$255(2^8-1)$
TEXT	$65535(2^{16}-1)$
MEDIUMTEXT	$16777215(2^{24}-1)$
LONGTEXT	$4294967295(2^{32}-1)$

7. BINARY 和 VARBINARY 型

BINARY 和 VARBINARY 类型数据类似于 CHAR 和 VARCHAR，不同的是，它们包含的是二进制字符串，而不是非二进制字符串。也就是说，它们包含的是字节字符串，而不是字符字符串。这说明它们没有字符集，并且排序和比较基于列值字节的数值。

BINARY[(N)] 为固定长度的 N 字节二进制数据，N 的取值范围为 1~255，默认为 1。BINARY(N) 数据的存储长度为 N+4 字节。如果输入的数据长度小于 N，则不足部分使用 0 填充；如果输入的数据长度大于 N，则多余部分会被截断。

输入二进制值时，在数据前面需要加上 0X，可以使用的数字符号为 0~9、A~F(字母大小写均可)。例如，0XFF、0X12A0 分别表示十六进制的 FF 和 12A0。因为每个字节的数最大为 FF，所以 "0X" 格式的数据每两位点 1B。

VARBINARY[(N)] 为 N 字节可变长度二进制数据。N 的取值范围为 1~65535，默认为 1。

VARBINARY(N) 数据的存储长度为实际输入数据长度 +4B。

8. BLOB 类型

在数据库中，对于图片、视频和文档等文件的存储是必需的，MySQL 数据库可以通过 BLOB 类型来存储这些数据。BLOB 是一个二进制大对象，可以容纳可变数量的数据。有 4 种 BLOB 类型：TINYBLOB、BLOB、MEDIUMBLOB 和 LONGBLOB。这 4 种 BLOB 数据类型的最大长度对应 4 种 TEXT 数据类型：TINYTEXT、TEXT、MEDIUMTEXT 和 LONGTEXT。不同的是，BLOB 表示最大字节长度，而 TEXT 表示最大字符长度。

9. 日期时间类型

MySQL 数据库支持 DATE、TIME、DATETIME、TIMESTAMP 和 YEAR 5 种日期时间类型。

DATE 数据类型由年份、月份和日期组成，代表一个实际存在的日期。DATE 的使用格式为字符形式 YYYY-MM-DD，年份、月份和日期之间使用字符 "–" 隔开，除了 "–"，还可以使用其他字符，如 "/"、"@" 等，也可以不使用任何连接符，例如，20160101 表示 2016 年 1 月 1 日。DATE 数据支持的范围是 1000-01-01 至 9999-12-31。虽然不在此范围的日期数据也允许，但是不能保证能正确进行计算。

TIME 数据类型表示一天中的一个时间，由小时数、分钟数、秒数和微秒数组成。格式为 HH:MM:SS.fraction，其中 fraction 为微秒部分，是一个 6 位的数字，可以省略。TIME 值必须是一个有意义的时间，例如，12:24:55 表示 12 点 24 分 55 秒，而 12:68:55 是不合法的，它将变成 00:00:00。

DATETIME 和 TIMESTAMP 数据类型是日期和时间的组合，日期和时间之间使用空格隔开，如 2018-01-01 12:24:55。大多数适用于日期和时间的规则在此也适用。DATETIME 和 TIMESTAMP 有很多共同点，但也有区别。对于 DATETIME，年份在 1000 至 9999 之间，而 TIMESTAMP 的年份在 1970 至 2037 之间。另一个重要的区别是：TIMESTAMP 支持时区，即在操作系统时区发生改变时，TIMESTAMP 类型的时间值也相应改变，而 DATETIME 则不支持时区。

YEAR 用来记录年份值。MySQL 数据库以 YYYY 格式检索和显示 YEAR 值，范围是 1901 至 2155。

10. ENUM 和 SET 类型

ENUM 和 SET 是比较特殊的字符串数据列类型，它们的取值范围是一个预先定义好的列表。ENUM 或 SET 数据列的取值只能从这个列表中进行选择。ENUM 和 SET 的主要区别是：ENUM 只能取单值，它的数据列表是一个枚举集合。ENUM 的合法取值列表最多允许有 65535 个成员。例如，ENUM（"N"，"Y"）表示该数据列的取值要么是 "Y"，要么是 "N"。SET 可以取多值，它的合法取值列表最多允许有 64 个成员，空字符串也是一个合法的 SET 值。

3.1.5　关系型数据库

关系型数据库是目前最普遍的数据库形式，所谓的关系型数据库就是将数据以多个数据表的方式呈现，每个数据表可能只会记录其中一部分的信息；在数据表内包含字段与记录，多个数据表之间以某个字段联系起来。一个数据库是由多个数据表组合而成，看上去似乎没有什么关系的数据表，其实是需要相互搭配的。

会员基本信息数据表

ID	姓名	性别	生日	邮箱	电话
1	李某	女	1990-12-23	aaa@163.com	11111112
2	王某	男	1985-01-05	bbb@163.com	22222223
3	张某	男	1988-05-20	ccc@163.com	33333334

商品订单数据表

订单编号	ID	姓名	送货地址	订单金额	日期
1	2	王某	北京市朝阳区某路 80 号	128	2018-06-21
2	3	张某	上海市浦东新区某路 4 号	540	2018-06-23
3	1	李某	北京市昌平区某路 12 号	1280	2018-06-26

从上面两个数据表中可以清楚地看见其中的关系，在"会员基本信息数据表"中记录的会员基本信息，包括会员的电子邮箱和电话等。

而"商品订单数据表"中虽然没有会员的电子邮箱和电话，但是通过两个数据表中的 ID 字段，进而可以取得该会员的基本数据，这就是关系型数据库的基本应用。

关系模型是以二维表（关系表）的形式组织数据库中的数据，这和日常生活中经常用到的各种表形式上是一致的，一个数据库中可以有若干张表。

表中的一行称为一条记录，一列称为一个字段，每列的标题称为字段名。如果给每个关系表取一个名字，则有 n 个字段的关系表的结构可以表示为：关系表名（字段名 1，……，字段名 n)，通常把关系表的结构称为关系模式。

在关系表中，如果一个字段或几个字段组合的值可唯一标志其对应记录，则称该字段或字段组合为码。

3.2　MySQL 数据库的基础操作

在第 1 章中，已经引导读者架构了 PHP 网站服务器环境，并以安装 AppServ 集成开发环境为例，同步架构了 Apache 服务器、MySQL 数据库和 PHP 程序运行环境。本节将向读者介绍 MySQL 数据库的一些基本操作方法。

3.2.1　启动和关闭 MySQL 数据库

完成 PHP 网站开发环境的架构后，可以通过执行菜单命令开启和关闭 MySQL 数据库服务，以本书所安装的 AppServ 集成开发环境为例，完成该集成开发环境的安装后，在系统中执行"开始">"所有程序"> AppServ 命令，在该文件夹中包含启动和关闭 MySQL 数据库服务的命令，如图 3-1 所示。

执行 MySQL Start 命令，即可启动 MySQL 数据库服务；执行 MySQL Stop 命令，即可关闭 MySQL 数据库服务。

除了可以通过执行菜单命令来开启和关闭 MySQL 数据库服务外，还可以通过命令命令操作的方式来开启和关闭 MySQL 数据库服务。

图 3-1

执行"开始">"运行"命令，弹出"运行"对话框，如果需要启动 MySQL 数据库服务，则在该对话框中输入启动命令代码，如图 3-2 所示。如果需要关闭 MySQL 数据库服务，则在"运行"对话框中输入关闭命令代码，如图 3-3 所示。

启动 MySQL 数据库服务的代码如下。

```
net start mysql
```

关闭 MySQL 数据库服务的代码如下。

```
net stop mysql
```

图 3-2　　　　　　　　　　　　　　　　图 3-3

技巧

在成功安装 AppServ 集成开发环境后，默认情况下，当启动操作系统时，会自动开启 Apache 服务器和 MySQL 数据库服务，并不需要用户在使用 MySQL 数据库之前先开启 MySQL 数据库服务。

3.2.2　进入和退出 MySQL 管理控制平台

默认在安装 AppServ 集成开发环境时，同步安装了 MySQL 数据库，并将其程序组件安装在 C:\AppServ\mysql\ 文件夹中。在默认的安装模式下，如果要以 MySQL 命令操作 MySQL 数据库，则必须在操作系统的文本模式下运行。

MySQL 数据库默认并没有提供相关的图形操作界面，需要对 MySQL 数据库进行操作，必须进行命令模式，通过 SQL 命令对 MySQL 数据库进行操作。

MySQL 管理控制平台是管理 MySQL 数据库的控制中心，只有进入 MySQL 管理控制平台后才能管理和操作 MySQL 数据库。在进入 MySQL 管理控制平台之前必须先启动 MySQL 数据库服务。

实战　进入和退出 MySQL 管理控制平台

最终文件：无　视频：视频\第 3 章\3-2-2.mp4

01 执行"开始" > "所有程序" > "附件" > "命令提示符"命令，弹出"命令提示符"窗口，如图 3-4 所示。在窗口中输入命令 cd C:\AppServ\MySQL\bin，即可切换至 MySQL 数据库主程序文件夹，如图 3-5 所示。

图 3-4　　　　　　　　　　　　　　　　图 3-5

02 在 MySQL 数据库主程序文件夹下输入命令 mysql –uroot –proot123456，按 Enter 键，即可进入 MySQL 数据库管理控制平台，如图 3-6 所示。如果需要列出当前 MySQL 中的所有数据库，可以在 MySQL 命令行中输入 show databases;，如图 3-7 所示。

图 3-6

图 3-7

提示

此处输入的命令，mysql –uroot –proot123456，其中，-u 后面跟着 MySQL 数据库的用户名，-p 后面跟着 MySQL 数据库的密码，此处的用户名和密码是在安装 MySQL 数据库时设置的，如果不加上用户名和密码，将无法进入 MySQL 数据库管理控制平台。

提示

进入 MySQL 数据库管理控制平台后，命令提示符将会从 C:\ 变为 mysql>，这时，就可以使用 SQL 命令控制 MySQL 服务器。

03 如果选择某个 MySQL 数据库，例如，选择名称为 mysql 的数据库，可以在 MySQL 命令行中输入 use mysql;，如图 3-8 所示。如果列出当前所选择数据库中的所有数据表，可以在 MySQL 命令行中输入 show tables;，如图 3-9 所示。

图 3-8

图 3-9

提示

在 MySQL 数据库管理控制平台中使用 SQL 命令对 MySQL 数据库进行操作时，需要注意，所输入的每条 SQL 命令都需要以英文的分号 (;) 结束，否则该 SQL 命令语句将会出错。

04 如果查询数据表中的数据，可以输入命令"SELECT 条件 FROM 数据表;"，例如，在 MySQL 命令行中输入 SELECT * FROM user;，如图 3-10 所示。如果退出 MySQL 数据库控制管理平台，只需在 MySQL 命令行中输入 quit 命令即可，如图 3-11 所示。

图 3-10

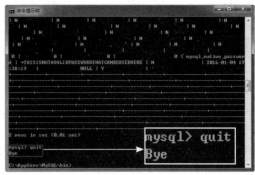
图 3-11

3.2.3　修改 MySQL 数据库管理密码

如果修改 MySQL 数据库的管理密码，可以在 MySQL 数据库的主程序文件夹中使用以下的语法进行修改。

```
mysqladmin -uroot -p原密码 password 新密码
```

例如，将 MySQL 数据库的原管理密码root123456修改为admin123456，打开"命令提示符"窗口，进入 MySQL 数据库主程序文件夹，如图 3-12 所示。输入命令 mysqladmin -uroot -proot123456 password admin123456，按 Enter 键，即可修改 MySQL 数据库管理密码，如图 3-13 所示。

图 3-12

图 3-13

3.2.4　使用 PHP 连接 MySQL 数据库

如果对 MySQL 数据库中的数据进行处理，首先要成功连接 MySQL 数据库，在 PHP 程序中，可以通过 mysql_connect() 函数来连接 MySQL 数据库。

mysql_connect() 函数的语法格式如下。

```
mysql_connect(servername,username,password)
```

其中，servername 是指 MySQL 数据库所在服务器的名称，本地计算机中的测试服务器名称为localhost；username 表示 MySQL 数据库的用户名；password 表示 MySQL 数据库的密码。

例如下面的程序代码。

```php
<?php
$conn = mysql_connect("localhost","root","admin123456");
if(!$conn){
    die(' 无法连接 MySQL 数据库: ' .mysql_error());
  }
else {
  echo " 成功连接 MySQL 数据库! ";
```

```
    }
    mysql_close($conn);                        // 使用 mysql_close() 函数关闭数据库连接
    ?>
```

在名称为 $conn 的变量中放置连接 MySQL 数据库的脚本代码，供需要连接数据库时使用。使用判断语句判断，如果无法连接，则输出 die 部分内容，否则输出成功连接的文字信息。

保存页面，在测试服务器中测试该页面，效果如图 3-14 所示，表示通过以上的 PHP 脚本代码成功连接 MySQL 数据库。

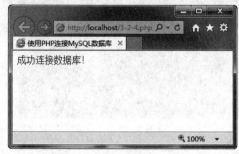

图 3-14

3.3 使用 SQL 命令创建 MySQL 数据库和数据表

在开发 PHP 动态网站之前，首先根据网站的功能需求创建网站数据库和数据表，用于存储网站中的相关数据内容。不管是 Windows 应用程序形式的 MySQL 管理工具 (如 SQLyog)，或者是网页形式的管理工具 (phpMyAdmin)，都是通过 SQL 语言与数据库进行交互的。

3.3.1 SQL 概述

如果要与数据库沟通就需要使用 SQL 语言。SQL 语言是一种与数据库交互的通用语言，对于各种不同的数据库而言，虽然各有自己特有的语法，但是基本的语法是可以通用的。

SQL 的英文全称为 Structured Query Language，含义是结构化查询语言，目的在于能够方便地查询数据库中的记录。通过命令的方式对数据库进行各种数据的操作。它虽然不具备图形界面，但是它能够配合各种程序进行数据处理，如 VB(进行本机数据库处理) 及 PHP(进行远程数据处理)。它能够进行大量的数据处理及运算，并可以按照用户的要求简单和妥善地规划数据库结构，以适应各种需求。

3.3.2 使用 CREATE 命令创建数据库

用户在使用 MySQL 数据库和数据表之前，首先应该进入 MySQL 数据库管理平台。

在 MySQL 命令行中使用 SQL 中的 CREATE 命令，可以创建一个数据库或者在数据库中创建数据表。

创建数据库的语法格式如下。

`CREATE DATABASE 数据库名称`

例如，在 MySQL 命令行中输入命令 CREATE DATABASE user，其中 user 便是数据库的名称，然后 MySQL 便会开始创建数据库。

为了能够让 PHP 执行创建数据库的语句，在 PHP 程序代码中必须使用 mysql_query() 函数，该函数用于向 MySQL 连接发送命令。下面通过一个小实例介绍如何通过 PHP 程序代码创建数据库。

实战 创建数据库

最终文件：最终文件 \ 第 3 章 \chapter3 \ 3-3-2.php   视频：视频 \ 第 3 章 \ 3-3-2.mp4

01 执行"文件" > "新建"命令，弹出"新建文档"对话框，选择 PHP 选项，如图 3-15 所示。单击"创建"按钮，新建 PHP 页面，执行"文件" > "保存"命令，将该文件保存在站点文件夹中，并命名为 3-3-2.php，如图 3-16 所示。

图 3-15　　　　　　　　　　　　　　　　　图 3-16

02 在 <body> 与 </body> 标签之间编写 PHP 程序代码连接 MySQL 数据库，如图 3-17 所示。在关闭数据库连接的代码之前编写 PHP 代码，创建一个名称为 class 的数据库，如图 3-18 所示。

```
<body>
<?php
$conn = mysql_connect("localhost","root","admin123456");
if(!$conn){
        die('无法连接MySQL数据库: ' .mysql_error());
        }
if(mysql_query("CREATE DATABASE class",$conn)){
        echo "成功创建数据库";
        }
        else{
        echo "创建数据库失败: " .mysql_error();
        }
mysql_close($conn);
?>
</body>
```

```
<body>
<?php
$conn = mysql_connect("localhost","root","admin123456");
if(!$conn){
        die('无法连接MySQL数据库: ' .mysql_error());
        }
mysql_close($conn);
?>
</body>
```

图 3-17　　　　　　　　　　　　　　　　　图 3-18

03 完整的 PHP 脚本代码如下。

```php
<?php
$conn = mysql_connect("localhost","root","admin123456");
if(!$conn){
    die(' 无法连接 MySQL 数据库: ' .mysql_error());
  }
if(mysql_query("CREATE DATABASE class",$conn)){
  echo " 成功创建数据库 ";
  }
  else{
  echo " 创建数据库失败: " .mysql_error();
  }
mysql_close($conn);
?>
```

04 保存页面，在测试服务器中测试该页面，成功创建名称为 class 的数据库，输出创建成功提示文字，如图 3-19 所示。

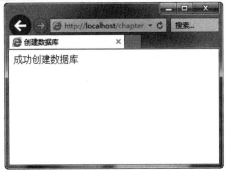

3.3.3　数据库的基本操作

1. 显示数据库

在 MySQL 命令行中输入显示数据库命令，能够显示出 MySQL 中的所有数据库名称。

图 3-19

显示数据库的语法如下。

```
SHOW DATABASE;
```

2. 打开数据库

完成数据库的创建后，需要打开数据库才能进一步对该数据库进行操作。

打开数据库的语法格式如下。

```
USE 数据库名称;
```

例如，如果打开名称为 user 的数据库，则在 MySQL 命令行中输入以下代码。

```
USE user;
```

3. 显示数据库中的数据表

在 MySQL 命令行中输入显示数据表命令，能够显示当前打开的数据库中所包含的所有数据表。

显示数据表的语法如下。

```
SHOW TABLES;
```

3.3.4　使用 CREATE 命令创建数据表

创建数据表的实质就是定义数据表结构，设置数据表和字段的属性。完成表结构的定义后，即可根据表结构来创建数据表。

创建数据表的语法如下。

```
CREATE TABLE 数据表名称 (
    字段名称 1    数据类型    字段设置选项
    字段名称 2    数据类型    字段设置选项
    ......
    索引　字段
)
```

与创建数据库不同的是，创建数据表必须以"（"为开头，以"）"为结束，并且在"（"与"）"之间添加数据表的参数，如字段名称、字段大小和数据类型等。

下面通过一个小实例介绍如何通过 PHP 程序代码在刚创建的名为 class 的数据库中创建一个名称为 students 的数据表。

实 战　创建数据表

最终文件：最终文件 \ 第 3 章 \chapter3\3-3-4.php　视频：视频 \ 第 3 章 \3-3-4.mp4

01 执行"文件" > "新建"命令，弹出"新建文档"对话框，选择 PHP 选项，如图 3-20 所示。单击"创建"按钮，新建 PHP 页面，执行"文件" > "保存"命令，将该文件保存在站点文件夹中，并命名为 3-3-4.php，如图 3-21 所示。

图 3-20

图 3-21

02 在 <body> 与 </body> 标签之间编写 PHP 程序代码连接 MySQL 数据库，如图 3-22 所示。在关闭数据库连接的代码之前编写 PHP 代码，在名称为 class 的数据库中创建一个名称为 students 的数据表，如图 3-23 所示。

```
<body>
<?php
$conn = mysql_connect("localhost","root","admin123456");
if(!$conn){
    die('无法连接MySQL数据库: ' .mysql_error());
    }
mysql_close($conn);
?>
</body>
```

图 3-22

```
<body>
<?php
$conn = mysql_connect("localhost","root","admin123456");
if(!$conn){
    die('无法连接MySQL数据库: ' .mysql_error());
    }
mysql_select_db("class",$conn);   //选择需要操作的数据库
$sql = "CREATE TABLE students
(
xm varchar(15),
bj varchar(15),
nl int,
yw int,
sx int,
yy int
)";
if(mysql_query($sql,$conn)){
    echo "成功创建数据表";
    }
    else{
    echo "创建数据表失败: " .mysql_error();
    }
mysql_close($conn);
?>
</body>
```

图 3-23

03 完整的 PHP 脚本代码如下。

```php
<?php
$conn = mysql_connect("localhost","root","admin123456");
if(!$conn){
  die(' 无法连接 MySQL 数据库: ' .mysql_error());
  }
mysql_select_db("class",$conn);   // 选择需要操作的数据库
$sql = "CREATE TABLE students
(
xm varchar(15),
bj varchar(15),
nl int,
yw int,
sx int,
yy int
)";
if(mysql_query($sql,$conn)){
  echo " 成功创建数据表 ";
  }
  else{
  echo " 创建数据表失败: " .mysql_error();
  }
mysql_close($conn);
?>
```

技巧

　　在对某个数据库进行操作之前，首先必须选中要操作的数据库，在 PHP 程序中使用 mysql_select_db() 函数来选择要操作的数据库。在以上的脚本代码中，我们将创建数据表的语句定义为一个变量，在 mysql_query() 函数中通过调用变量的方法来执行创建数据表的语句。

提示

　　此处所创建的名为 students 数据表共有 6 个字段，xm 字段用于存储学生姓名，bj 字段用于存储学生班级，nl 字段用于存储学生年龄，yw 字段用于存储语文成绩，sx 字段用于存储数学成绩，yy 字段用于存储英文成绩。如果字段的类型为 varchar，则必须规定该字段的最大长度。

04 保存页面，在测试服务器中测试该页面，成功在名称为 class 的数据库中创建名称为 students 的数据表，输出创建成功提示文字，如图 3-24 所示。

图 3-24

3.3.5　使用 ALTER 命令修改数据表

ALTER 命令可以用来创建或删除数据表中的数据索引，也可以用来修改数据表的名称或结构。使用该命令时，只需指定数据表名称，便能够在后面添加一组或多组可变的语句。

修改数据表的语法如下。

```
ALTER 数据表名称 class 操作语句;
```

例如，在名称为 user 的数据表中增加两个字段，可以写为如下的形式。

```
ALTER user class ADD email CHAR(50), ADD age INT;
```

例如，在名称为 user 的数据表中删除一个字段，可以写为如下的形式。

```
ALTER user class DROP email;
```

例如，为名称为 user 的数据表添加索引，可以写为如下的形式。

```
ALTER user class ADD INDEX (realname);
```

例如，从名称为 user 的数据表中删除索引，可以写为如下的形式。

```
ALTER user class DROP INDEX realname;
```

3.3.6　使用 DROP 命令删除数据库和数据表

如果要删除已经创建的数据库，可以使用 DROP DATABASE 命令。

删除数据库的语法如下。

```
DROP DATABASE 数据库名称;
```

如果需要删除数据库中的某个数据表，首先打开该数据库，使用 DROP TABLE 命令即可删除指定名称的数据表。

删除数据表的语法如下。

```
DROP TABLE 数据表名称;
```

3.4　数据的插入、查询、更新和删除操作

完成了数据库和数据表的创建后，默认情况下数据表中并没有数据记录，是一个空的数据表，可以使用 SQL 语言中的 INSERT INTO 命令向数据表中插入数据，如果要对数据表中的数据记录进行查询，可以使用 SQL 语言中的 SELECT 命令。

3.4.1　使用 INSERT INTO 命令插入记录

如果要在数据表中新增一条数据记录，可以使用 INSERT INTO 命令，其语法格式如下。

```
INSERT INTO table_name VALUES(value1,value2,...)
```

使用 INSERT INTO 命令向数据表中插入数据记录时，还可以指定所插入数据的列，其语法格式如下。

```
INSERT INTO table_name(column1,column2,...) VALUES(value1,value2,...)
```

SQL 语句对大小写不敏感，INSERT INTO 与 insert into 是相同的。如果需要通过 PHP 执行该 SQL 语句向数据表插入数据，则需要使用 mysql_query() 函数。

在第 3.3 节中已经使用 CREATE 命令创建一个名称为 class 的数据库，并且在该数据库中创建一个名称为 students 的数据表，但该数据表中并没有内容。下面通过一个小实例讲解如何使用 INSERT INTO 命令向该数据表中插入数据记录。

实战　向数据库中插入数据记录

最终文件：最终文件 \ 第 3 章 \chapter3\3-4-1.php　视频：视频 \ 第 3 章 \3-4-1.mp4

01 执行 "文件" > "新建" 命令，弹出 "新建文档" 对话框，新建 PHP 页面，将该页面保存为 3-4-1.php，如图 3-25 所示。在 <body> 与 </body> 标签之间编写 PHP 程序代码连接 MySQL 数据库，如图 3-26 所示。

```
<body>
<?php
$conn = mysql_connect("localhost","root","admin123456");
if(!$conn){
    die('无法连接MySQL数据库: ' .mysql_error());
    }
mysql_close($conn);
?>
</body>
```

图 3-25　　　　　　　　　　　　　　　　　　　　图 3-26

02 在关闭数据库连接的代码之前编写 PHP 代码，使用 mysql_select_db() 函数选择需要操作的数据库，如图 3-27 所示。继续编写 PHP 代码，使用 INSERT INTO 语句向名称为 students 的数据表中插入 8 条数据记录，如图 3-28 所示。

```
<body>
<?php
$conn = mysql_connect("localhost","root","admin123456");
if(!$conn){
    die('无法连接MySQL数据库: ' .mysql_error());
    }
mysql_select_db("class",$conn);

mysql_close($conn);
?>
</body>
```

图 3-27

```
<body>
<?php
$conn = mysql_connect("localhost","root","admin123456");
if(!$conn){
    die('无法连接MySQL数据库: ' .mysql_error());
    }
mysql_select_db("class",$conn);
mysql_query("INSERT INTO students(xm,bj,nl,yw,sx,yy)    //插入一条记录
VALUES('张某某','三（2）班','16','85','96','82')");
mysql_query("INSERT INTO students(xm,bj,nl,yw,sx,yy)
VALUES('李某某','三（2）班','17','88','94','87')");
mysql_query("INSERT INTO students(xm,bj,nl,yw,sx,yy)
VALUES('刘某某','三（1）班','16','92','78','85')");
mysql_query("INSERT INTO students(xm,bj,nl,yw,sx,yy)
VALUES('王某某','三（2）班','16','90','80','82')");
mysql_query("INSERT INTO students(xm,bj,nl,yw,sx,yy)
VALUES('周某某','三（2）班','16','98','90','85')");
mysql_query("INSERT INTO students(xm,bj,nl,yw,sx,yy)
VALUES('赵某某','三（1）班','17','88','92','87')");
mysql_query("INSERT INTO students(xm,bj,nl,yw,sx,yy)
VALUES('宋某某','三（1）班','17','88','90','89')");
mysql_query("INSERT INTO students(xm,bj,nl,yw,sx,yy)
VALUES('郑某某','三（2）班','16','89','93','99')");
mysql_close($conn);
?>
</body>
```

图 3-28

03 完整的 PHP 脚本代码如下。

```php
<?php
$conn = mysql_connect("localhost","root","admin123456");
if(!$conn){
  die(' 无法连接 MySQL 数据库: ' .mysql_error());
```

```
       }
    mysql_select_db("class",$conn);
    mysql_query("INSERT INTO students(xm,bj,nl,yw,sx,yy)
    VALUES(' 张某某 ',' 三 (2) 班 ','16','85','96','82')");        // 插入一条记录
    mysql_query("INSERT INTO students(xm,bj,nl,yw,sx,yy)
    VALUES(' 李某某 ',' 三 (2) 班 ','17','88','94','87')");
    mysql_query("INSERT INTO students(xm,bj,nl,yw,sx,yy)
    VALUES(' 刘某某 ',' 三 (1) 班 ','16','92','78','85')");
    mysql_query("INSERT INTO students(xm,bj,nl,yw,sx,yy)
    VALUES(' 王某某 ',' 三 (2) 班 ','16','90','80','82')");
    mysql_query("INSERT INTO students(xm,bj,nl,yw,sx,yy)
    VALUES(' 周某某 ',' 三 (2) 班 ','16','98','90','85')");
    mysql_query("INSERT INTO students(xm,bj,nl,yw,sx,yy)
    VALUES(' 赵某某 ',' 三 (1) 班 ','17','88','92','87')");
    mysql_query("INSERT INTO students(xm,bj,nl,yw,sx,yy)
    VALUES(' 宋某某 ',' 三 (2) 班 ','17','88','90','89')");
    mysql_query("INSERT INTO students(xm,bj,nl,yw,sx,yy)
    VALUES(' 郑某某 ',' 三 (2) 班 ','16','89','93','99')");
    mysql_close($conn);
    ?>
```

04 保存页面，在测试服务器中测试该页面，如果页面没有报错，则说明成功向 students 数据表中插入代码中的 8 条数据记录。

3.4.2 使用 SELECT 命令查询数据

使用 SELECT 命令可以对指定数据表中的数据进行查询操作。

SELECT 命令查询数据的语法如下。

```
SELECT column_list FROM table_list
```

其中，column_list 表示需要查询的字段名称，如果为 * 号则表示查询指定数据表中的所有记录；table_list 表示从哪个数据表中进行查询。

实 战 查询数据库中的记录

最终文件：最终文件 \ 第 3 章 \chapter3\3-4-2.php   视频：视频 \ 第 3 章 \3-4-2.mp4

01 执行"文件">"新建"命令，弹出"新建文档"对话框，新建 PHP 页面，将该页面保存为 3-4-2.php，如图 3-29 所示。在 <body> 与 </body> 标签之间编写 PHP 程序代码连接 MySQL 数据库，如图 3-30 所示。

图 3-29   图 3-30

02 在关闭数据库连接的代码之前编写 PHP 代码，使用 mysql_select_db() 函数选择需要操作的数据库，如图 3-31 所示。继续编写 PHP 代码，使用 SELECT 语句查询 students 数据表中的所有记录，

并使用 while 循环语句输出所有查询到的记录，如图 3-32 所示。

```
<body>
<?php
$conn = mysql_connect("localhost","root","admin123456");
if(!$conn){
     die('无法连接MySQL数据库: ' .mysql_error());
     }
mysql_select_db("class",$conn);

mysql_close($conn);
?>
</body>
```

图 3-31

```
<body>
<?php
$conn = mysql_connect("localhost","root","admin123456");
if(!$conn){
     die('无法连接MySQL数据库: ' .mysql_error());
     }
mysql_select_db("class",$conn);
$sql = "SELECT * FROM students";        //查询数据表中的所有记录
$result = mysql_query ($sql,$conn);
while($row = mysql_fetch_array($result)){
     echo $row['xm']." | ".$row['bj']." | ".$row['nl']." |
".$row['yw']." | ".$row['sx']." | ".$row['yy']."<hr>";
     }
mysql_close($conn);
?>
</body>
```

图 3-32

03 完整的 PHP 脚本代码如下。

```php
<?php
$conn = mysql_connect("localhost","root","admin123456");
if(!$conn){
  die(' 无法连接 MySQL 数据库: ' .mysql_error());
  }
mysql_select_db("class",$conn);
$sql = "SELECT * FROM students";           // 查询数据表中的所有记录
$result = mysql_query ($sql,$conn);
while($row = mysql_fetch_array($result)){
  echo $row['xm']." | ".$row['bj']." | ".$row['nl']." | ".$row['yw']." |
    ".$row['sx']." | ".$row['yy']."<hr>";
  }
mysql_close($conn);
?>
```

> **提示**
>
> 在代码中使用名称为 $result 的变量存储由 mysql_query() 函数返回的数据。然后使用 mysql_fetch_array() 函数以数组的形式从记录集返回第 1 行，随后对 mysql_fetch_array() 函数的每次调用都会返回记录集中的下一行，while 语句会循环记录集中的所有记录。

04 保存页面，在测试服务器中测试该页面，可以看到查询名为 students 的数据表中的所有数据记录及输出的结果，如图 3-33 所示。

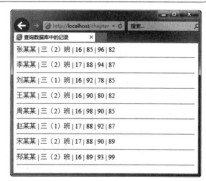

图 3-33

3.4.3　使用 WHERE 命令进行条件查询

如果需要查询指定条件的数据，可以在 SELECT 查询语句中添加 WHERE 条件语句，其语法格式如下。

```
SELECT column_list FROM table_list WHERE 条件语句
```

实战　查询指定条件的数据

最终文件：最终文件 \ 第 3 章 \chapter3\3-4-3.php　视频：视频 \ 第 3 章 \3-4-3.mp4

01 执行"文件" > "新建"命令，弹出"新建文档"对话框，新建 PHP 页面，将该页面保存为 3-4-3.php，如图 3-34 所示。在 <body> 与 </body> 标签之间编写 PHP 程序代码连接 MySQL 数据库，如图 3-35 所示。

图 3-34

```
<body>
<?php
$conn = mysql_connect("localhost","root","admin123456");
if(!$conn){
        die('无法连接MySQL数据库: ' .mysql_error());
        }
mysql_close($conn);
?>
</body>
```

图 3-35

02 在关闭数据库连接的代码之前编写 PHP 代码，使用 mysql_select_db() 函数选择需要操作的数据库，如图 3-36 所示。继续编写 PHP 代码，使用 SELECT 语句查询 students 数据表中语文成绩大于或等于 90 分的记录，并使用 while 循环语句输出所有查询到的记录，如图 3-37 所示。

```
<body>
<?php
$conn = mysql_connect("localhost","root","admin123456");
if(!$conn){
        die('无法连接MySQL数据库: ' .mysql_error());
        }
mysql_select_db("class",$conn);

mysql_close($conn);
?>
</body>
```

图 3-36

```
<body>
<?php
$conn = mysql_connect("localhost","root","admin123456");
if(!$conn){
        die('无法连接MySQL数据库: ' .mysql_error());
        }
mysql_select_db("class",$conn);
$sql = "SELECT * FROM students WHERE yw>='90'";   //查询数据指定条件的所有记录
$result = mysql_query ($sql,$conn);
while($row = mysql_fetch_array($result)){
        echo $row['xm']." | ".$row['bj']." | ".$row['nl']." |
".$row['yw']." | ".$row['sx']." | ".$row['yy']."<hr>";
        }
mysql_close($conn);
?>
</body>
```

图 3-37

03 完整的 PHP 脚本代码如下。

```
<?php
$conn = mysql_connect("localhost","root","admin123456");
if(!$conn){
  die(' 无法连接 MySQL 数据库: ' .mysql_error());
  }
mysql_select_db("class",$conn);
$sql = "SELECT * FROM students WHERE yw>='90'";   // 查询数据指定条件的所有记录
$result = mysql_query ($sql,$conn);
while($row = mysql_fetch_array($result)){
  echo $row['xm']." | ".$row['bj']." | ".$row['nl']." | ".$row['yw']." |
    ".$row['sx']." | ".$row['yy']."<hr>";
  }
mysql_close($conn);
?>
```

04 保存页面，在测试服务器中测试该页面，可以看到查询名为 students 的数据表中的所有语文成绩大于或等于 90 分的数据记录及输出的结果，如图 3-38 所示。

3.4.4 使用 LIMIT 命令限制返回条数

对于拥有成千上万条记录的大型数据表来说，LIMIT 子句是非常有用的，在 SELECT 查询语句中添加 LIMIT 子句，可以限定查询结果显示的条数，其语法格式如下。

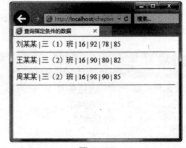

图 3-38

```
SELECT column_list FROM table_list LIMIT 开始条数, 显示条数
```

　　在常见的数据查询操作中，如果查询第 2 条记录之后的 4 条记录，这时候就需要在 SELECT 语句中加入 LIMIT 子句。下面通过一个小案例查询 students 数据表中第 2 条记录后的 4 条记录，学习 LIMIT 子句的应用方法。

实 战　限制查询返回的记录条数

最终文件：最终文件 \ 第 3 章 \ chapter3 \ 3-4-4.php　　视频：视频 \ 第 3 章 \ 3-4-4.mp4

01 执行 "文件" > "新建" 命令，弹出 "新建文档" 对话框，新建 PHP 页面，将该页面保存为 3-4-4.php，如图 3-39 所示。在 <body> 与 </body> 标签之间编写 PHP 程序代码连接 MySQL 数据库，如图 3-40 所示。

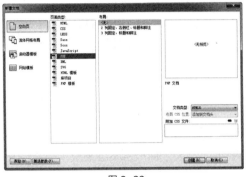

```
<body>
<?php
$conn = mysql_connect("localhost","root","admin123456");
if(!$conn){
        die('无法连接MySQL数据库: ' .mysql_error());
        }
mysql_close($conn);
?>
</body>
```

图 3-39　　　　　　　　　　　　　　　　　　　　图 3-40

02 在关闭数据库连接的代码之前编写 PHP 代码，使用 mysql_select_db() 函数选择需要操作的数据库，如图 3-41 所示。继续编写 PHP 代码，在 SELECT 语句添加 LIMIT 子句查询 students 数据表第 2 条记录之后的 4 条记录，并使用 while 循环语句输出所有查询到的记录，如图 3-42 所示。

```
<body>
<?php
$conn = mysql_connect("localhost","root","admin123456");
if(!$conn){
    die('无法连接MySQL数据库: ' .mysql_error());
    }
mysql_select_db("class",$conn);

mysql_close($conn);
?>
</body>
```

图 3-41

```
<body>
<?php
$conn = mysql_connect("localhost","root","admin123456");
if(!$conn){
        die('无法连接MySQL数据库: ' .mysql_error());
        }
mysql_select_db("class",$conn);
$sql = "SELECT * FROM students LIMIT 2,4";   //查询第2条记
录之后的4条记录
$result = mysql_query ($sql,$conn);
while($row = mysql_fetch_array($result)){
    echo $row['xm']." | ".$row['bj']." | ".$row['nl']." |
".$row['yw']." | ".$row['sx']." | ".$row['yy']."<hr>";
    }
mysql_close($conn);
?>
</body>
```

图 3-42

03 完整的 PHP 脚本代码如下。

```
<?php
$conn = mysql_connect("localhost","root","admin123456");
if(!$conn){
  die(' 无法连接MySQL数据库: ' .mysql_error());
  }
mysql_select_db("class",$conn);
$sql = "SELECT * FROM students LIMIT 2,4";          // 查询第 2 条记录之后的 4 条记录
$result = mysql_query ($sql,$conn);
while($row = mysql_fetch_array($result)){
  echo $row['xm']." | ".$row['bj']." | ".$row['nl']." | ".$row['yw']." |
    ".$row['sx']." | ".$row['yy']."<hr>";
  }
```

```
mysql_close($conn);
?>
```

04 保存页面，在测试服务器中测试该页面，可以看到查询名为 students 的数据表中第 2 条记录后的 4 条记录及输出的结果，如图 3-43 所示。

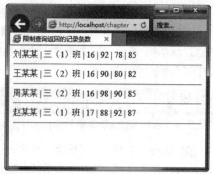

图 3-43

3.4.5 使用 ORDER BY 命令对查询结果排序

如果需要对所查询到的数据进行排序时，可以在 SELECT 查询语句中添加 ORDER BY 子句来实现。数据的排序包括：升幂排序（递增排序）、降幂排序（递减排序）和双排序（两种排序方式都使用，以前者优先）。

ORDER BY 子句的语法格式如下。

```
SELECT column_list FROM table_list ORDER BY column_list
```

ORDER BY 可以针对某个字段进行排序的操作，例如，在 SQL 语句加上 ORDER BY 'yy' DESC，查询返回的结果就会依据数据表中的 yy 字段做递减排序。下面通过实战练习介绍 ORDER BY 子句的使用方法。

实 战 将查询结果按指定字段递减排序

最终文件：最终文件\第 3 章\chapter3\3-4-5.php　视频：视频\第 3 章\3-4-5.mp4

01 执行"文件" > "新建"命令，弹出"新建文档"对话框，新建 PHP 页面，将该页面保存为 3-4-5.php，如图 3-44 所示。在 <body> 与 </body> 标签之间编写 PHP 程序代码连接 MySQL 数据库，如图 3-45 所示。

图 3-44

```
<body>
<?php
$conn = mysql_connect("localhost","root","admin123456");
if(!$conn){
    die('无法连接MySQL数据库: ' .mysql_error());
    }
mysql_close($conn);
?>
</body>
```

图 3-45

02 在关闭数据库连接的代码之前编写 PHP 代码，使用 mysql_select_db() 函数选择需要操作的数据库，如图 3-46 所示。继续编写 PHP 代码，在 SELECT 语句添加 ORDER BY 子句查询 students 数据表并按照英语成绩由高到低递减排序记录，并使用 while 循环语句输出所有查询到的记录，如图 3-47 所示。

> **提示**
>
> 在 SELECT 查询语句中添加 ORDER BY 子句，默认的排序方式为升幂排序，也就是数据由低到高进行排序，所以可以省略字符串 ASC。如果需要数据由高到低进行降幂排序，则在使用 ORDER BY 子句时，必须加上字符串 DESC。

```
<body>
<?php
$conn = mysql_connect("localhost","root","admin123456");
if(!$conn){
    die('无法连接MySQL数据库: ' .mysql_error());
    }
mysql_select_db("class",$conn);

mysql_close($conn);
?>
</body>
```

图 3-46

```
<body>
<?php
$conn = mysql_connect("localhost","root","admin123456");
if(!$conn){
    die('无法连接MySQL数据库: ' .mysql_error());
    }
mysql_select_db("class",$conn);
$sql = "SELECT * FROM students ORDER BY yy DESC";  //查询
按yy字段递减排序记录
$result = mysql_query ($sql,$conn);
while($row = mysql_fetch_array($result)){
    echo $row['xm']." | ".$row['bj']." | ".$row['nl']."
".$row['yw']." | ".$row['sx']." | ".$row['yy']."<hr>";
mysql_close($conn);
?>
```

图 3-47

03 完整的 PHP 脚本代码如下。

```php
<?php
$conn = mysql_connect("localhost","root","admin123456");
if(!$conn){
   die(' 无法连接 MySQL 数据库: ' .mysql_error());
   }
mysql_select_db("class",$conn);
$sql = "SELECT * FROM students ORDER BY yy DESC";    // 查询按 yy 字段递减排序记录
$result = mysql_query ($sql,$conn);
while($row = mysql_fetch_array($result)){
   echo $row['xm']." | ".$row['bj']." |
      ".$row['nl']." | ".$row['yw']." |
      ".$row['sx']." | ".$row['yy']."<hr>";
   }
mysql_close($conn);
?>
```

04 保存页面，在测试服务器中测试该页面，可以看到查询名为 students 的数据表中的所有记录并按照英语成绩由高到低进行降幂排序，如图 3-48 所示。

图 3-48

3.4.6　使用 GROUP BY 命令对查询结果分组

当选择了多个字段，其中有一个以上的字段运用聚合函数 (SUM 求总和、AVG 求平均等) 时，就可以使用 GROUP BY 子句将拥有相同值的记录合为一个组。例如，要求获得各个班级的人数总和，因此需要将 bj 字段中相同的记录合并为一个组。

GROUP BY 子句的语法格式如下。

```
SELECT column_list, 聚合函数 FROM table_list GROUP BY column_list
```

> **提示**
>
> PHP 中的聚合函数包括 COUNT(返回分组记录条件)、AVG(返回平均数) 和 SUM(返回总和) 函数，常用到的还有 MIN 函数 (返回最小值) 和 MAX 函数 (返回最大值)。

在 SELECT 查询语句中使用 GROUP BY 子句来指定某个特定字段，以便将查询结果区分成多个群组，并且针对这些群组进行计算。下面通过一个小案例介绍 GROUP BY 子句的使用方法。

实战 **将查询结果进行分组**

最终文件：最终文件 \ 第 3 章 \chapter3\3-4-6.php　视频：视频 \ 第 3 章 \3-4-6.mp4

01 执行 "文件" > "新建" 命令，弹出 "新建文档" 对话框，新建 PHP 页面，将该页面保存为 3-4-6.php，如图 3-49 所示。在 <body> 与 </body> 标签之间编写 PHP 程序代码连接 MySQL 数据库，如图 3-50 所示。

```
<body>
<?php
$conn = mysql_connect("localhost","root","admin123456");
if(!$conn){
    die('无法连接MySQL数据库：' .mysql_error());
    }
mysql_close($conn);
?>
</body>
```

图 3-49   图 3-50

02 在关闭数据库连接的代码之前编写 PHP 代码，使用 mysql_select_db() 函数选择需要操作的数据库，如图 3-51 所示。继续编写 PHP 代码，在 SELECT 语句添加 GROUP BY 子句查询 students 数据表中语文成绩中各分数相同的人数，并且按分数由高到低的顺序进行排序，如图 3-52 所示。

```
<body>
<?php
$conn = mysql_connect("localhost","root","admin123456");
if(!$conn){
    die('无法连接MySQL数据库：' .mysql_error());
    }
mysql_select_db("class",$conn);

mysql_close($conn);
?>
</body>
```

图 3-51

```
<body>
<?php
$conn = mysql_connect("localhost","root","admin123456");
if(!$conn){
    die('无法连接MySQL数据库：' .mysql_error());
    }
mysql_select_db("class",$conn);
$sql = "SELECT yw,COUNT(*) FROM students GROUP BY yw ORDER BY yw DESC";
    //查询语文成绩中各分数相同的人数，并且按分数由高到低的顺序进行排序
$result = mysql_query ($sql,$conn);
while($row = mysql_fetch_array($result)){
    echo $row['yw']." | ".$row['COUNT(*)']."<hr>";
    }
mysql_close($conn);
?>
</body>
```

图 3-52

03 完整的 PHP 脚本代码如下。

```
<?php
$conn = mysql_connect("localhost","root","admin123456");
if(!$conn){
    die(' 无法连接 MySQL 数据库：' .mysql_error());
    }
mysql_select_db("class",$conn);
$sql = "SELECT yw,COUNT(*) FROM students GROUP BY yw ORDER BY yw DESC";    // 查询语文成
绩中各分数相同的人数，并且按分数由高到低的顺序进行排序
$result = mysql_query ($sql,$conn);
while($row = mysql_fetch_array($result)){
    echo $row['yw']." | ".$row['COUNT(*)']."<hr>";
    }
mysql_close($conn);
?>
```

04 保存页面，在测试服务器中测试该页面，可以看到查询名为 students 的数据表中语文成绩中各分数相同的人数，并且按分数由高到低的顺序进行排序，如图 3-53 所示。

图 3-53

3.4.7 使用 HAVING 命令限制查询输出结果

HAVING 子句类似于 WHERE 子句，可以在 SELECT 查询语句中用来规范数据被读取的条件，

但它必须与 GROUP BY 子句搭配使用，不能用来替换 WHERE 子句。HAVING 子句是在数据被读取之后，再对其进行筛选操作。

HAVING 子句的语法格式如下。

```
SELECT column_list FROM table_list ORDER BY column_list HAVING 条件
```

HAVING 子句必须跟在 GROUP BY 子句之后。下面通过一个小案例介绍 HAVING 子句的使用方法。

实 战 限制对数据库查询输出的结果

最终文件：最终文件 \ 第 3 章 \chapter3\3-4-7.php 视频：视频 \ 第 3 章 \3-4-7.mp4

01 执行 "文件" > "新建" 命令，弹出 "新建文档" 对话框，新建 PHP 页面，将该页面保存为 3-4-7.php，如图 3-54 所示。在 <body> 与 </body> 标签之间编写 PHP 程序代码连接 MySQL 数据库，如图 3-55 所示。

```
<body>
<?php
$conn = mysql_connect("localhost","root","admin123456");
if(!$conn){
    die('无法连接MySQL数据库：' .mysql_error());
    }
mysql_close($conn);
?>
</body>
```

图 3-54   图 3-55

02 在关闭数据库连接的代码之前编写 PHP 代码，使用 mysql_select_db() 函数选择要操作的数据库，如图 3-56 所示。继续编写 PHP 代码，在 SELECT 语句中添加 HAVING 子句查询 students 数据表中语文成绩在 90 分以上的学生的语文、数学和英语的总成绩，如图 3-57 所示。

```
<body>
<?php
$conn = mysql_connect("localhost","root","admin123456");
if(!$conn){
    die('无法连接MySQL数据库：' .mysql_error());
    }
mysql_select_db("class",$conn);

mysql_close($conn);
?>
</body>
```

图 3-56

```
<body>
<?php
$conn = mysql_connect("localhost","root","admin123456");
if(!$conn){
    die('无法连接MySQL数据库：' .mysql_error());
    }
mysql_select_db("class",$conn);
$sql = "SELECT xm,yw,sx,yy,AVG(yw+sx+yy) FROM students
GROUP BY yw HAVING AVG(yw)>=90";    //查询语文成绩在90分以上
的学生的语文、数学和英语的总成绩
$result = mysql_query ($sql,$conn);
while($row = mysql_fetch_array($result)){
    echo $row['xm']." | ".$row['yw']." | ".$row['sx']." |
".$row['yy']." | ".$row['AVG(yw+sx+yy)']."<hr>";
    }
mysql_close($conn);
?>
</body>
```

图 3-57

03 完整的 PHP 脚本代码如下。

```
<?php
$conn = mysql_connect("localhost","root","admin123456");
if(!$conn){
  die('无法连接 MySQL 数据库：' .mysql_error());
  }
mysql_select_db("class",$conn);
$sql = "SELECT xm,yw,sx,yy,AVG(yw+sx+yy) FROM students GROUP BY yw HAVING
AVG(yw)>=90";   // 查询语文成绩在 90 分以上的学生的语文、数学和英语的总成绩
$result = mysql_query ($sql,$conn);
```

PHP+MySQL+Dreamweaver 动态网站建设全程揭秘（第2版）

```
while($row = mysql_fetch_array($result)){
  echo $row['xm']." | ".$row['yw']." |
    ".$row['sx']." | ".$row['yy']." |
    ".$row['AVG(yw+sx+yy)']."<hr>";
  }
mysql_close($conn);
?>
```

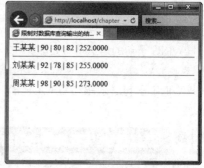

图 3-58

04 保存页面，在测试服务器中测试该页面，可以看到查询名为 students 的数据表中语文成绩在 90 分以上的学生的语文、数学和英语的总成绩，如图 3-58 所示。

技巧

SELECT 查询语句中的 HAVING 子句与 WHERE 子句的不同在于，WHERE 子句用于限制原先字段中的条件，HAVING 子句则是对已经取出的查询结果进行限制。

3.4.8 使用 UPDATE 命令更新记录

如果需要对数据表中已经存在的数据记录进行数据更新，可以使用 UPDATE 命令，该命令的语法如下。

```
UPDATE table_list SET column_list = new_value WHERE column_list = some_value
```

提示

对于更新记录和删除记录而言，如果是只对指定的一条记录进行操作，为避免误操作其他具有相同值的记录，应该在 WHERE 后面指定其主键字段，例如，指定 ID 字段。

更新记录命令通常用于对数据表中的现有数据值进行修改，其操作方法与插入记录很相似。下面通过一个小案例介绍如何使用 UPDATE 命令更新数据表中的现有数据。

实战 更新数据库的记录数据

最终文件：最终文件\第3章\chapter3\3-4-8.php　视频：视频\第3章\3-4-8.mp4

01 执行"文件" > "新建"命令，弹出"新建文档"对话框，新建 PHP 页面，将该页面保存为 3-4-8.php，如图 3-59 所示。在 <body> 与 </body> 标签之间编写 PHP 程序代码连接 MySQL 数据库，如图 3-60 所示。

图 3-59

```
<body>
<?php
$conn = mysql_connect("localhost","root","admin123456");
if(!$conn){
    die('无法连接MySQL数据库：' .mysql_error());
    }
mysql_close($conn);
?>
</body>
```

图 3-60

02 在关闭数据库连接的代码之前编写 PHP 代码，使用 mysql_select_db() 函数选择需要操作的数据库，使用 UPDATE 语句更新 students 数据表中"姓名"为"张某某"的学生的语文成绩为 100、数学成绩为 99、英语成绩为 99，如图 3-61 所示。继续编写 PHP 代码，查找数据表中"姓名"

为 "张某某" 的学生的数据记录并输出，如图 3-62 所示。

```
<body>
<?php
$conn = mysql_connect("localhost","root","admin123456");
if(!$conn){
    die('无法连接MySQL数据库: ' .mysql_error());
    }
mysql_select_db("class",$conn);

mysql_close($conn);
?>
</body>
```

图 3-61

```
<body>
<?php
$conn = mysql_connect("localhost","root","admin123456");
if(!$conn){
    die('无法连接MySQL数据库: ' .mysql_error());
    }
mysql_select_db("class",$conn);
$sql = "UPDATE students SET yw=100,sx=99,yy=99 WHERE xm='张某某'";
    //更新数据表中姓名为张某某的语文、数学和英语成绩
$result = mysql_query ($sql,$conn);

$sql2 = "SELECT * FROM students WHERE xm='张某某'";
$result2 = mysql_query ($sql2,$conn);
while($row = mysql_fetch_array($result2)){
    echo $row['xm']." | ".$row['bj']." | ".$row['nl']." | ".$row[
'yw']." | ".$row['sx']." | ".$row['yy']."<hr>";
    }
mysql_close($conn);
?>
</body>
```

图 3-62

03 完整的 PHP 脚本代码如下。

```php
<?php
$conn = mysql_connect("localhost","root","admin123456");
if(!$conn){
  die(' 无法连接 MySQL 数据库: ' .mysql_error());
  }
mysql_select_db("class",$conn);
$sql = "UPDATE students SET yw=100,sx=99,yy=99 WHERE xm=' 张某某 '";   // 更新数据表中姓名
为张某某的语文、数学和英语成绩
$result = mysql_query ($sql,$conn);

$sql2 = "SELECT * FROM students WHERE xm=' 张某某 '";
$result2 = mysql_query ($sql2,$conn);
while($row = mysql_fetch_array($result2)){
  echo $row['xm']." | ".$row['bj']." |
    ".$row['nl']." | ".$row['yw']." |
    ".$row['sx']." | ".$row['yy']."<hr>";
  }
mysql_close($conn);
?>
```

图 3-63

04 保存页面，在测试服务器中测试该页面，可以看到更新后的数据记录的显示结果，如图 3-63 所示。

3.4.9　使用 DELETE 命令删除记录

如果要对数据表中已经存在的数据记录进行删除操作，可以使用 DELETE 命令，该命令的语法如下。

```
DELETE FROM table_list WHERE column_list = some_value
```

删除记录是数据库的基本操作之一，也是使用比较频繁的命令。了解了 DELETE 命令的语法规则后，下面通过一个小案例来学习如何使用 DELETE 命令删除数据表中的数据记录。

实 战　删除数据库中指定的数据记录

最终文件：最终文件 \ 第 3 章 \chapter3 \ 3-4-9.php　视频：视频 \ 第 3 章 \3-4-9.mp4

01 执行 "文件" > "新建" 命令，弹出 "新建文档" 对话框，新建 PHP 页面，将该页面保存为 3-4-9.php，如图 3-64 所示。在 <body> 与 </body> 标签之间编写 PHP 程序代码连接 MySQL 数据库，如图 3-65 所示。

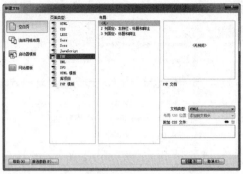

图 3-64

```
<body>
<?php
$conn = mysql_connect("localhost","root","admin123456");
if(!$conn){
    die('无法连接MySQL数据库: ' .mysql_error());
    }
mysql_close($conn);
?>
</body>
```

图 3-65

02 在关闭数据库连接的代码之前编写 PHP 代码，使用 mysql_select_db() 函数选择需要操作的数据库，使用 DELETE 语句删除 students 数据表中"姓名"为"张某某"的数据记录，如图 3-66 所示。继续编写 PHP 代码，查找数据表中所有的数据记录并输出，如图 3-67 所示。

```
<body>
<?php
$conn = mysql_connect("localhost","root","admin123456");
if(!$conn){
    die('无法连接MySQL数据库: ' .mysql_error());
    }
mysql_select_db("class",$conn);
$sql = "DELETE FROM students WHERE xm='张某某'";
    //删除数据表中姓名为张某某的记录
$result = mysql_query ($sql,$conn);

mysql_close($conn);
?>
</body>
```

图 3-66

```
<body>
<?php
$conn = mysql_connect("localhost","root","admin123456");
if(!$conn){
    die('无法连接MySQL数据库: ' .mysql_error());
    }
mysql_select_db("class",$conn);
$sql = "DELETE FROM students WHERE xm='张某某'";
    //删除数据表中姓名为张某某的记录
$result = mysql_query ($sql,$conn);

$sql2 = "SELECT * FROM students";
$result2 = mysql_query ($sql2,$conn);
while($row = mysql_fetch_array($result2)){
    echo $row['xm']." | ".$row['bj']." | ".$row['nl']."
 | ".$row['yw']." | ".$row['sx']." | ".$row['yy']."<hr>";
    }
mysql_close($conn);
?>
</body>
```

图 3-67

03 完整的 PHP 脚本代码如下。

```
<?php
$conn = mysql_connect("localhost","root","admin123456");
if(!$conn){
  die(' 无法连接 MySQL 数据库: ' .mysql_error());
  }
mysql_select_db("class",$conn);
$sql = "DELETE FROM students WHERE xm=' 张某某 '";   // 删除数据表中姓名为张某某的记录
$result = mysql_query ($sql,$conn);

$sql2 = "SELECT * FROM students";
$result2 = mysql_query ($sql2,$conn);
while($row = mysql_fetch_array($result2)){
  echo $row['xm']." | ".$row['bj']."
    ".$row['nl']." | ".$row['yw']." |
    ".$row['sx']." | ".$row['yy']."<hr>";
  }
mysql_close($conn);
?>
```

04 保存页面，在测试服务器中测试该页面，可以看到删除数据表中"姓名"为"张某某"记录后的显示结果，如图 3-68 所示。

图 3-68

3.5 认识 phpMyAdmin

前面已经介绍了如何使用 PHP 和 SQL 命令对 MySQL 数据库进行操作和管理，使用命令的方式既麻烦又特别容易出错，常常输错一个字母或标点就会导致命令无法执行，本节将介绍如何使用 phpMyAdmin 来辅助 MySQL 数据库的管理。

3.5.1 phpMyAdmin 简介

通常情况下，在开发 PHP 网站的过程中都是使用 phpMyAdmin 这个 Web 程序来管理 MySQL 数据库的。几乎所有在网络上服务的 PHP+MySQL 主机都会提供一个共享的 phpMyAdmin，供用户管理 MySQL 数据库。

phpMyAdmin 是一个基于 Web 的、以网页的方式来管理 MySQL 数据库的管理工具。前面讲到过与 MySQL 数据库进行交互都是通过 SQL 语言，而在 phpMyAdmin 中所做的任何操作也是转换为 SQL 语言来与 MySQL 数据库进行交互的，在完成每个操作时我们都可以在页面上看到相应的 SQL 语句。

AppServ 8.6.0 程序中包含的 phpMyAdmin 版本为 4.6.6，打开浏览器窗口，在地址栏中输入 http://localhost/phpMyAdmin，便可以访问 phpMyAdmin。在 phpMyAdmin 的官方网站 http://www.phpmyadmin.net 上提供了最新版本的 phpMyAdmin 下载，但是从官方网站下载的版本还需要做一些设置，除非必要或是有能力处理，否则建议直接使用 AppServ 中提供的版本。

> **提示**
>
> 在安装 AppServ 集成开发环境后，phpMyAdmin 的默认文件存放路径为 C:\AppServ\www\phpMyAdmin。

3.5.2 访问 phpMyAdmin 管理界面

打开浏览器窗口，在地址栏中输入 http://localhost/phpMyAdmin，按 Enter 键，显示登录界面，需要输入 MySQL 数据库的管理用户名和密码，如图 3-69 所示。单击"执行"按钮，登录 MySQL 数据库，显示 phpMyAdmin 管理主界面，如图 3-70 所示。

图 3-69

图 3-70

> **提示**
>
> 由于我们所使用的操作系统为 Windows，网址的英文字母大小写没有差别，但如果是使用 Linux 系统或网络上的主机时，使用 phpMyAdmin 时就必须注意英文字母大小写，否则会出现找不到网页的信息现象。

3.5.3　认识 phpMyAdmin 管理界面

通过上一节的操作，已经可以成功地登录 phpMyAdmin 的管理主界面，然后就可以通过 phpMyAdmin 对 MySQL 数据库进行相应的管理操作。

在 phpMyAdmin 的管理主界面中，采用左右框架的形式把整个窗口分为两大部分，左侧是选择数据库的窗口，用户创建的所有数据库都将出现在该窗口中，如图 3-71 所示；右侧的窗口主要提供了 MySQL 数据库的创建功能，以及 phpMyAdmin 的部分文档及设置，如图 3-72 所示。

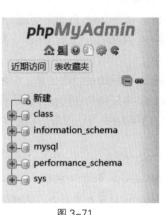

图 3-71

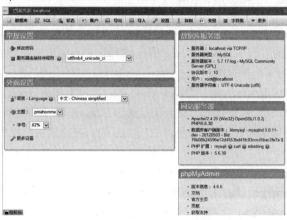

图 3-72

右侧框架窗口顶部选项卡中为 phpMyAdmin 对 MySQL 数据库的主要操作功能，如图 3-73 所示，各选项卡的功能分别介绍如下。

图 3-73

1. 数据库

切换到"数据库"选项卡中，可以看到当前 MySQL 数据库中所有已经创建的数据库，并且可以在该界面中创建新的数据库，如图 3-74 所示。

2. SQL

切换到 SQL 选项卡中，可以为所选中的数据库或数据表执行手动编写的 SQL 语句，如图 3-75 所示。

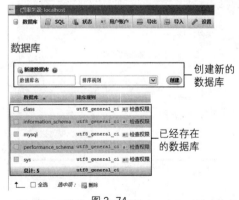

图 3-74

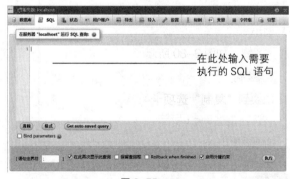

图 3-75

3. 状态

切换到"状态"选项卡中，在该选项卡中显示 MySQL 服务器启动时间、服务器流量、查询统计和其他的服务器状态变量等信息，如图 3-76 所示。

4. 账户

切换到"账户"选项卡中，在该选项卡中显示 MySQL 服务器用户一览表，列出 MySQL 服务器的所有用户，并且可以对用户权限进行编辑和新建用户等操作，如图 3-77 所示。

图 3-76　　　　　　　　　　　　　　　　图 3-77

5. 导出

切换到"导出"选项卡中，在该选项卡中提供了 MySQL 数据库或数据表的导出功能，如图 3-78 所示。

6. 导入

切换到"导入"选项卡中，在该选项卡中提供了 MySQL 数据库或数据表的导入功能，并且提供了多种选项可供设置，如图 3-79 所示。

图 3-78　　　　　　　　　　　　　　　　图 3-79

7. 设置

切换到"设置"选项卡中，在该选项卡中可以自定义 phpMyAdmin 对 MySQL 数据库的一些个人操作习惯，如图 3-80 所示。

8. 复制

切换到"复制"选项卡中，在该选项卡中可以将服务器配置为一个复制进程中的主服务器或者从服务器，如图 3-81 所示。

9. 变量

切换到"复制"选项卡中，在该选项卡中可以查看并设置默认的 MySQL 服务器变量，如图 3-82 所示。

10. 字符集

切换到"字符集"选项卡中，在该选项卡中显示了 MySQL 服务器能够支持的各种字符集及说明，如图 3-83 所示。

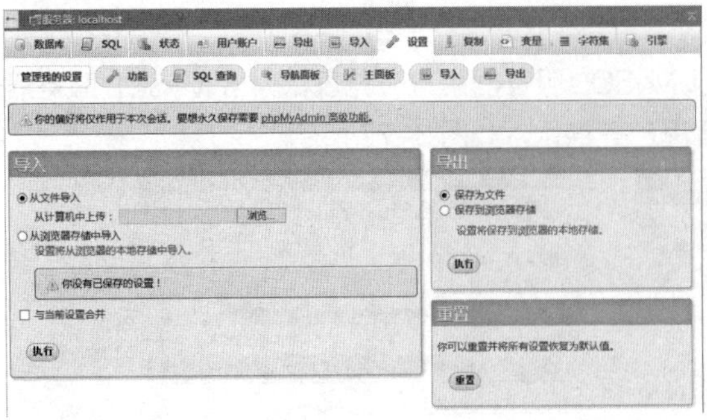

图 3-80

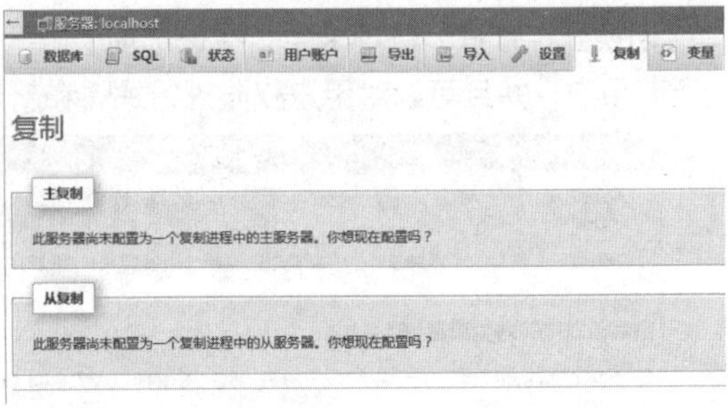

图 3-81

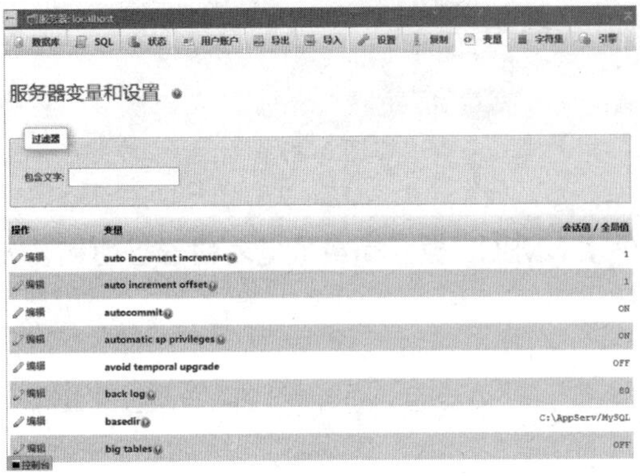

图 3-82

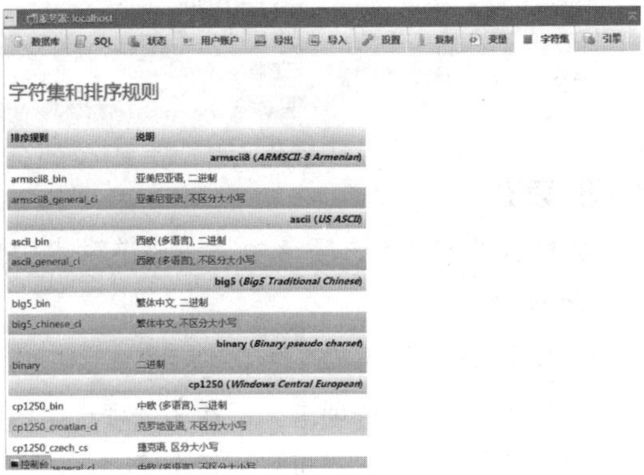

图 3-83

11. 引擎

切换到"引擎"选项卡中，在该选项卡中显示 MySQL 服务器能够使用的存储引擎，如图 3-84 所示。最常用的存储引擎是 MyISAM，也是默认的 MySQL 插件式存储引擎，用于 Web 和数据存储；另一种常用的存储引擎是 InnoDB，用于事务处理应用程序。

12. 插件

切换到"引擎"选项卡中，在该选项卡中列出了当前 MySQL 服务器中所使用的相关插件及其说明，如图 3-85 所示。

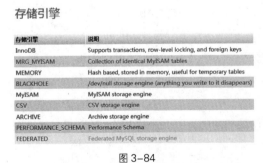

图 3-84

图 3-85

3.6 使用 phpMyAdmin 管理 MySQL 数据库

phpMyAdmin 是一个图形化的操作界面，在 phpMyAdmin 中只需单击鼠标并做一些必要的设置即可完成对 MySQL 数据库的操作。本节将介绍在 phpMyAdmin 中对 MySQL 数据进行操作的方法和技巧。

3.6.1　创建数据库和数据表

创建数据库和数据表是进行 Web 应用程序开发的第一步，前面已经介绍了如何在命令模式中使用 SQL 语句在 MySQL 数据库中创建数据库和数据表，使用命令的方式非常麻烦和烦琐，输错一个字母或标点符号都会出错，而在 phpMyAdmin 中就可以非常轻松地创建数据库和数据表。

接下来我们通过 phpMyAdmin 在 MySQL 中创建一个名为 test 的数据库，并在该数据库中创建名称为 book 的数据表。

实战　使用 phpMyAdmin 创建数据库和数据表

最终文件：无　视频：视频\第 3 章\3-6-1.mp4

01 进入 phpMyAdmin 的管理主界面中，单击顶部的"数据库"选项卡，切换到该选项卡中，在"新建数据库"文本框中输入数据库名称 test，单击"创建"按钮，如图 3-86 所示。提示已经成功创建数据库，并自动进入该数据库的"结构"选项卡中提示用户创建数据表，如图 3-87 所示。

图 3-86

图 3-87

> **提示**
>
> "排序规则"选项用于设置所创建数据库在字符集内比较字符符号的一套规则，如比较大小时决定谁大谁小，排序时决定谁先谁后使用，例如，视英文大小写为相同或不同进而影响排序的顺序等。通常在创建数据库时，该选项使用默认值即可。

02 刚创建的数据库是空白的，可以在"结构"选项卡的"新建数据表"区域中输入需要创建的数据表名称与字段的数量，如图 3-88 所示。单击"执行"按钮，即可创建数据表，并显示数据表的设置界面，对数据表中的字段以及类型等选项分别进行设置，如图 3-89 所示。

图 3-88

03 此外，还有"默认""排序规则""属性""空""索引"、A_I、"表注释"和表 Virtuality 等属性，可以将 ID 字段的"索引"属性设置为 PRIMARY，将其设置为主键，并选中 A_I 复选框，如图 3-90 所示。

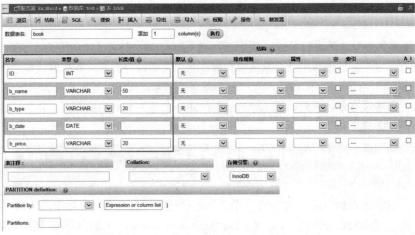

图 3-89

图 3-90

> **提示**
>
> 将某个字段的"索引"选项设置为 PRIMARY，即可将该字段设置为主键，如果设置某字段为主键，并且选中 A_I（全称为：auto_increment）复选框，则该字段的值在每次新增记录时便会自动从 1 开始递增，并且不会有重复的情形发生。通常将该字段作为修改和删除记录时的唯一标识。

> **技巧**
>
> 通常情况下，在数据表的创建过程中，可以将数据表中唯一且不会重复的字段设置为主键，例如身份证号、书号 ISBN 等，或者将某个字段的"索引"选项设置为 PRIMARY，并且选中 A_I 复选框。

04 完成数据表中各字段的属性设置后，单击数据表下方的"保存"按钮，即可完成数据表以及表中各字段的创建与设置，创建成功后显示提示内容并显示该数据表的表结构，如图 3-91 所示。

图 3-91

3.6.2　插入和编辑数据

完成了数据库和数据表的创建后，默认情况下，数据表中没有任何数据，是一个空的数据表，在 phpMyAdmin 中可以轻松地在数据表中添加数据记录，并且还可以对数据记录进行编辑。

通过前面的学习可以知道，通过 INSERT 命令可以向数据表中插入新的记录，通过 UPDATA 命令可以对数据表中现在的数据记录进行修改更新。在 phpMyAdmin 中同样可以轻松地实现数据的插入和更新，而且不需要编辑任何代码。下面通过一个小案例介绍如何在 phpMyAdmin 中向数据表插入新记录，以及如何对数据表中的现有记录进行修改。

实战　在 phpMyAdmin 中向数据表插入和编辑数据

最终文件：无　视频：视频 \ 第 3 章 \ 3-6-2.mp4

01 完成数据库和数据表的创建后，在 phpMyAdmin 管理平台左侧单击需要添加数据的数据表，如图 3-92 所示。在右侧将会显示查询该数据表的 SQL 语句以及该数据表中的内容，目前该数据表中没有数据，如图 3-93 所示。

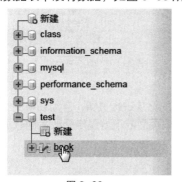

图 3-92

图 3-93

02 在右侧上方单击"插入"选项卡，切换到"插入"选项卡中，如图 3-94 所示。可以在该界面中插入数据记录，在各字段名称后面的"空值"文本框中输入相应的值，如图 3-95 所示。

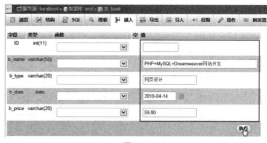

图 3-94　　　　　　　　　　　　　　　　　　图 3-95

> **提示**
>
> 在插入数据时，因为 ID 字段为主键，并且选中 A_I 复选框，其值为会自动递增，所以在添加数据时，ID 字段不需要填写任何内容。

03 单击"执行"按钮，即可在数据表中插入数据，显示提示内容并显示相应的 SQL 语句，如图 3-96 所示。单击顶部的"浏览"选项卡，切换到"浏览"选项卡中，可以看到该数据表中刚插入的记录，其中 ID 字段被自动填上 1，如图 3-97 所示。

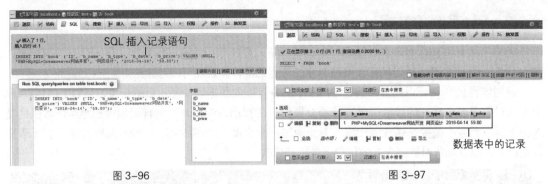

图 3-96　　　　　　　　　　　　　　　图 3-97

04 如果想要编辑数据表中的记录，可以单击数据记录前的"编辑"超链接，如图 3-98 所示。切换到数据编辑界面，对相应的数据记录值进行修改，如图 3-99 所示。

图 3-98　　　　　　　　　　　　　　　图 3-99

05 完成数据的编辑后，单击"执行"按钮，即可对修改的记录进行更新，自动切换到"浏览"选项卡中，显示更新记录的 SQL 代码，如图 3-100 所示。在该页面的下方显示修改后的数据记录内容，如图 3-101 所示。

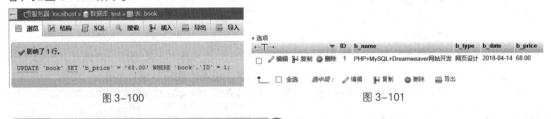

图 3-100　　　　　　　　　　　　　　　图 3-101

3.6.3　编辑字段

通常在创建数据表之前将数据表规划好，但有时候难免会出错，字段设置错误也没有关系，在 phpMyAdmin 管理平台中可以轻松地对字段进行编辑操作。

在 phpMyAdmin 管理平台左侧单击需要编辑的字段的数据表名称，如图 3-102 所示。在右侧单击顶部的"结构"选项卡，切换到"结构"选项卡中，显示该数据表中的所有字段，如图 3-103 所示。

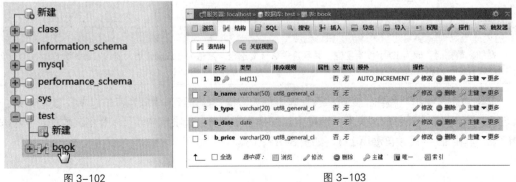

图 3-102　　　　　　　　　　　　　　　图 3-103

　　单击要修改的字段后面的"编辑"超链接，切换到字段修改界面，可以对该字段的相关设置进行修改，如图 3-104 所示。单击要删除的字段后面的"删除"超链接，弹出提示对话框，提示用户是否确定删除，如图 3-105 所示。单击"确定"按钮，即可删除该字段。

图 3-104　　　　　　　　　　　　　　　　　　　　　　　　图 3-105

3.6.4　复制和重命名数据表和数据库

　　在 phpMyAdmin 管理平台中，还可以轻松地对数据库和数据表进行重命名、删除和复制操作。

　　如果要对数据库进行操作，可以在 phpMyAdmin 管理界面平台左侧选择需要操作的数据库，在右侧单击顶部的"操作"选项卡，切换到数据库操作界面中，在该界面中可以对数据库进行重命名、复制、删除和创建数据表等操作，如图 3-106 所示。

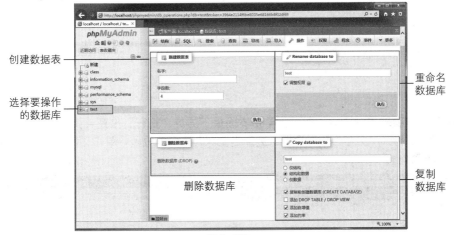

图 3-106

　　如果要对数据表进行操作，可以在 phpMyAdmin 管理平台左侧选中需要操作的数据表，在右侧单击顶部的"操作"选项卡，即可切换到数据表操作界面中，在该界面中可以对数据表进行重命名、移动和复制数据表等操作，如图 3-107 所示。

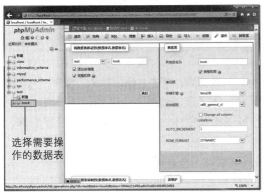

图 3-107

3.6.5　数据库的备份与还原

　　数据库的备份是非常重要的操作，数据库如果因为突然断电或系统崩溃等原因导致丢失，将会带来很大的损失，因此定期对数据库进行备份绝对是一件有益无害的事情。

　　使用 phpMyAdmin 管理平台能够轻松地完成数据库的备份与还原操作。下面通过一个案例操作介绍数据库备份与还原的操作。

实战　在 phpMyAdmin 中对数据库进行备份与还原操作

最终文件：无　视频：视频 \ 第 3 章 \ 3-6-5.mp4

01 如果需要导出数据库，可以进入 phpMyAdmin 管理平台主界面，在右侧顶部单击"导出"选项卡，切换到"导出"选项卡中，如图 3-108 所示。在"导出方式"选项区域中选择"自定义 – 显示所有可用的选项"单选按钮，在界面下方显示导出数据库的相关选项，选择需要导出的数据库，例如，这里选择名称为 test 的数据库，如图 3-109 所示。

图 3-108　　　　　　　　　　　　　　　　　　　图 3-109

02 其他选项采用默认设置即可，单击界面最下方的"执行"按钮，弹出保存文件提示，如图 3-110 所示。打开"另存为"对话框，选择需要保存文件的位置，单击"保存"按钮，即可导出数据库，如图 3-111 所示。

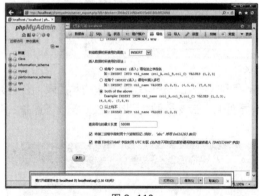

图 3-110　　　　　　　　　　　　　　　　　　　图 3-111

03 完成数据库的导出后，在左侧选择名称为 test 的数据库，单击右侧顶部的"操作"选项卡，切换到"操作"选项卡中，单击"删除数据库 (DROP)"超链接，如图 3-112 所示。弹出提示对话框，单击"确定"按钮，即可删除数据库，在左侧可以看到名称为 test 的数据库已经被删除，如图 3-113 所示。

04 如果需要还原数据库，可以单击 phpMyAdmin 管理平台右侧顶部的"导入"选项卡，切换到"导入"选项卡中，如图 3-114 所示。单击"从计算机中上传"选项后面的"浏览"按钮，弹出"选择要加载的文件"对话框，如图 3-115 所示。

图 3-112

图 3-113

图 3-114

图 3-115

05 单击"打开"按钮，选择刚刚导出的数据库文件，如图 3-116 所示。单击"执行"按钮，即可导入数据库，在 phpMyAdmin 管理界面左侧可以看到导入的名称为 test 的数据库，如图 3-117 所示。

图 3-116

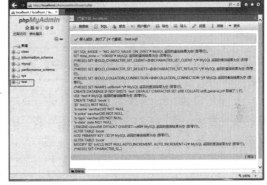

图 3-117

> **提示**
>
> 　　备份和还原数据表的方法与备份和还原数据库的方法基本相同，首先在 phpMyAdmin 管理界面左侧单击选择需要操作的数据库，切换到该数据库的操作界面，单击界面右侧顶部的"导出"按钮，即可对该数据库中的数据表进行导出操作。还原数据表的操作，同样是先进入数据库的操作界面，再进行导入数据表的操作。

第 4 章 Dreamweaver 内置服务器行为

Dreamweaver 提供了方便的图形化界面，只需使用鼠标选择，输入一些基本设置参数就能够与 MySQL 数据库交互，实现建立数据库连接，以及查询、新增记录、更新记录、删除记录等操作。在本章中将向读者介绍使用 Dreamweaver 开发 PHP 动态网站的相关面板和操作方法，本章也是使用 Dreamweaver 开发动态网站的基础。

本章知识点：

➢ 了解动态网站开发流程
➢ 掌握 Dreamweaver CC 动态网站开发扩展的安装
➢ 认识并理解"数据库""绑定"和"服务器行为"面板
➢ 了解动态内容源
➢ 掌握动态网站开发前的准备工作
➢ 掌握使用 Dreamweaver 连接 MySQL 数据库的方法
➢ 掌握创建并使用数据记录集的方法
➢ 掌握数据记录的插入、更新和删除方法

4.1 Dreamweaver 动态网站开发基础

在使用 Dreamweaver 对 PHP 网站进行开发之前，首先要熟悉 Dreamweaver 中用于开发动态网站的相关面板，包括"数据库""绑定"和"服务器行为"面板，通过这些面板的操作可以使 PHP 动态网站的开发过程更加高效。需要注意的是，在 Dreamweaver CC 版本中，默认并不提供这 3 个动态开发面板，而是需要用户通过安装扩展的方式来获得，而在 Dreamweaver CC 以下版本中，默认就集成了这 3 个动态开发面板。

4.1.1 Dreamweaver 开发 PHP 动态网站的基本流程

使用 Dreamweaver 开发动态网站也需要遵循一定的开发流程，本小节将向读者介绍在 Dreamweaver 中设计开发 PHP 动态网站所必需的几个关键步骤。

1. 设计静态网站页面

在设计任何网站（无论是静态的还是动态的）时，页面的视觉效果设计都是至关重要的一步。当向网页中添加动态元素时，页面的设计对于其可用性也是非常重要的。

将动态内容添加到网页的常用方法是创建一个显示内容的 Div，然后将动态内容导入该 Div 中。使用该方法，可以用一种结构化的格式表示各种类型的信息。

2. 创建动态内容源

动态网站需要一个内容源，在将数据显示在网页上之前，动态网站需要从该内容源提取这些数据。在 Dreamweaver 中，这些数据源可以是数据库、请求变量、服务器变量、表单变量和预存过程。

3. 向静态网页添加动态内容

定义记录集或其他数据源并将其添加到"绑定"面板后，用户可以将该记录集所代表的动态内容插入页面中。Dreamweaver 的可视化操作界面使得添加动态内容元素非常简单，只需在"绑定"面板中选择动态内容源，然后将其插入当前页面内的适当文本、图像或表单对象中即可。

将动态内容元素或其他服务器行为插入页面中时，Dreamweaver 会将一段服务器端脚本插入该页面的源代码中。该脚本指示服务器在定义的数据源中检索数据，然后将数据呈现在该网页中。

4. 实现动态网页功能

除了添加动态内容外，用户还可以通过使用服务器行为轻松地将复杂的应用程序逻辑合并到网页中。"服务器行为"是预定义的服务器端代码片段，这些代码向网页添加应用程序逻辑，从而提供更强的交互性能和功能。如果要向页面添加服务器行为，用户可以在"服务器行为"面板中选择需要添加的功能。

> **提示**
>
> Dreamweaver 中的服务器行为可以向 Web 站点添加应用程序逻辑，而不必亲自编写代码。并且，Dreamweaver 中的服务器行为支持 ColdFusion、ASP 和 PHP 文档类型。服务器行为经过精心的编写和仔细的测试，达到快速、安全和可靠的目的。Dreamweaver 中的内置服务器行为支持跨平台网页，适用于所有浏览器。

此外，用户还可以通过编写自己的服务器行为，或者安装由第三方编写的服务器行为来扩展 Dreamweaver 的服务器行为。

5. 测试功能

在完成网站中动态应用程序的开发和制作后，需要对其功能进行测试，测试功能的完整性和正确性，从而使整个网站能够正常地运行。建议先在本地测试服务器中对站点功能进行测试，测试没有问题后再将网站上传到远程服务器。

4.1.2　在 Dreamweaver CC 中安装可视化动态网站开发扩展

在早期的 Dreamweaver CS6 版本中，默认为用户提供了用于可视化开发动态网站的"服务器行为""数据库"和"绑定"面板，但是从 Dreamweaver CC 版本开始，已经精简了用于可视化开发动态网站的相关面板。如果用户使用 Dreamweaver CC 以上的版本，并且想使用可视化开发动态网站的功能，则首先需要安装名称为 Deprecated_ServerBehaviorsPanel_Support.zxp 的扩展功能。

本书以 Dreamweaver CC 13.2 为例进行讲解，下面通过一个案例向读者介绍如何使用 Adobe Extension Manager CC 软件为 Dreamweaver 安装可视化动态网站开发插件。

> **提示**
>
> 如果读者还没有安装 Adobe Extension Manager CC 软件，可以先安装该软件，否则无法在 Dreamweaver CC 中安装用于可视化动态网站开发的扩展功能。需要注意的是，所安装的 Dreamweaver CC 软件必须是官方正式完整版，否则可能无法正常安装相应的扩展功能。

实战　安装 Dreamweaver CC 可视化动态网站开发扩展

最终文件：无　视频：视频＼第 4 章＼4-1-2.mp4

01 打开 Adobe Extension Manager CC 软件，如图 4-1 所示。在界面左侧选择相关联的 Dreamweaver CC，单击界面右上方的"安装"按钮，如图 4-2 所示。

图 4-1

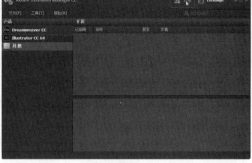

图 4-2

> **提示**
>
> 　　扩展是一段可以添加到 Adobe 应用程序从而增强应用程序的软件。使用 Adobe Extension Manager CC，用户可以在许多 Adobe 应用软件中轻松便捷地安装和删除扩展，并查找关于已安装的扩展的信息。

　　02 弹出对话框，在 Dreamweaver CC 安装目录的 configuration\DisabledFeatures 文件夹中选择需要安装的扩展文件，如图 4-3 所示。单击"打开"按钮，弹出该扩展功能安装说明窗口，如图 4-4 所示。

图 4-3

图 4-4

> **提示**
>
> 　　在 Dreamweaver CC 的安装目录中提供了该扩展文件，如果 Dreamweaver CC 使用默认安装位置，则该文件位于 C:\Program Files\Adobe\Adobe Dreamweaver CC\configuration\DisabledFeatures 文件夹中。

　　03 单击"接受"按钮，即可开始安装该扩展功能，显示安装进度，如图 4-5 所示。完成该扩展功能的安装后，在 Adobe Extension Manager CC 软件窗口中将看到成功安装的扩展功能，如图 4-6 所示。

图 4-5

图 4-6

04 打开 Dreamweaver CC，在"窗口"菜单中可以看到用于可视化开发动态网站的"服务器行为""数据库"和"绑定"命令，如图 4-7 所示。分别打开这 3 个面板，可以看到 3 个面板的效果，如图 4-8 所示。

图 4-7

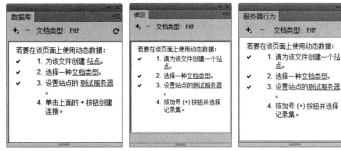

图 4-8

> **提示**
>
> 只有当用户使用 Dreamweaver CC 版本时才需要安装该扩展功能，Dreamweaver CS6 及以下版本默认就包含该功能，并不需要安装扩展。

4.1.3　PHP 动态网站开发相关面板

首先来认识一下 Dreamweaver CC 中的 PHP 选项卡、"数据库"面板、"绑定"面板、"服务器行为"面板和"组件"面板。

1. "插入"面板中的 PHP 选项卡

在 Dreamweaver CC 中新建或者打开一个 PHP 页面，在"插入"面板中会出现 PHP 选项卡，如图 4-9 所示。在"插入"面板中选择 PHP 选项卡，即可切换到 PHP 选项卡中，在该选项卡中提供了一组按钮，使用这些按钮可以将动态内容和服务器行为添加到 PHP 页面中，如图 4-10 所示。

图 4-9

图 4-10

2. "数据库"面板

执行"窗口">"数据库"命令，打开"数据库"面板，该面板主要用于在 Dreamweaver CC 中创建 PHP 网页与 MySQL 数据库的连接，如图 4-11 所示。

3. "绑定"面板

执行"窗口">"绑定"命令，打开"绑定"面板，该面板主要用于创建数据库查询等操作，为网页创建动态内容的源，如图 4-12 所示。

4. "服务器行为"面板

执行"窗口">"服务器行为"命令，打开"服务器行为"面板，该面板主要用于向动态网页添加服务器端逻辑。服务器行为是在设计时插入动态网页中的指令组，这些指令运行时在服务器上执行，如图 4-13 所示。

图 4-11

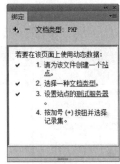

图 4-12

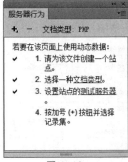

图 4-13

> **提示**
>
> 针对动态网站开发，在 Dreamweaver CC 中还提供了"组件"面板，主要提供检查、添加或修改 Web 服务的代码，但"组件"面板在 PHP 网页中并不可用，所以在这里不做介绍。

4.1.4 动态内容源

动态内容源是一个显示在 Web 页中使用的动态内容的信息存储区，不仅包括存储在数据库中的信息，还包括通过 HTML 表单提交的值、服务器对象中包含的值以及其他内容源。

Dreamweaver 允许使用数据库记录、请求变量、URL 变量、服务器变量、表单变量、预存过程和其他动态内容源。在 Dreamweaver CC 中定义的任何动态内容源都被添加到"绑定"面板的内容源列表中，用户可以将内容源插入当前选定的页面。下面介绍几个 Dreamweaver 中常用的动态内容源。

1. 记录集

记录集是数据库查询的结果，它提取请求的特定信息，并允许在指定页面内显示该信息。将数据库用作动态网页的内容源时，必须首先创建一个要在其中存储检索数据的记录集。记录集在存储内容的数据库和生成页面的应用程序服务器之间起一种桥梁作用。记录集由数据库查询返回的数据组成，并且临时存储在应用程序服务器的内存中，以便进行快速数据检索。当服务器不再需要记录集时，就会将其丢弃。

记录集可以包括完整的数据库表，也可以包括表的行和列的子集，这些行和列通过在记录集中定义的数据库查询进行检索。数据库查询是用结构化查询语言 (SQL) 编写的，使用 Dreamweaver 附带的 SQL 生成器，用户可以轻松地创建简单的查询。不过，如果想创建复杂的 SQL 查询，则需要手动编写 SQL 语句。

2. URL 参数

URL 参数用于存储用户的检索信息，并且将用户提供的信息从浏览器传递到服务器。如果要定义 URL 参数，需要建立使用 GET 方法提交数据的表单或超文本链接。用户提交的信息附加到所请求页面的 URL 后面并传送到服务器。

URL 参数是附加到 URL 上的一个名称—值对。参数以问号"?"开始采用 name=value 的格式。如果存在多个 URL 参数，则参数之间用"&"符号隔开。

3. 表单参数

表单参数存储包含在网页的 HTTP 请求中的检索信息。如果创建使用 POST 方法的表单，则通过该表单提交的数据将传递到服务器。将表单参数定义为内容源后，即可在页面中使用其值。例如，在制作在线邮寄结果页面时，就采用这种技术。

4. 会话变量

会话变量提供了一种机制，通过这种机制，将用户的信息存储下来，供 Web 应用程序所使用。通常，会话变量存储信息 (通常是由用户提交的表单或 URL 参数)，并使该信息在用户访问的持续时间中对应用程序的所有页都可用。

例如，当用户登录一个 Web 门户 (从该门户可访问电子邮件、股票报价、天气预报和每日新闻) 之后，Web 应用程序会将登录信息存储在一个会话变量中，该变量在所有站点页面中标识该用户。这样，当用户浏览整个站点时，可以只看到已经选中的内容类型。

会话变量还提供一种超时形式的安全机制，这种机制在用户账户长时间不活动的情况下，终止该用户的会话。如果用户忘记从 Web 站点注销，这种机制还会释放服务器内存和处理资源。在 Dreamweaver 中，会话变量也称为阶段变量。

4.2　动态网站开发前的准备工作

在对一个 PHP 网站或系统功能进行开发之前，设计者首先要对该系统功能进行细致的分析，根据对系统功能的分析创建相应的 MySQL 数据库和数据表，用于存放系统功能中的网站数据；然后在 Dreamweaver 中创建动态站点，并且在站点中指定测试服务器，从而使动态网站的开发更加便捷。

4.2.1　系统功能分析

本章通过一个学生信息管理系统来介绍 Dreamweaver CC 中内置服务器行为的使用方法。本系统分为两个部分，第一部分是信息显示部分，此部分只需要完成信息列表以及单击进入详细的信息显示页面；第二部分是信息管理部分，可以进行添加新的记录、修改以及删除现有记录的操作，其总体构架如图 4-14 所示。

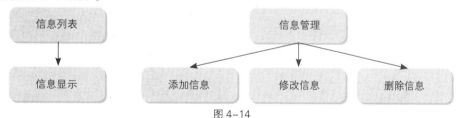

图 4-14

在本章制作的学生信息管理系统中主要包含 6 个页面，各页面说明如表 4-1 所示。

表 4-1　学生信息管理系统页面说明

页面	说明
index.php	学生信息管理系统首页面，该页面用于查询并显示数据库中所有的数据记录，并且以列表的形式进行显示
show.php	详细信息显示页面，在学生信息管理系统首页面 index.php 中单击某条数据记录名称跳转到该页面，在该页面中接收 URL 传递的 ID 参数，在数据库中查询对应的数据记录，并在该页面中显示该数据记录的相关内容
admin.php	后台管理主页面，查询并显示数据库的所有数据记录，以列表的形式进行显示，并且在每条数据记录后面提供 "修改" 和 "删除" 超链接
add.php	添加数据记录页面，在该页面的表单中输入相应的信息内容，通过该页面将输入的信息添加到数据库中
updata.php	更新数据记录页面，该页面中接收 URL 传递的 ID 参数，在数据库中查询对应的数据记录，在该页面中显示该数据记录的相关内容，并且对相关内容进行修改，修改后直接更新数据库中的该条信息记录
delete.php	删除数据记录页面，在该页面中接收 URL 传递的 ID 参数，在数据库中查询对应的数据记录，并在数据库中将该条记录删除

> **提示**
>
> 在开发一个动态网站时，前期规划网站架构是一件很重要的事情，至少在脑海中需要有这个网站的雏形，如大概有哪些页面、页面之间的关系等。数据库的架构规划也是一样的，需要哪些数据表和字段，如何与网页配合等都是很重要的事情。

4.2.2 创建 MySQL 数据库

完成了系统功能的分析，即可设计 MySQL 数据库，创建数据库是网站设计过程中非常重要的步骤，需要对系统中使用到的数据表以及各字段进行仔细分析，这样可以避免在网站制作的过程中频繁地修改 MySQL 数据库，造成不必要的麻烦。

通过前面的分析，已经对学生信息管理系统有了清晰的思路，在数据库的设计中，主要在数据表中存储学生的姓名、年龄、性别、班级、语文成绩、数学成绩、英语成绩和综合成绩这些信息。在上一章中已经介绍了如何在 phpMyAdmin 中创建和管理数据库，下面就在 phpMyAdmin 中创建该学生信息管理系统数据库。

实战 创建学生信息管理系统数据库

最终文件：无　视频：视频\第4章\4-2-2.mp4

01 打开浏览器窗口，在地址栏中输入 http://localhost/phpMyAdmin，访问 MySQL 数据库管理界面，输入 MySQL 数据库的用户名和密码，如图 4-15 所示，单击"确定"按钮，登录 phpMyAdmin，显示 phpMyAdmin 管理主界面，如图 4-16 所示。

图 4-15

图 4-16

02 单击页面顶部的"数据库"选项卡，在"新建数据库"文本框中输入数据库名称 school，单击"创建"按钮，如图 4-17 所示。即可创建一个新的数据库，进入该数据库的操作界面，创建名为 class1 的数据表，该数据表中包含 9 个字段，如图 4-18 所示。

图 4-17

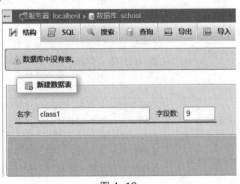
图 4-18

03 单击"执行"按钮，进入该数据表字段设置界面，对各字段名称和字段类型进行设置，在 class1 数据表中，需要将 id 字段的"索引"设置为 PRIMARY（主键），并且选中 A_I 复选框，如图 4-19 所示。

图 4-19

04 单击"保存"按钮，完成该数据表的创建并完成数据表中各字段属性的设置，显示数据表的结构，如图 4-20 所示。

#	名字	类型	排序规则	属性	空	默认	注释	额外	操作
1	id	int(11)			否	无		AUTO_INCREMENT	修改 ⊖删除 主键 唯一 索引 空间 全文搜索 非重复值 (DISTINCT)
2	uname	varchar(20)	utf8_general_ci		否	无			修改 ⊖删除 主键 唯一 索引 空间 全文搜索 非重复值 (DISTINCT)
3	old	tinyint(3)			否	无			修改 ⊖删除 主键 唯一 索引 空间 全文搜索 非重复值 (DISTINCT)
4	sex	varchar(3)	utf8_general_ci		否	无			修改 ⊖删除 主键 唯一 索引 空间 全文搜索 非重复值 (DISTINCT)
5	class	varchar(10)	utf8_general_ci		否	无			修改 ⊖删除 主键 唯一 索引 空间 全文搜索 非重复值 (DISTINCT)
6	yuwen	int(11)			否	无			修改 ⊖删除 主键 唯一 索引 空间 全文搜索 非重复值 (DISTINCT)
7	shuxue	int(11)			否	无			修改 ⊖删除 主键 唯一 索引 空间 全文搜索 非重复值 (DISTINCT)
8	english	int(11)			否	无			修改 ⊖删除 主键 唯一 索引 空间 全文搜索 非重复值 (DISTINCT)
9	zh	int(11)			否	无			修改 ⊖删除 主键 唯一 索引 空间 全文搜索 非重复值 (DISTINCT)

图 4-20

class1 数据表中各字段的说明如表 4-2 所示。

表 4-2　class1 数据表字段说明

字段名称	字段类型	说明
id	int（整数型）	用于存储记录编号，该字段为主键，并且数值自动递增，不需要用户提交数据
uname	varchar（字符型）	用于存储学生姓名
old	tinyint（整数型）	用于存储学习年龄
sex	varchar（字符型）	用于存储学习性别
class	varchar（字符型）	用于存储学生班级
yuwen	int（整数型）	用于存储学生的语文成绩
shuxue	int（整数型）	用于存储学生的数学成绩
english	int（整数型）	用于存储学生的英语成绩
zh	int（整数型）	用于存储学生的综合成绩

4.2.3　在 Dreamweaver 中创建动态站点　

接着在 Dreamweaver 中创建该学生信息管理系统的动态站点，因为这是一个 PHP 动态网站，所以在创建站点时需要设置站点测试服务器，只有正确地设置测试服务器，才能在 Dreamweaver 软件中制作动态网站页面时，可以随时通过 Dreamweaver 所设置的测试服务器来测试页面的执行。

实战 创建学生信息管理系统站点

最终文件：无　视频：视频\第 4 章\4-2-3.mp4

01 在"源文件\第 4 章\chapter4"文件夹中已经制作好学生信息管理系统中相关的静态页面，如图 4-21 所示。直接将 chapter4 文件复制到 Apache 服务器默认的网站根目录 (C:\AppServ\www) 中，如图 4-22 所示。

图 4-21

图 4-22

02 打开 Dreamweaver CC，执行"站点">"新建站点"命令，弹出"站点设置对象"对话框，设置"本地站点文件夹"为 C:\AppServ\www\chapter4\，如图 4-23 所示。在对话框左侧单击"服务器"选项，切换到服务器选项设置界面，如图 4-24 所示。

图 4-23

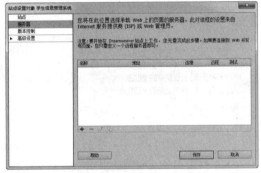
图 4-24

03 单击"添加新服务器"按钮 ，弹出服务器设置窗口，在"连接方法"下拉列表中选择"本地/网络"选项，设置如图 4-25 所示。单击"高级"按钮，切换到"高级"选项卡中，在"服务器模型"下拉列表中选择 PHP MySQL 选项，如图 4-26 所示。

图 4-25

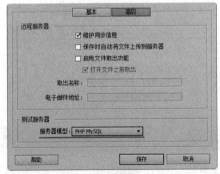
图 4-26

04 单击"保存"按钮，保存服务器选项设置，返回"站点设置对象"对话框，选中"测试"复选框，如图 4-27 所示。单击"保存"按钮，完成系统站点的创建和测试服务器的设置，在"文件"面板中显示当前站点中的相关文件，如图 4-28 所示。

图 4-27　　　　　　　　　　　　　　　　　　　　图 4-28

4.2.4　使用 Dreamweaver 连接 MySQL 数据库

使用 Dreamweaver 连接 MySQL 数据库，需要告诉 Dreamweaver 所连接的数据库地址和名称，以及访问 MySQL 数据库的账号和密码。

执行"窗口" > "数据库"命令，打开"数据库"面板，单击该面板上的加号按钮，在弹出的菜单中选择"MySQL 连接"选项，如图 4-29 所示。弹出"MySQL 连接"对话框，对该对话框中的相关选项进行设置，即可创建数据库连接，如图 4-30 所示。

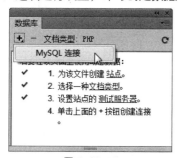

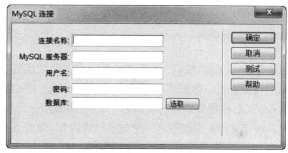

图 4-29　　　　　　　　　　　　　　　　　　图 4-30

"MySQL 连接"对话框中各选项的作用说明如表 4-3 所示。

表 4-3　"MySQL 连接"对话框中选项说明

选项	说明
连接名称	该选项用于设置 Dreamweaver 创建的 MySQL 数据库的连接名称，可以依据个人喜好输入一个自定义名称
MySQL 服务器	该选项用于设置 MySQL 服务器的位置，一般设置为 localhost，除非所要连接的 MySQL 数据库不在本机上，而且该 MySQL 数据库也提供对外的连接
用户名	在该文本框中输入访问 MySQL 数据库的用户名
密码	在该文本框中输入访问 MySQL 数据库的密码
数据库	该选项用于设置所要建立连接的 MySQL 数据库名称，可以单击该选项后面的"选取"按钮，在弹出的对话框中选择 MySQL 服务器上所需要连接的数据库

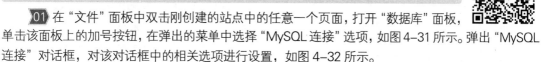

实战　使用 Dreamweaver 创建 MySQL 数据库连接

最终文件：无　视频：视频 \ 第 4 章 \ 4-2-4.mp4

01 在"文件"面板中双击刚创建的站点中的任意一个页面，打开"数据库"面板，单击该面板上的加号按钮，在弹出的菜单中选择"MySQL 连接"选项，如图 4-31 所示。弹出"MySQL 连接"对话框，对该对话框中的相关选项进行设置，如图 4-32 所示。

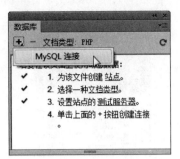

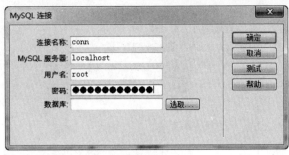

图 4-31　　　　　　　　　　　　　　　　图 4-32

02 单击"数据库"选项后面的"选取"按钮，弹出"选取数据库"对话框，选择需要连接的数据库，如图 4-33 所示。单击"确定"按钮，关闭"选取数据库"对话框，单击"测试"按钮，测试 Dreamweaver 与 MySQL 数据库的连接是否成功，如果创建连接成功，则弹出"成功创建连接脚本"的提示信息，如图 4-34 所示。

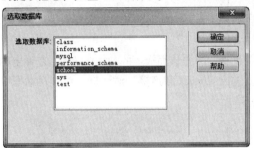

图 4-33　　　　　　　　　　　　　　　　图 4-34

03 单击"确定"按钮，返回"MySQL 连接"对话框中，单击"确定"按钮，完成"MySQL 连接"对话框的设置，在"数据库"面板中可以看到所连接的数据库的相关信息，如图 4-35 所示。完成站点与 MySQL 数据库连接的创建后，Dreamweaver 会自动在站点根目录中创建名称为 Connections 文件夹，在该文件夹自动创建一个与所创建的 MySQL 连接的名称相同的文件，如图 4-36 所示。

图 4-35　　　　　　　　　　　　　　　　图 4-36

04 在 Dreamweaver 中打开 Connections 文件夹中的 conn.php 文件，可以看到 Dreamweaver 自动生成的连接 MySQL 数据库的代码，代码如下。

```php
<?php
# FileName="Connection_php_mysql.htm"
# Type="MYSQL"
# HTTP="true"
$hostname_conn = "localhost";
$database_conn = "school";
$username_conn = "root";
$password_conn = "admin123456";
```

```
$conn = mysql_pconnect($hostname_conn, $username_conn, $password_conn) or trigger_
error(mysql_error(),E_USER_ERROR);
    ?>
```

在 conn.php 文件中为 Dreamweaver 自动生成连接 MySQL 数据库的 PHP 代码，其中，变量 $hostname_conn 设置的是 MySQL 服务器的地址；变量 $database_conn 设置的是所连接的数据库的名称；变量 $username_conn 设置的是访问 MySQL 数据库的用户名；变量 $password_conn 设置的是访问 MySQL 数据库的密码；变量 $conn 设置的是数据库连接执行代码。

> **提示**
>
> 在一个网站中，只需对一个数据库创建一次 MySQL 连接。通常网络上的主机空间也只支持访问一个数据库，例如虚拟主机，最基本的方案是搭配一个 MySQL 数据库。

4.3　在 Dreamweaver 中创建并使用数据记录

完成对系统站点以及数据库连接的设置后，即可在 Dreamweaver 中制作 PHP 动态网站。本节将介绍在 Dreamweaver 中与检查数据记录相关的服务器行为，基本上与在第 3 章中介绍的 SQL 语句 SELECT、INSERT、UPDATA 和 DELETE 是相对应的，在 Dreamweaver 中通过图形界面进行操作，多数都不需要用户手动编写代码。

4.3.1　创建记录集

整个网站中针对一个数据库只需建立一次 MySQL 连接即可，但在每个需要查询数据库记录的页面中都需要为其创建一个记录集（查询），从而让 Dreamweaver 知道，目前这个网页中所需要的是数据库的哪些数据。即使需要的内容是相同的，在不同的网页中也需要单独创建记录集。

如果需要在网页中创建记录集，执行"窗口" > "绑定"命令，打开"绑定"面板，单击该面板上的加号按钮，在弹出的菜单中选择"记录集（查询）"命令，如图 4-37 所示。弹出"记录集"对话框，在该对话框中对相关选项进行设置，即可创建相应的记录集，如图 4-38 所示。

图 4-37

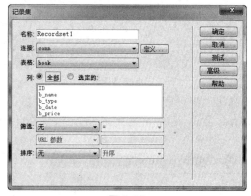

图 4-38

"记录集"对话框中各选项的作用说明如表 4-4 所示。

表 4-4　"记录集"对话框中选项说明

选项	说明
名称	该选项用于设置记录集的名称，可以依照个人喜好进行设置，默认名称为 Recordset，一般使用缩写 rs 作为记录集名称的开头
连接	如果在该网站系统中需要使用多个数据库，则分别创建数据库连接，该选项用于选择所创建记录集的数据库在哪个 MySQL 数据连接中

（续表）

选项	说明
表格	在"连接"选项中选择相应的 MySQL 数据库连接后，将在"表格"下拉列表中显示该数据库中的数据表，可以在该下拉列表中选择需要操作的数据表
列	该选项用于设置记录集所需要操作的数据表中的字段，默认情况下选中"全部"单选按钮，创建数据表中所有字段的记录集，也可以选中"选定的"单选按钮，在下方的列表中选择一个或多个需要操作的字段
筛选	在该选项区中可以设置对记录集进行筛选的条件。在第一个下拉列表中选择除"无"以外的选项后，即可对筛选条件进行设置
排序	该选项用于设置是否依照某个字段值进行升序或降序排序。例如，在新闻系统中需要将新的新闻放在前面的位置，就可以使用排序的功能

技巧

同一个数据库只需建立一次 MySQL 连接，但可以为同一个 MySQL 数据库连接建立多个记录集，配合筛选的功能达到某个记录集只包含数据库中符合某些条件的记录。例如，需要在两个网页中分别显示不同类型的学生信息，就可以分别在两个网页中创建各自的记录集，筛选其需要的记录后显示在网页中。

了解了记录集的作用以及在 Dreamweaver 中创建记录集的方法，下面通过案例练习讲解在学生信息管理系统页面中创建查询记录集。

实战 创建学生信息管理系统数据记录集

最终文件：最终文件 \ 第 4 章 \chapter4\ index.php   视频：视频 \ 第 4 章 \4-3-1.mp4

01 打开站点中学生信息管理系统首页面 index.php，页面效果如图 4-39 所示。打开"绑定"面板，单击该面板上的加号按钮，在弹出的菜单中选择"记录集（查询）"命令，如图 4-40 所示。

图 4-39

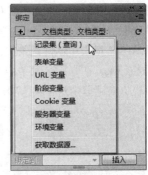

图 4-40

02 弹出"记录集"对话框，对相关选项进行设置，如图 4-41 所示。单击"测试"按钮，Dreamweaver 会显示目前设置所返回的记录集中的所有记录，因为 class1 数据表中目前并没有任何记录，所以此处显示"无记录"，如图 4-42 所示。

图 4-41

图 4-42

> **提示**
>
> 　　在 Dreamweaver 中使用"记录集（查询）"命令创建记录集，其实就是使用 SQL 中的 SELECT 命令查询数据库，因为查询出来的结果可能会有很多条，所以称为记录集，而"筛选"部分则对应的是 SELECT 命令中的 WHERE 子句。

03 关闭"测试 SQL 指令"对话框，单击"记录集"对话框中的"高级"按钮，切换到"高级"设置窗口，可以看到相应的 SQL 查询语句，如图 4-43 所示。单击"确定"按钮，完成"记录集"对话框的设置，创建记录集，可以在"绑定"面板中看到刚创建的记录集，如图 4-44 所示。

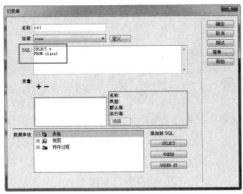

图 4-43

图 4-44

> **提示**
>
> 　　除了在"绑定"面板中创建记录集以外，还可以在"服务器行为"面板中创建记录集，其创建的方法与在"绑定"面板中创建记录集的方法相同。

04 转换到网页的代码视图中，可以看到在 HTML 页面代码头部自动生成的创建数据记录集的 PHP 程序代码。

```php
<?php require_once('Connections/conn.php'); ?>
<?php
if (!function_exists("GetSQLValueString")) {
function GetSQLValueString($theValue, $theType, $theDefinedValue =
"", $theNotDefinedValue = "")
{
  if (PHP_VERSION < 6) {
    $theValue = get_magic_quotes_gpc() ? stripslashes($theValue) : $theValue;
  }

  $theValue = function_exists("mysql_real_escape_string") ? mysql_real_escape_
string($theValue) : mysql_escape_string($theValue);

  switch ($theType) {
    case "text":
      $theValue = ($theValue != "") ? "'" . $theValue . "'" : "NULL";
      break;
    case "long":
    case "int":
      $theValue = ($theValue != "") ? intval($theValue) : "NULL";
      break;
    case "double":
      $theValue = ($theValue != "") ? doubleval($theValue) : "NULL";
      break;
```

```
        case "date":
          $theValue = ($theValue != "") ? "'" . $theValue . "'" : "NULL";
          break;
        case "defined":
          $theValue = ($theValue != "") ? $theDefinedValue : $theNotDefinedValue;
          break;
      }
      return $theValue;
    }
}

mysql_select_db($database_conn, $conn);
$query_rs1 = "SELECT * FROM class1";
$rs1 = mysql_query($query_rs1, $conn) or die(mysql_error());
$row_rs1 = mysql_fetch_assoc($rs1);
$totalRows_rs1 = mysql_num_rows($rs1);
?>
```

其中第一行的 require_once() 函数是用来引入文件的，引入的即前面创建数据库连接的文件 conn.php。在 Dreamweaver 中，如果已经定义好数据库连接，那么在其他创建记录集、更新记录、插入记录、删除记录的页面中，这个数据库连接文件就会在页面的最前面被引入（这就是为什么在同一个站点中只需定义一次 MySQL 数据库连接），因为该文件中所包括的与数据库连接相关的设置需要被使用。

4.3.2 显示数据记录

在上一节中已经在学生信息管理系统首页面中创建了记录集，创建记录集后数据记录并不会直接显示在网页中，还需要在网页中相应的部分插入记录集中的字段。下面通过案例操作向读者介绍如何在网页中插入记录集字段。

实战 在网页中插入记录集字段

最终文件：最终文件\第 4 章\chapter4\index.php　视频：视频\第 4 章\4-3-2.mp4

01 继续在学生信息管理系统首页面 index.php 中进行操作，将光标移至页面中，将"名字"文字删除，定位光标所在位置，如图 4-45 所示。打开"绑定"面板，选中 uname 字段，单击"插入"按钮，如图 4-46 所示。

图 4-45

图 4-46

技巧

除了可以选中字段，单击"绑定"面板上的"插入"按钮，将字段插入页面中外，还可以直接将"绑定"面板中的记录集字段拖入网页中相应的位置，同样可以在相应的位置插入字段。

02 即可将 uname 字段插入网页中光标所在位置，如图 4-47 所示。使用相同的制作方法，可以将其他记录集中的字段插入网页中相应的位置，如图 4-48 所示。

图 4-47

图 4-48

03 转换到代码视图中，可以看到各记录集字段在网页中显示的代码，如图 4-49 所示，在程序代码中使用 echo 来输出字段值。

4.3.3　使用"重复区域"服务器行为

　　将记录集字段插入网页中后，默认情况下，在网页中只能显示最新的一条记录，如何在网页中显示多条记录呢？重复显示多条记录在动态网站中的应用非常广泛，例如显示多条新闻等，主要是通过循环的方式来实现的。

　　在 Dreamweaver 中提供了"重复区域"的服务器行为，通过该服务器行为可以在网页中创建重复区域，从而显示指定条数的记录或者是全部记录。

```
<div class="list1">
  <ul>
    <li><?php echo $row_rs1['uname']; ?></li>
    <li><?php echo $row_rs1['old']; ?></li>
    <li><?php echo $row_rs1['sex']; ?></li>
    <li><?php echo $row_rs1['class']; ?></li>
    <li><?php echo $row_rs1['yuwen']; ?></li>
    <li><?php echo $row_rs1['shuxue']; ?></li>
    <li><?php echo $row_rs1['english']; ?></li>
    <li><?php echo $row_rs1['zh']; ?></li>
  </ul>
</div>
```

图 4-49

实战　在网页中重复显示多条数据记录

最终文件：最终文件 \ 第 4 章 \ chapter4 \ index.php　　视频：视频 \ 第 4 章 \ 4-3-3.mp4

01 继续在学生信息管理系统首页面 index.php 中进行操作，在页面中选中需要重复显示的部分，如图 4-50 所示。执行"窗口"＞"服务器行为"命令，打开"服务器行为"面板，单击加号按钮 ，在弹出的菜单中选择"重复区域"选项，如图 4-51 所示。

图 4-50

图 4-51

02 弹出"重复区域"对话框，在"记录集"下拉列表中选择要重复的记录集，在"显示"选项区中设置需要重复几条记录或显示全部记录，如图 4-52 所示。单击"确定"按钮，完成"重复区域"对话框的设置，可以看到在页面中使用灰色框将重复区域包围，并在左上角显示"重复"文字，如图 4-53 所示。

图 4-52

图 4-53

03 在"服务器行为"面板中可以看到刚添加的"重复记录"的服务器行为，如图 4-54 所示。双击该选项，弹出"重复记录"对话框，进行重新设置。转换到页面代码视图中，可以看到使用 do...while 循环语句实现的重复区域代码，如图 4-55 所示。

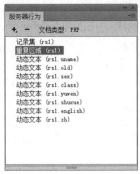

图 4-54

```php
<?php do { ?>
    <div class="list1">
        <ul>
            <li><?php echo $row_rs1['uname']; ?></li>
            <li><?php echo $row_rs1['old']; ?></li>
            <li><?php echo $row_rs1['sex']; ?></li>
            <li><?php echo $row_rs1['class']; ?></li>
            <li><?php echo $row_rs1['yuwen']; ?></li>
            <li><?php echo $row_rs1['shuxue']; ?></li>
            <li><?php echo $row_rs1['english']; ?></li>
            <li><?php echo $row_rs1['zh']; ?></li>
        </ul>
    </div>
<?php } while ($row_rs1 = mysql_fetch_assoc($rs1)); ?>
```

图 4-55

> **提示**
>
> 因为重复区域会使用 do...while 循环语句包围所作用的范围，所以在设置重复区域中特别需要注意所选择的重复区域，例如在本实例中选中的是 Div。选择不同的重复区域，最终显示出来的效果是会有所不同的。

4.3.4 使用"显示区域"服务器行为

在开发 PHP 网站时，刚创建的 MySQL 数据库中没有任何的数据，是一个空的数据库，这时候就需要对页面中显示区域进行判断，在 Dreamweaver 中提供了 6 种对显示区域进行判断的服务器行为，如图 4-56 所示，各服务器行为介绍如表 4-5 所示。

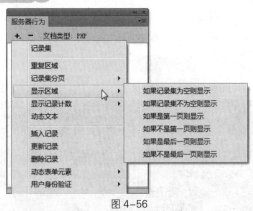

图 4-56

表 4-5 "显示区域"相关服务器行为说明

选项	说明
如果记录集为空则显示	该服务器行为用于判断如果记录集为空时，则需要显示的页面区域
如果记录集不为空则显示	该服务器行为用于判断如果记录集不为空时，则需要显示的页面区域
如果是第一页则显示	该服务器行为用于判断当前页面中的记录集分页是不是第一页，如果是第一页，则需要显示的区域
如果不是第一页则显示	该服务器行为用于判断当前页面中的记录集分页如果不是第一页，则需要显示的区域
如果是最后一页则显示	该服务器行为用于判断当前页面中的记录集分页如果是最后一页，则需要显示的区域
如果不是最后一页则显示	该服务器行为用于判断当前页面中的记录集分页如果不是最后一页，则需要显示的区域

实战 **判断页面中需要显示的信息内容**

最终文件：最终文件 \ 第 4 章 \chapter4 \index.php　视频：视频 \ 第 4 章 \4-3-4.mp4

01 继续在学生信息管理系统首页面 index.php 中进行操作，在页面中选中重复区域的重复标签，如图 4-57 所示。单击"服务器行为"面板上的加号按钮，在弹出的菜单中选择"显示区域">"如果记录集不为空则显示"命令，如图 4-58 所示。

图 4-57　　　　　　　　　　　　　　　　　　图 4-58

02 弹出"如果记录集不为空则显示"对话框，在"记录集"下拉列表中选择相应的记录集，如图 4-59 所示。单击"确定"按钮，即可将所选择的区域设置为当记录集不为空时在页面中显示的区域，如图 4-60 所示。

图 4-59　　　　　　　　　　　　　　图 4-60

03 在页面中选中如果记录集为空时需要显示的区域，如图 4-61 所示。单击"服务器行为"面板上的加号按钮，在弹出的菜单中选择"显示区域">"如果记录集为空则显示"命令，如图 4-62 所示。

图 4-61　　　　　　　　　　　　　　　图 4-62

04 弹出"如果记录集为空则显示"对话框，在"记录集"下拉列表中选择相应的记录集，如图 4-63 所示。单击"确定"按钮，即可将所选择的区域设置为当记录集为空时在页面中显示的区域，如图 4-64 所示。

图 4-63　　　　　　　　　　　　　　图 4-64

05 转换到页面代码视图中，可以看到使用 if 条件判断语句实现控制页面显示区域的代码，如图 4-65 所示。

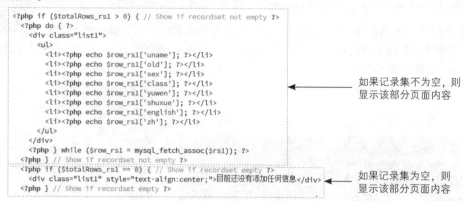

```php
<?php if ($totalRows_rs1 > 0) { // Show if recordset not empty ?>
    <?php do { ?>
      <div class="list1">
        <ul>
          <li><?php echo $row_rs1['uname']; ?></li>
          <li><?php echo $row_rs1['old']; ?></li>
          <li><?php echo $row_rs1['sex']; ?></li>
          <li><?php echo $row_rs1['class']; ?></li>
          <li><?php echo $row_rs1['yuwen']; ?></li>
          <li><?php echo $row_rs1['shuxue']; ?></li>
          <li><?php echo $row_rs1['english']; ?></li>
          <li><?php echo $row_rs1['zh']; ?></li>
        </ul>
      </div>
      <?php } while ($row_rs1 = mysql_fetch_assoc($rs1)); ?>
<?php } // Show if recordset not empty ?>
<?php if ($totalRows_rs1 == 0) { // Show if recordset empty ?>
    <div class="list1" style="text-align:center;">目前还没有添加任何信息</div>
<?php } // Show if recordset empty ?>
```

如果记录集不为空，则显示该部分页面内容

如果记录集为空，则显示该部分页面内容

图 4-65

4.3.5 使用"记录集分页"服务器行为

在上一节中通过重复区域的设置在页面中显示 5 条记录，也就是数据表中的第 1 条至第 5 条记录，如果记录数超过 5 条，那么剩下的记录该如何显示呢？这时就需要用到 Dreamweaver 中提供的记录集分页的功能，通过该功能可以实现翻页显示的效果，在每页中显示相应条数的记录。

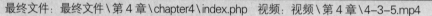

实战 为页面数据列表添加翻页功能

最终文件：最终文件 \ 第 4 章 \chapter4\index.php　视频：视频 \ 第 4 章 \4-3-5.mp4

01 继续在学生信息管理系统首页面 index.php 中进行操作，在页面中选中"第一页"文字，如图 4-66 所示。单击"服务器行为"面板上的加号按钮，在弹出的菜单中选择"记录集分页" > "移至第一页"选项，如图 4-67 所示。

图 4-66

图 4-67

02 弹出"移至第一页"对话框，在"记录集"下拉列表中选择记录集，单击"确定"按钮，如图 4-68 所示。使用相同的制作方法，可以为"上一页""下一页"和"最后一页"文字分别添加"移至前一页""移至下一页"和"移至最后一页"的服务器行为，如图 4-69 所示。

图 4-68

图 4-69

4.3.6　使用"显示记录计数"服务器行为

在页面上方可以看到文字"共有条记录，目前显示第条至第条"，创建了记录集导航条，以便让浏览者了解共有多少条记录，当前浏览的是多少条至多少条记录，这就需要使用 Dreamweaver 中的"显示记录计数"的服务器行为，通过该服务器行为，可以使用户在浏览过程中更清晰地了解到记录条数的相关信息。

实战 为页面添加显示记录计数功能

最终文件：最终文件 \ 第 4 章 \ chapter4 \ index.php　视频：视频 \ 第 4 章 \ 4-3-6.mp4

01 继续在学生信息管理系统首页面 index.php 中进行操作，在"共有条记录"文字之间，定位光标位置，如图 4-70 所示。单击"服务器行为"面板上的加号按钮，在弹出的菜单中选择"显示记录计数" > "显示总记录数"选项，如图 4-71 所示。

图 4-70　　　　　　　　　　　　　　　　图 4-71

02 弹出"显示总记录数"对话框，在"记录集"下拉列表中选择相应的记录集，单击"确定"按钮，如图 4-72 所示。即可插入"显示总记录数"行为，在光标所在位置显示变量名称，如图 4-73 所示。

图 4-72　　　　　　　　　　　　　　　　图 4-73

03 使用相同的制作方法，在"目前显示第条至第条"文字中相应的位置依次插入"显示起始记录编号"和"显示结束记录编号"服务器行为，如图 4-74 所示。

图 4-74

4.3.7　通过超链接传递参数

在很多情况下，不可能将数据库中所有字段、记录都显示出来，例如在新闻系统中，在首页中通常只会显示新闻的标题和日期，如果要查看新闻的详细内容，单击新闻标题进入该新闻的详细内面中才能看到。

详细信息显示页面 show.php 通常就是为相应的信息设置超链接，但是该超链接必须要传递参数到详细信息页面中，并且在详细信息页面中接收该参数，利用这个接收的参数在创建记录集时进行筛选，并将记录详细信息显示在网页上。

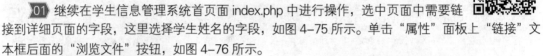

实战　制作详细信息显示页面

最终文件：最终文件\第 4 章\chapter4\show.php　视频：视频\第 4 章\4-3-7.mp4

　　01 继续在学生信息管理系统首页面 index.php 中进行操作，选中页面中需要链接到详细页面的字段，这里选择学生姓名的字段，如图 4-75 所示。单击"属性"面板上"链接"文本框后面的"浏览文件"按钮，如图 4-76 所示。

图 4-75

图 4-76

　　02 弹出"选择文件"对话框，选择详细信息显示页面 show.php，如图 4-77 所示。单击"确定"按钮，即可创建超链接，不过当前链接并没有传递任何的参数，如图 4-78 所示。

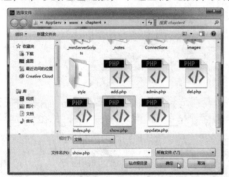

图 4-77

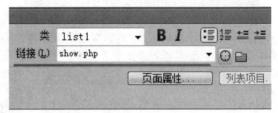

图 4-78

　　03 接下来为超链接设置需要传递的 URL 参数，在超链接后面添加？和传递的 URL 参数与值，链接地址变为 show.php?ID=<?php echo $row_rs1['id'];?>，如图 4-79 所示。转换到代码视图中，可以看到该传递参数超链接的代码，如图 4-80 所示。

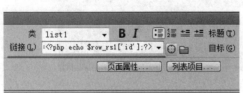

图 4-79

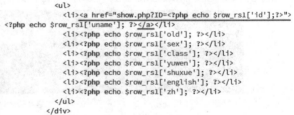

```
<div class="list1">
  <ul>
    <li><a href="show.php?ID=<?php echo $row_rs1['id'];?>">
<?php echo $row_rs1['uname']; ?></a></li>
    <li><?php echo $row_rs1['old']; ?></li>
    <li><?php echo $row_rs1['sex']; ?></li>
    <li><?php echo $row_rs1['class']; ?></li>
    <li><?php echo $row_rs1['yuwen']; ?></li>
    <li><?php echo $row_rs1['shuxue']; ?></li>
    <li><?php echo $row_rs1['english']; ?></li>
    <li><?php echo $row_rs1['zh']; ?></li>
  </ul>
</div>
```

图 4-80

> **提示**
>
> 　　此处超链接所传递的 URL 参数，第一个 ID 为自定义的 URL 参数名称，代码 <?php echo $row_rs1['id'];?> 为获取数据库中 id 字段的值，所以该超链接传递的是当前记录的 id 值。

在选择传送 URL 参数的字段时，如果是用来筛选唯一记录，则通常选择数据表中的主键，或记录中唯一且不重复的字段，这样才不会发生查询出两条以上记录的情况。以本实例为例，如果数以其他字段进行筛选，那么很多情况下都会有一条以上的记录返回。

04 下面制作详细信息显示页面。打开站点中的页面 show.php，可以看到页面的效果，如图 4-81 所示。单击"绑定"面板上的加号按钮，在弹出的菜单中选择"记录集 (查询)"选项，如图 4-82 所示。

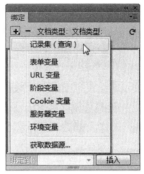

图 4-81　　　　　　　　　　　　　　　　　　图 4-82

05 弹出"记录集"对话框，在"筛选"选项中选择 id=URL 参数 ID，对其他选项进行设置，如图 4-83 所示。单击"高级"按钮，转换到"高级"选项界面，可以看到该记录集查询的 SQL 语句，如图 4-84 所示。

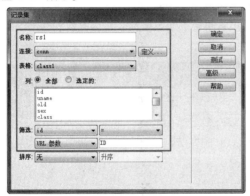

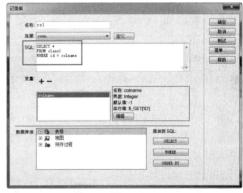

图 4-83　　　　　　　　　　　　　　　　　　图 4-84

在 SQL 语句中看到一个新内容，SQL 语句中的 colname 是一个变量，如果筛选时用到变量，Dreamweaver 就会用这个变量名称放在 SQL 语句中，而这个变量的值是什么呢？就是下面"变量"区域中 colname 的运行值的定义。当网页运作时，colname 将等于 URL 变量 ID 的值 ($_GET['ID'])，所以当 URL 变量 ID 值不同，筛选出的结果也不同。

06 单击"确定"按钮，完成"记录集"对话框的设置，在"绑定"面板中可以看到刚创建的记录集，如图 4-85 所示。将得到的记录集字段分别插入网页中相应的位置，即可完成详细信息显示页面的制作，如图 4-86 所示。

图 4-85

图 4-86

4.4 对数据记录进行编辑操作

前面已经介绍了如何在 Dreamweaver 中创建记录集，并将记录集中的字段插入网页中显示，以及在网页中创建重复区域和记录集分页等操作。在本节中将向读者介绍如何在后台管理页面中对信息记录进行新增、修改和删除操作。

4.4.1 后台管理主页面

通常情况下，任何一个动态网站都会有一个后台管理系统，在后台管理中可以对网站中的数据记录进行添加、修改和删除等操作。本章中介绍的学生信息管理系统同样也有后台管理部分，数据的添加、修改和删除操作都是在后台管理部分完成的。

后台管理主页面与制作完成的学生信息列表页面非常相似，不同的是在后台管理主页面中为每条信息记录都添加了"修改"和"删除"超链接，通过该超链接的设置需要传递参数到相应的页面进行处理。

实 战 制作后台管理主页面

最终文件：最终文件 \ 第 4 章 \ chapter4 \ admin.php 视频：视频 \ 第 4 章 \ 4-4-1.mp4

 打开站点中的后台管理页面 admin.php，可以看到页面的效果，如图 4-87 所示。根据前面制作的学生信息管理系统首页面 index.php 的方法，可以完成该页面中相应记录集内容显示和功能的制作，如图 4-88 所示。

图 4-87

图 4-88

 选中页面中的"添加"图像，在"属性"面板上的"链接"文本框中设置其链接到添加数据记录页面 add.php，如图 4-89 所示。选中页面中的"修改"文字，在"属性"面板上的"链接"文本框中设置其链接到更新数据记录页面 updata.php，并传递 ID 参数，完整的链接地址为 updata.php?ID=<?php echo $row_rs1['id'];?>，如图 4-90 所示。

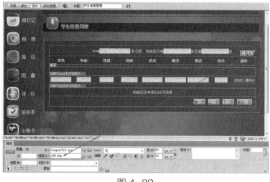
图 4-89

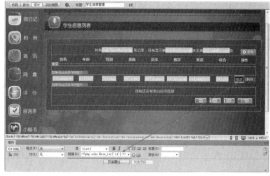
图 4-90

03 选中页面中的"删除"文字,在"属性"面板上的"链接"文本框中设置其链接到删除数据记录页面 delete.php,并传递 ID 参数,完整的链接地址为 del.php?ID=<?php echo $row_rs1['id'];?>,如图 4-91 所示。转换到网页 HTML 代码中,可以看到所设置的超链接代码,如图 4-92 所示。

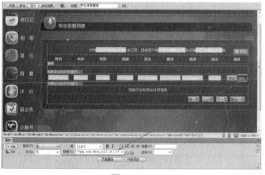
图 4-91

图 4-92

```
<div class="list2">
    <ul>
        <li><?php echo $row_rs1['uname']; ?></li>
        <li><?php echo $row_rs1['old']; ?></li>
        <li><?php echo $row_rs1['sex']; ?></li>
        <li><?php echo $row_rs1['class']; ?></li>
        <li><?php echo $row_rs1['yuwen']; ?></li>
        <li><?php echo $row_rs1['shuxue']; ?></li>
        <li><?php echo $row_rs1['english']; ?></li>
        <li><?php echo $row_rs1['zh']; ?></li>
        <li><a href="updata.php?ID=<?php echo $row_rs1['id'];?>">[修改]</a>
<a href="del.php?ID=<?php echo $row_rs1['id'];?>">[删除]</a></li>
    </ul>
</div>
```

提示

当超链接需要传递参数时,所传递的参数需要用户手动进行编写,一定注意不要编写错误,并且如果用户的记录集名称与书中所设置的记录集名称不同,则代码也会有所不同。

4.4.2 使用"插入记录"服务器行为

添加记录的操作通常情况下都是通过页面中的表单元素与"插入记录"服务器行为共同来完成的。

单击"服务器行为"面板上的加号按钮,在弹出的菜单中选择"插入记录"选项,如图 4-93 所示。弹出"插入记录"对话框,在该对话框中对相关选项进行设置,即可将表单中输入的数据内容添加到数据表中,如图 4-94 所示。

图 4-93

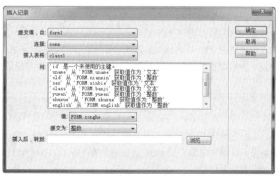
图 4-94

"插入记录"对话框中各选项的作用说明如表 4-6 所示。

表 4-6   "插入记录"对话框中各选项说明

选项	说明
提交值，自	在该下拉列表中可以选择需要提交数据的表单域，如果页面中有多个表单域，这里一定要注意选择
连接	在该下拉列表中可以选择所创建的与 MySQL 数据库的连接
插入表格	在该下拉列表中可以选择将表单数据插入哪个数据表中
列	在该列表中列出了在"插入表格"下拉列表中所选择的数据表中的所有字段
值	在"列"列表中选择数据表中的某个字段，可以在该下拉列表中选择需要将哪个表单元素中的值插入该字段中
提交为	完成"列"和"值"选项的设置后，在该下拉列表中可以选择将所提交的数据提交为某种类型的数据，通常都使用数据表中字段的类型
插入后，转到	该选项用于设置当成功向数据表中插入数据记录后跳转到哪个页面，可以单击该选项后面的"浏览"按钮进行选择

技巧

在使用"插入记录"服务器行为时，如果页面中各表单元素的 id 名称与数据表中的字段名称一一对应，则 Dreamweaver 中自动在"插入记录"对话框中将它们配对，如果各表单元素的 id 名称并没有与数据表中的字段名称一一对应，则需要手动进行设置。

实战   制作添加数据记录页面

最终文件：最终文件 \ 第 4 章 \chapter4\add.php   视频：视频 \ 第 4 章 \4-4-2.mp4

01 打开站点中的添加数据记录页面 add.php，可以看到页面的效果，如图 4-95 所示。单击"服务器行为"面板上的加号按钮，在弹出的菜单中选择"插入记录"选项，如图 4-96 所示。

图 4-95   图 4-96

02 弹出"插入记录"对话框，将表单元素与数据表中的字段一一对应，设置插入后跳转到管理页面 admin.php，如图 4-97 所示。单击"确定"按钮，完成"插入记录"对话框的设置，在"服务器行为"面板中会多出一项插入记录，如图 4-98 所示。

提示

因为页面中表单元素的 id 名称与数据表中的字段名称有些并不相同，所以用户需要手动进行设置。数据表中的 ID 字段为主键，并且其值为自动递增，所以此处不需要写入 ID 字段值。

技巧

在 Dreamweaver 中为网页添加"插入记录"行为，在"服务器行为"面板中可以看到该行为，并且在该行为后面的括号中会显示表单域名称、MySQL 连接和数据表名称，双击该选项，即可弹出"插入记录"对话框，可以对相关选项进行修改和重新设置。

图 4-97　　　　　　　　　　　　　　　　　图 4-98

03 完成添加数据记录页面 add.php 的制作，可以看到该页面的效果，如图 4-99 所示。

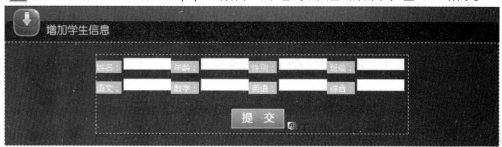

图 4-99

> **提示**
>
> 　　完成"插入记录"服务器行为的添加后，网页中表单部分的背景色会变成浅蓝色，当然这并不是表示有错误，而是让设计者知道该表单使用了服务器行为。在表单中也自动添加了 id 名称为 MM_insert 的隐藏字段，用来判断用户是否单击"提交"按钮送出信息，并是否执行"插入记录"部分的程序代码。

4.4.3　使用"更新记录"服务器行为

　　向数据库中插入记录后，还可以对记录数据进行修改，单击"服务器行为"面板上的加号按钮，在弹出的菜单中选择"更新记录"选项，如图 4-100 所示。弹出"更新记录"对话框，在该对话框中对相关选项进行设置，即可对数据表中的记录数据进行修改，如图 4-101 所示。

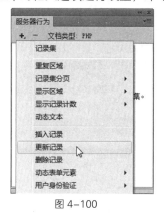

图 4-100　　　　　　　　　　　　　　　　图 4-101

　　"更新记录"对话框中的选项与"插入记录"对话框中的选项基本相同，其操作方法也是完全相同的。

实战 制作更新数据记录页面

最终文件：最终文件\第4章\chapter4\updata.php　视频：视频\第4章\4-4-3.mp4

01 打开站点中的更新数据记录页面 updata.php，可以看到页面的效果，如图 4-102 所示。单击"绑定"面板上的加号按钮，在弹出的菜单中选择"记录集（查询）"选项，如图 4-103 所示。

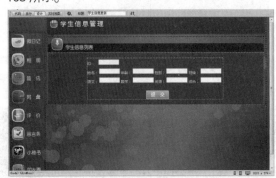

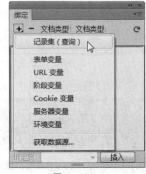

图 4-102　　　　　　　　　　　　　　　　图 4-103

02 弹出"记录集"对话框，筛选记录依据为后台管理主页面 admin.php 传递的 URL 参数 ID，对相关选项进行设置，如图 4-104 所示。单击"确定"按钮，创建记录集，在页面中各文本字段中插入记录集中相应的字段，如图 4-105 所示。

图 4-104　　　　　　　　　　　　　　　　图 4-105

03 由于 ID 是主键，不要随便修改主键的值，因此选择"ID"文字后面的文本域，在"属性"面板中选中 Read Only 复选框，将该文本域设置为只读，如图 4-106 所示。单击"服务器行为"面板上的加号按钮，在弹出的菜单中选择"更新记录"选项，如图 4-107 所示。

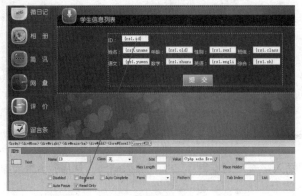

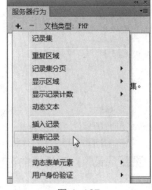

图 4-106　　　　　　　　　　　　　　　　图 4-107

04 弹出"更新记录"对话框，将数据表中的字段与表单中的各表单元素相对应，设置如图 4-108 所示。单击"确定"按钮，完成"更新记录"对话框的设置，在"服务器行为"面板中会多出一项更新记录，如图 4-109 所示。

图 4-108

图 4-109

05 完成更新数据记录页面 updata.php 的制作，可以看到该页面的效果，如图 4-110 所示。

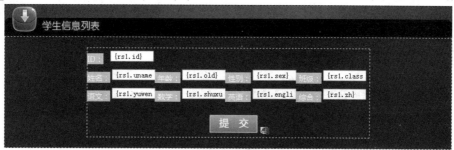

图 4-110

4.4.4 使用"删除记录"服务器行为

在网站维护的过程中常常需要对一些错误的信息或老旧的信息进行删除，这时就可以使用 Dreamweaver 中提供的"删除记录"服务器行为。

单击"服务器行为"面板上的加号按钮，在弹出的菜单中选择"删除记录"选项，如图 4-111 所示。弹出"删除记录"对话框，在该对话框中对相关选项进行设置，即可对数据表中的记录数据进行删除操作，如图 4-112 所示。

图 4-111

图 4-112

"删除记录"对话框中各选项的作用说明如表 4-7 所示。

表 4-7 "删除记录"对话框中各选项说明

选项	说明
首先检查是否已定义变量	该选项用于设置在执行删除操作之前首先检查是否已经存在某种变量，在该下拉列表中包括"主键值""URL 参数""表单变量"、COOKIE、"阶段变量"和"服务器变量"6 个选项，如图 4-113 所示。选择除"主键值"以外的其他选项，可以在下拉列表后面的文本框中输入相应的值　　图 4-113
连接	在该下拉列表中可以选择所创建的与 MySQL 数据库的连接
表格	在该下拉列表中可以选择需要删除的数据记录是哪个数据表中的
主键列和主键值	"主键列"和"主键值"设置的是删除记录的依据，这里的依据是指在"DELETE FROM 数据表 WHERE 条件"里的条件，假如条件是 WHERE id=2，相应的，也可以看成 WHERE 主键列 = 主键值
删除后，转到	该选项用于设置当成功在数据表中删除指定的数据记录后跳转到哪个页面，可以单击该选项后面的"浏览"按钮进行选择

实战　制作删除数据记录页面

最终文件：最终文件 \ 第 4 章 \ chapter4 \ delete.php　视频：视频 \ 第 4 章 \ 4-4-4.mp4

01 打开站点中的删除数据记录页面 delete.php，可以看到页面的效果，如图 4-114 所示。单击"绑定"面板上的加号按钮，在弹出的菜单中选择"记录集（查询）"选项，如图 4-115 所示。

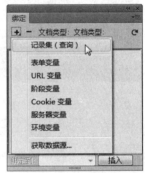

图 4-114　　　　　　　　　　　　　　　图 4-115

02 弹出"记录集"对话框，筛选记录依据为信息记录管理主页面 admin.php 传递的 URL 参数 ID，对相关选项进行设置，如图 4-116 所示。单击"确定"按钮，创建记录集，在页面的各文本域中插入记录集中相应的字段，如图 4-117 所示。

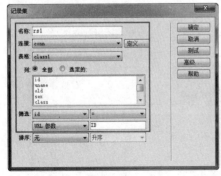

图 4-116　　　　　　　　　　　　　　　　图 4-117

03 在表单域中任意位置插入一个隐藏域，如图 4-118 所示。选中刚插入的隐藏域，在"属性"面板中设置其 Name 属性为 ID，如图 4-119 所示。

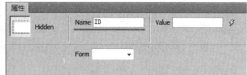

图 4-118　　　　　　　　　　　　　　　　　　　　　　图 4-119

04 单击"服务器行为"面板上的加号按钮,在弹出的菜单中选择"删除记录"选项,如图 4-120 所示。弹出"删除记录"对话框,在"首先检查是否已定义变量"下拉列表中选择"表单变量"选项,并设置为 ID,对其他选项进行设置,如图 4-121 所示。

图 4-120　　　　　　　　　　　　　　　　　　图 4-121

> **提示**
>
> 　　在表单域中插入一个 Name 属性为 ID 的隐藏域,该隐藏域的作用是当提交表单时发送隐藏域变量,在设置"删除记录"服务器行为时,设置"首先检查是否已定义变量"为名称为 ID 的表单变量,也就是隐藏域变量,这样就可以实现单击"提交"按钮,删除数据记录的功能。

05 单击"确定"按钮,完成"删除记录"对话框的设置,在"服务器行为"面板中会多出一项删除记录,如图 4-122 所示。完成删除数据记录页面 delete.php 的制作,可以看到该页面的效果,如图 4-123 所示。

图 4-122　　　　　　　　　　　　　　　　　　图 4-123

> **提示**
>
> 　　"删除记录"服务器行为与前面介绍的"插入记录"和"更新记录"服务器行为不同,Dreamweaver 不会在表单中自动添加隐藏字段来判断。"删除记录"服务器行为是否执行的依据是在"删除记录"对话框的"首先检查是否已定义变量"选项中的设置,当所设置的变量存在时才执行删除记录的操作。

4.5 系统功能测试

对系统功能进行测试是网站开发完成后必需的步骤，也是非常重要的一项内容，通过系统测试可以发现系统功能中的一些不足和错误，以便于及时进行修改。

在前面的小节中已经完成了一个学生信息管理系统的开发制作，在该系统中实现了数据的查询、添加、修改和删除等功能，下面在测试服务器中对该学生信息管理系统功能进行测试。

实 战 测试学生信息管理系统

最终文件：无 视频：视频 \ 第 4 章 \4-5.mp4

01 在 Dreamweaver CC 中打开后台管理主页面 admin.php，按快捷键 F12，在测试服务器中测试该页面，因为目前数据库中并没有任何数据，可以看到页面效果，如图 4–124 所示。单击页面中的"添加"按钮，跳转到添加数据记录页面 add.php，在各文本字段中填写相应的数据内容，如图 4–125 所示。

图 4–124　　　　　　　　　　　　　　图 4–125

02 单击"提交"按钮，将数据添加到数据库中并返回后台管理主页面 admin.php，可以看到刚添加的数据，如图 4–126 所示。使用相同的操作方法，可以添加多条数据记录，如图 4–127 所示。

图 4–126　　　　　　　　　　　　　　图 4–127

03 单击第一条数据后面的"修改"超链接，跳转到更新数据记录页面 updata.php，对相关信息进行修改，如图 4–128 所示。单击"提交"按钮，即可更新数据库中的该条数据记录，并返回后台管理主页面 admin.php，如图 4–129 所示。

04 单击"张小三"记录后面的"删除"超链接，跳转到删除数据记录页面 delete.php，可以看到该条信息，如图 4–130 所示。单击"提交"按钮，即可在数据库中将该条数据记录删除，并返回后台管理主页面 admin.php，如图 4–131 所示。

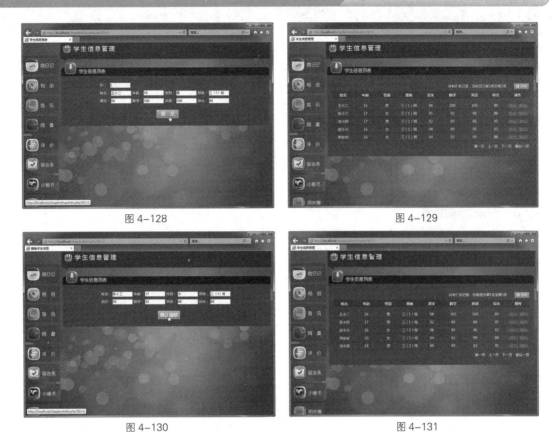

图 4-128　　　　　　　　　　　　　　　　图 4-129

图 4-130　　　　　　　　　　　　　　　　图 4-131

05 完成后台管理功能的测试，打开站点中的学生信息管理系统首页面 index.php，按快捷键 F12，在测试服务器中预览该页面，效果如图 4-132 所示。单击某条信息记录的名称，跳转到该条信息的学生详细信息显示页面 show.php，显示该条记录的详细信息，如图 4-133 所示。

图 4-132　　　　　　　　　　　　　　　　图 4-133

第 5 章 会员管理系统

优秀的网站离不开客户与网站管理者的交互。在网站中制作一个会员管理系统可以帮助管理者收集众多的客户信息，通过对注册用户资料的分析，对网站的发展做出合理的规划，促进网站的长远发展。一个基础的会员管理系统应该包括会员登录、新用户注册、找回密码、修改资料等功能。在本章中将向读者详细介绍网站会员管理系统的开发，使读者能够将学习到的知识应用到真正的网站开发过程中。

本章知识点：
➢ 理解网站会员管理系统的规划
➢ 掌握系统动态站点和 MySQL 数据库的创建
➢ 掌握网站新用户注册功能的实现方法
➢ 掌握会员登录和资料修改功能的实现方法
➢ 掌握找回密码功能的实现方法

5.1 网站会员管理系统规划

会员管理系统是网站中常见的一种动态交互功能，也是一种基础的网站动态动能应用。一个基础的网站会员管理系统通常包括会员登录、新用户注册、修改资料、找回密码和退出登录等功能。

5.1.1 会员管理系统结构规划

本章制作的网站会员管理系统主要分为三大部分功能，会员登录、新用户注册和找回密码。

可以这样理解，整个网站用户资料（用户基本资料和密码等）保存在一张数据表中。用户在注册页面填写表单之后，资料提交到服务器端。在服务器端经过数据合法性验证通过之后，查询数据库中是否存在该用户，如果存在，不允许注册该用户名；如果不存在，则将相应的资料插入数据库中对应的字段里。

登录正好和注册相反，注册进行的是数据库插入数据操作，而登录进行的是数据库读取操作。根据用户表单提交的用户名和密码，查找数据库中是否存在相关的记录，存在则说明登录成功，使用 Session 或者 Cookie 进行标记，完成对客户的授权；如果数据库中不存在相应的记录，说明用户名或密码输入错误，在客户端给出出错提示。网站会员登录和注册系统总体构架如图 5-1 所示。

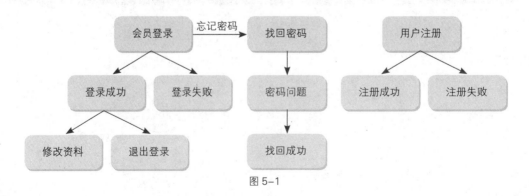

图 5-1

5.1.2　会员管理系统相关页面说明

在上一节中已经对网站基础的会员管理系统的功能和运行流程进行了分析，在本章开发的网站会员管理系统中主要包含 12 个页面，各页面说明如表 5-1 所示。

表 5-1　会员管理系统页面说明

页面	说明
login.php	会员登录页面，在该页面中提供了用户登录表单，输入用户名和密码，将输入的内容提交到服务器，与数据库中的记录进行匹配
login-true.php	会员登录成功页面，如果在会员登录页面 login.php 中输入的用户名和密码在数据库中有相对应的记录，则登录成功，显示该页面，在该页面中提供修改会员资料和退出登录的链接
login-false.php	会员登录失败页面，如果在会员登录页面 login.php 中输入的用户名和密码在数据库中没有找到相对应的记录，则登录失败，显示该页面，提示用户登录失败原因
updata.php	修改用户资料页面，在登录成功页面 login-true.php 中单击"修改用户资料"超链接，跳转到修改用户资料页面，并传递 URL 参数，在该页面中通过 URL 参数查询数据记录并显示，对相关的用户信息进行修改，修改后直接更新数据库中的该条信息记录
updata-ok.php	用户资料修改成功页面，在修改用户资料页面 updata.php 中完成用户资料修改并单击"提交"按钮后，更新数据库中的该条记录，并跳转到用户资料修改成功页面 updata-ok.php，显示相应的提示信息
login-out.php	退出登录页面，用户登录成功后，在登录成功页面 login-true.php 中单击"退出登录"超链接，可以注销用户登录，清空用户 Session 记录
reg.php	新用户注册页面，在该页面中提供了详细的用户注册表单选项，在各表单项中输入相应的注册选项，对所输入的用户名进行验证，如果数据库中没有相同的用户名，则将记录插入数据库中
reg-true.php	用户注册成功页面，新用户注册成功后，跳转到该页面中，显示注册成功的相应提示信息
reg-false.php	用户注册失败页面，如果在新用户注册页面中输入的用户名已经存在，则注册失败，跳转到用户注册失败页面中，并显示注册失败的相关信息
find-pass.php	找回密码页面，如果用户忘记登录密码，在会员登录页面 login.php 中单击"忘记密码？"超链接，跳转到该页面，在该页面中输入注册的用户名
find-question.php	找回密码问题页面，在找回密码页面中输入用户名，单击"提交"按钮，跳转到找回密码问题页面，通过传递过来的用户名找到数据库中相应的记录，并显示该用户名在注册时选择的密码问题，需要用户输入该密码问题的答案
find-res.php	找回密码成功页面，对密码问题页面中输入的密码问题答案进行验证，如果与数据库中相应的记录完全一致，则跳转到找回密码成功页面，显示注册时的用户名和密码

5.2　创建系统站点和 MySQL 数据库

完成了系统结构的规划分析，基本上了解了该系统中相关的页面以及所需要实现的功能，接下来创建该系统的动态站点并根据系统功能规划来创建 MySQL 数据库。

5.2.1　会员管理系统站点

在网站会员管理系统站点中包括会员登录和用户注册系统中的所有网站页面以及相关的文件和素材，从全局上控制站点结构，管理站点中的各种文档，并完成文档的编辑和制作。

实　战　创建会员管理系统站点

最终文件：无　视频：视频 \ 第 5 章 \5-2-1.mp4

01 在"源文件 \ 第 5 章 \ chapter5"文件夹中已经制作好了网站会员管理系统中相关的静态页面，如图 5-2 所示。直接将 chapter5 文件复制到 Apache 服务器默认的网站根目录（C：\AppServ\www）中，如图 5-3 所示。

02 打开 Dreamweaver CC，执行"站点" > "新建站点"命令，弹出"站点设置对象"对话框，设置站点名称和本地站点文件夹，如图 5-4 所示。切换到服务器选项设置界面，单击"添加新服务器"按钮 ，弹出服务器设置窗口，在"连接方法"下拉列表中选择"本地 / 网络"选项，对相关选项进行设置，如图 5-5 所示。

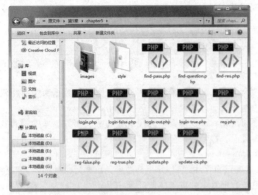

图 5-2

图 5-3

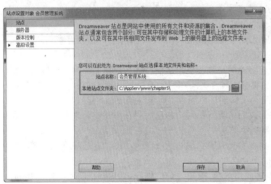

图 5-4

图 5-5

03 单击"高级"按钮，切换到"高级"选项卡中，在"服务器模型"下拉列表中选择 PHP MySQL 选项，如图 5-6 所示。单击"保存"按钮，保存服务器选项设置，返回"站点设置对象"对话框，选中"测试"复选框，单击"保存"按钮，完成会员管理系统站点的创建，如图 5-7 所示。

图 5-6

图 5-7

5.2.2 创建 MySQL 数据库

　　在网站会员管理系统的数据库中主要是保存网站用户的用户名、密码等相关用户信息。这里我们在 MySQL 数据库中创建一个用于保存网站用户信息的数据表。

　　在 MySQL 数据库中创建一个名称为 member 的数据库，在该数据库中包含一个名称为 user 的数据表。网站用户的注册信息提交到服务器后，信息会被保存在 user 数据表中，每一位网站用户的注册信息对应 user 数据表中的一条记录。

实 战　创建会员管理系统数据库

最终文件: 无　视频: 视频\第 5 章\5-2-2.mp4

01 打开浏览器窗口,在地址栏中输入 http://localhost/phpMyAdmin,访问 MySQL 数据库管理界面,输入 MySQL 数据库的用户名和密码,如图 5-8 所示,单击"确定"按钮,登录 phpMyAdmin,显示 phpMyAdmin 管理主界面,如图 5-9 所示。

图 5-8

图 5-9

02 单击页面顶部的"数据库"选项卡,在"新建数据库"文本框中输入数据库名称 member,单击"创建"按钮,如图 5-10 所示。即可创建一个新的数据库,进入该数据库的操作界面,创建名为 user 的数据表,该数据表中包含 8 个字段,如图 5-11 所示。

图 5-10

图 5-11

03 单击"执行"按钮,进入该数据表字段设置界面,对各字段名称和字段类型进行设置,在 user 数据表中,需要将 ID 字段的"索引"设置为 PRIMARY(主键),并且选中 A_I 复选框,如图 5-12 所示。

名字	类型	长度/值	默认	排序规则	属性	空	索引	A_I	注
id	INT		无					PRIMARY	☑
								PRIMARY	
username	VARCHAR	20	无				---	☐	
password	VARCHAR	20	无				---	☐	
email	VARCHAR	20	无				---	☐	
tel	INT		无					☐	
question	VARCHAR	50	无					☐	
answer	VARCHAR	50	无				---	☐	
authority	VARCHAR	1	无				---	☐	

图 5-12

> **提示**
>
> 　　如果要顺利创建数据库，则必须为程序架构所需的数据结构建立数据表。在着手建立数据表时，必须先准备好所需要的数据结构，这将有助于快速建立数据表。

　　04 单击"保存"按钮，完成该数据表的创建并完成数据表中各字段属性的设置，显示数据表的结构，如图 5–13 所示。

#	名字	类型	排序规则	属性	空	默认	注释	额外	操作
□ 1	id	int(11)			否	无		AUTO_INCREMENT	修改 删除 主键 唯一 索引 空间 全文搜索 ▼更多
□ 2	username	varchar(20)	utf8_general_ci		否	无			修改 删除 主键 唯一 索引 空间 全文搜索 ▼更多
□ 3	password	varchar(20)	utf8_general_ci		否	无			修改 删除 主键 唯一 索引 空间 全文搜索 ▼更多
□ 4	email	varchar(20)	utf8_general_ci		否	无			修改 删除 主键 唯一 索引 空间 全文搜索 ▼更多
□ 5	tel	int(11)			否	无			修改 删除 主键 唯一 索引 空间 全文搜索 ▼更多
□ 6	question	varchar(50)	utf8_general_ci		否	无			修改 删除 主键 唯一 索引 空间 全文搜索 ▼更多
□ 7	answer	varchar(50)	utf8_general_ci		否	无			修改 删除 主键 唯一 索引 空间 全文搜索 ▼更多
□ 8	authority	varchar(1)	utf8_general_ci		否	无			修改 删除 主键 唯一 索引 空间 全文搜索 ▼更多

图 5–13

　　user 数据表中各字段的说明如表 5–2 所示。

表 5-2　user 数据表字段说明

字段名称	字段类型	说明
id	int(整数型)	用于存储记录编号，该字段为主键，并且数值自动递增，不需要用户提交数据
username	varchar(字符型)	用于存储用户名称
password	varchar(字符型)	用于存储用户密码
email	varchar(字符型)	用于存储用户的电子邮箱地址
tel	int(整数型)	用户存储用户的电话号码
question	varchar(字符型)	用于存储用户的密码保护问题
answer	varchar(字符型)	用于存储用户的密码保护问题答案
authority	varchar(字符型)	用于存储注册用户是否为普通用户

5.2.3　创建 MySQL 数据库连接

　　完成了网站会员管理系统站点的创建，并且完成该系统 MySQL 数据库的创建后，接下来为会员管理系统创建 MySQL 数据库连接，只有成功与所创建的 MySQL 数据库连接，才能在 Dreamweaver 中通过程序对 MySQL 数据库进行操作。

实 战　创建会员管理系统数据库连接

最终文件：无　视频：视频 \ 第 5 章 \5–2–3.mp4

　　01 在 Dreamweaver CC 中打开该系统中任意一个页面，执行"窗口"＞"数据库"命令，打开"数据库"面板，如图 5–14 所示。单击加号按钮，在弹出的菜单中选择"MySQL 连接"选项，如图 5–15 所示。

图 5–14

图 5–15

02 弹出 "MySQL 连接" 对话框，对相关选项进行设置，如图 5-16 所示。单击 "确定" 按钮，即可创建网站用户登录和注册系统 MySQL 数据库的连接，如图 5-17 所示。

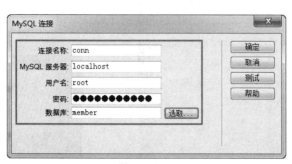

图 5-16

图 5-17

技巧

　　单击 "MySQL 连接" 对话框中的 "测试" 按钮，测试与 MySQL 数据库的连接是否成功。如果弹出对话框提示 "成功创建连接脚本"，则表示 MySQL 数据库连接已经成功。

5.3 开发网站新用户注册功能

　　当用户浏览到一个新的网站，首先要注册成为该网站的用户，才能使用注册的用户名和密码进行登录操作。新用户注册的过程实际上就是向数据库中写入数据记录的过程，在本节中将带领读者一起实现网站新用户注册功能。

5.3.1 新用户注册

　　在新用户注册页面 reg.php 中提供了新用户注册表单项，用户在该页面中输入相应的注册资料，向服务器提交用户注册资料，使用 "插入记录" 服务器行为将用户输入的资料插入数据库中。在该页面的制作过程中，还要通过数据库查询验证输入的用户名在数据表中是否存在，如果存在则给出错误提示；如果不存在，则将数据插入数据表中。

实战 制作网站新用户注册页面

最终文件：最终文件\第 5 章\chapter5\reg.php　视频：视频\第 5 章\5-3-1.mp4

01 打开站点中新用户注册页面 reg.php，可以看到该页面的效果，如图 5-18 所示。按快捷键 F12，在测试服务器中预览页面，如图 5-19 所示。

图 5-18

图 5-19

02 返回 Dreamweaver 设计视图中，选中"用户名"文字后面的文本域，在"属性"面板中选中 Required 复选框，将该文本域设置为必填项，如图 5-20 所示。使用相同的制作方法，将注册表单中的其他文本域同样设置为必填项。选中"联系电话"文字后面的文本域，在"属性"面板中对 Pattern 属性进行设置，如图 5-21 所示。

图 5-20   图 5-21

提示

在 HTML5 中为表单元素提供用于辅助表单验证的元素属性，例如，通过 required 属性的添加，可以验证表单元素中的值是否为空，如果为空，则无法对表单元素进行提交。

技巧

pattern 属性用于为 input 表单元素定义一个验证模式。该属性值是一个正则表达式，提交时，会检查输入的内容是否符合给定的格式，如果输入内容不符合格式，则不能提交。此处我们设置 pattern 属性值为 [0-9]{11}，表示该文本域只接收 0~9 之间的数字，并且要求必须是 11 位。

03 保存页面，在测试服务器中预览页面，如果没有在文本域中填写内容，则直接单击"立即注册"按钮，将显示错误提示，如图 5-22 所示。在各表单元素中填写内容，但是"联系电话"文字后面的表单元素中填写的不是 11 位数字，单击"立即注册"按钮，将显示错误提示，如图 5-23 所示。

图 5-22   图 5-23

04 返回 Dreamweaver 设计视图中，在页面中表单域的任意位置插入一个隐藏域，如图 5-24 所示。在"属性"面板上设置其 Name 属性为 authority，Value 属性为 0，如图 5-25 所示。

提示

在注册表单中插入一个隐藏域，并设置其名称为 authority，设置其默认值为 0，表示所有注册的用户都默认是一般访问用户。

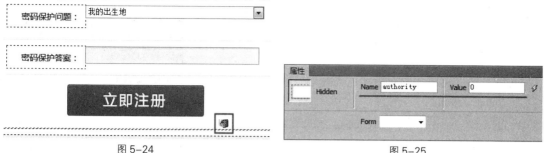

图 5-24　　　　　　　　　　　　　　图 5-25

05 打开"服务器行为"面板，单击"服务器行为"面板上的加号按钮，在弹出的菜单中选择"插入记录"命令，如图 5-26 所示。弹出"插入记录"对话框，对相关选项进行设置，设置"插入后，转到"选项为 reg-true.php，如图 5-27 所示。

图 5-26　　　　　　　　　　　　　　　　　图 5-27

> **提示**
>
> 此处页面中表单元素的 id 名称与插入数据表中的字段名称不相同，Dreamweaver 不会自动进行匹配，需要用户手动在对话框中将字段与表单元素对应。

06 单击"确定"按钮，完成"插入记录"对话框的设置，在"服务器行为"面板上增加了一个"插入记录"行为，如图 5-28 所示。单击"服务器行为"面板上的加号按钮，在弹出的菜单中选择"用户身份验证">"检查新用户名"命令，如图 5-29 所示。

图 5-28　　　　　　　　　　　　　　　图 5-29

07 弹出"检查新用户名"对话框，设置"用户名字段"为 uname，设置"如果已存在，则转到"选项为 reg-false.php，如图 5-30 所示。单击"确定"按钮，完成"检查新用户名"对话框的设置，在"服务器行为"面板上增加了一个"检查新用户名"行为，如图 5-31 所示，完成新用户注册页面

reg.php 的制作。

图 5-30

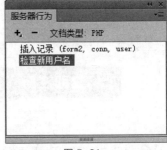

图 5-31

技巧

用户名是用户登录的身份标志，用户名不能重复，所以在添加记录之前，一定要先在数据库中判断该用户名是否已经存在，如果存在，则不能进行注册。在 Dreamweaver 中通过"检查新用户名"服务器行为可以实现检查用户名是否已存在的功能。

5.3.2 注册成功与注册失败的处理

用户注册成功后显示用户注册成功页面 reg-true.php，在该页面中提示用户注册成功信息，用户可以单击页面右上角的"登录"超链接进行登录。用户注册失败后显示用户注册失败页面 reg-false.php，在该页面中提示用户注册失败的原因，用户可以单击页面右上角的"注册"超链接重新注册。

实战 制作注册成功和注册失败页面

最终文件：最终文件\第 5 章\chapter5\reg-true.php、reg-false.php
视频：视频\第 5 章\5-3-2.mp4

01 打开站点中用户注册成功页面 reg-true.php，可以看到该页面的效果，如图 5-32 所示。按快捷键 F12，在测试服务器中预览页面，如图 5-33 所示。

图 5-32

图 5-33

02 选中页面提示文字中的"登录"文字，设置其链接到会员登录页面 login.php，如图 5-34 所示。使用相同的制作方法，分别为页面右上角的"登录"和"注册"文字设置链接，分别链接到会员登录页面 login.php 和用户注册成功页面 reg-true.php，如图 5-35 所示。

提示

此处所设置的链接为静态链接，不需要传递参数，直接在"链接"文本框中输入链接文件的路径和文件名即可。

图 5-34　　　　　　　　　　　　　　　　　　　　　图 5-35

03 打开站点中用户注册失败页面 reg-false.php，可以看到该页面的效果，如图 5-36 所示。按快捷键 F12，在测试服务器中预览页面，如图 5-37 所示。

图 5-36　　　　　　　　　　　　　　　　　　　　　图 5-37

04 该页面同样属于一个静态数据页面，只要为页面右上角的"登录"和"注册"文字，以及提示文字中的"重新注册"文字分别设置相应的链接页面即可。

5.4　开发网站会员登录功能

在本节中将制作网站会员登录功能，主要实现网站会员登录、修改用户资料和退出登录等功能。

5.4.1　实现登录表单中的验证码

验证码主要是由程序根据规则自动随机生成的一系列字母、数字等的组合，许多网站在会员登录窗口中都设置验证码的功能，其作用主要是为了防止一些机器代码对网站进行恶意登录和注册。在 Dreamweaver 可视化操作中并没有提供验证码的实现方法，如果想要在会员登录页面 login.php 中实现验证码的功能，则需要手动编写相应的 PHP 代码。

实｜战　为会员登录页面添加验证码

最终文件：最终文件 \ 第 5 章 \ chapter5\login.php　视频：视频 \ 第 5 章 \5-4-1.mp4

01 打开站点中会员登录页面 login.php，可以看到该页面的效果，如图 5-38 所示。按快捷键 F12，在测试服务器中预览页面，目前页面中的验证码图片只是一张静态的图片，无论如何点击，都无法实现随机显示验证码的效果，如图 5-39 所示。

图 5-38 　　　　　　　　　　　　　　　图 5-39

02 返回 Dreamweaver CC 中，执行"文件">"新建"命令，弹出"新建文档"对话框，选择 PHP 选项，单击"创建"按钮，如图 5-40 所示。新建一个 PHP 页面，将其保存到站点根目录中，命名为 code.php，如图 5-41 所示。

图 5-40 　　　　　　　　　　　　　　　图 5-41

03 在该 PHP 页面中编写随机生成验证码字符的代码，代码如下。

```php
<?php
session_start();                                    // 首先要启动 session
header("Content-type: image/png");                  // 告诉浏览器当前文件产生的结果以 png 形式进行输出
// 创建图像
$im = imagecreate(120, 36);                         // 创建一张宽为 200, 高为 30 的画布
// 设置相应的颜色
$bg = imagecolorallocate($im, 10, 150, 235);            // 给画布加上背景颜色
$dian = imagecolorallocate($im, 255, 255, 255);         // 背景杂点
$fontcolor = imagecolorallocate($im, 255, 255, 255);    // 文字颜色

$numer_array = range(0,9);                          // 生成一个 0 到 9 范围的数组
$abc = range('a','z');                              // 生成一个 a 到 z 范围的数组
$big_abc = range('A','Z');                          // 生成一个 A 到 Z 范围的数组
$big_chars = array_merge($numer_array,$abc,$big_abc);   // 将上述三个数组进行合并
$font = 'images/msyh.ttf';                          // 设定字体文件的路径
$myimagecode = '';
for($i=0;$i<4;$i++){
    $str = $big_chars[rand(0,61)];                  // 从合并后的数组中随机取一个字符
    $myimagecode = $myimagecode.$str;               // 将这个验证码字符串存入变量 myimagecode 中
    $a=25*$i;
    $b=25*($i+1);
    imagettftext($im, 20, 0, mt_rand($a,$b), mt_rand(20,30), $fontcolor, $font, $str);
    // 将取出的字符写在画布上
}
```

```
$_SESSION['thisimagecode'] = $myimagecode;
for($i=0;$i<100;$i++){
   imagesetpixel( $im,mt_rand(0,120),mt_rand(0,36),$dian); // 给画布加上点
}
for($i=0;$i<4;$i++){
    imageline($im, mt_rand(0,120),mt_rand(0,36), mt_rand(0,120),
mt_rand(0,36),$fontcolor  );       // 给画面加上线条
}
imagepng($im);                     // 将图像以 png 形式输出
imagedestroy($im);                 // 将图像资源从内存中销毁，以节约资源
?>
```

04 返回会员登录页面 login.php 中，在页面中单击验证码图片，转换到代码视图中，将其 src 属性值设置为新建的随机生成验证码的 PHP 文件 code.php，如图 5-42 所示。并且在该 <img> 标签中添加 onclick 设置代码，从而实现单击该验证码图片可以随机显示新的验证码，如图 5-43 所示。

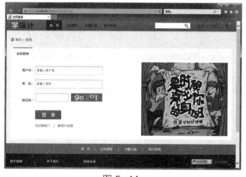

```
    <li>验证码:
      <input name="yzm" type="text" required id="yzm">
<img src="code.php" width="140" height="36" alt="">
    </li>
  </ul>
  <input type="image" name="loginbtn" id="loginbtn" src=
"images/btn1.png">
```

图 5-42

```
    <li>验证码:
      <input name="yzm" type="text" required id="yzm">
<img src="code.php" width="140" height="36" alt="" onclick=
"this.src='code.php?id='+Math.random()">
    </li>
  </ul>
  <input type="image" name="loginbtn" id="loginbtn" src=
"images/btn1.png">
```

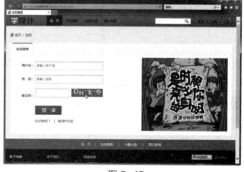

图 5-43

05 保存页面，按快捷键 F12，在测试服务器中预览页面，可以看到自动生成的随机验证码，如图 5-44 所示。单击验证码图片，能够自动生成新的随机验证码，如图 5-45 所示。

图 5-44

图 5-45

5.4.2 “登录用户”服务器行为

在用户登录页面中主要是由一个登录表单来实现相应的功能，可以使用 Dreamweaver CC 中提供的表单验证功能对表单元素进行本地验证，验证在表单中输入的内容是否符合要求。

用户在表单中输入相应的用户名和密码，单击“登录”按钮后，提交用户输入的信息并在数据库中查找相同的数据。在 Dreamweaver 中通过“登录用户”服务器行为实现网站用户登录的功能。

在“服务器行为”面板中添加“登录用户”服务器行为时，弹出“登录用户”对话框，如图 5-46 所示。在该对话框中对相关选项进行设置，各选项作用说明如表 5-3 所示。

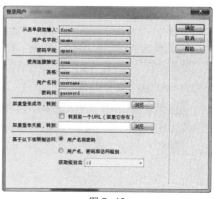

图 5-46

表 5-3　"登录用户"对话框选项说明

选项	说明
从表单获取输入	在该下拉列表中选择从网页中哪个表单对象获取数据
用户名字段	在该下拉列表中选择页面表单中哪个 id 名称的元素为用户名字段
密码字段	在该下拉列表中选择页面表单中哪个 id 名称的元素为密码字段
使用连接验证	在该下拉列表中选择"登录用户"服务器行为使用的数据库连接对象
表格	在该下拉列表中选择该"登录用户"服务器行为使用的数据表
用户名列	在该下拉列表中选择数据表中存储用户名的字段
密码列	在该下拉列表中选择数据表中存储用户密码的字段
如果登录成功，转到	该选项用于设置登录成功后跳转到的页面
如果登录失败，转到	该选项用于设置登录失败后跳转到的页面
基于以下项限制访问	在该选项中选中"用户名和密码"单选按钮，设置后面将根据用户的用户名和密码共同决定其访问网页的权限。如果选中"用户名、密码和访问级别"单选按钮，则可以在"获取级别自"下拉列表中选择一个字段，与用户名和密码共同决定访问网页的权限

实战　制作会员登录页面

最终文件：最终文件\第 5 章\chapter5\login.php　视频：视频\第 5 章\5-4-2.mp4

01 继续在会员登录页面 login.php 中制作会员登录功能。执行"窗口">"服务器行为"命令，打开"服务器行为"面板，单击该面板上的加号按钮，在弹出的菜单中选择"用户身份验证">"登录用户"选项，如图 5-47 所示。向该网页添加"登录用户"服务器行为，弹出"登录用户"对话框，对相关选项进行设置，如图 5-48 所示。

图 5-47

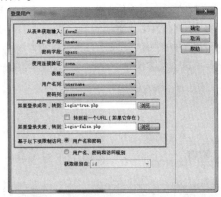

图 5-48

提示

在"登录用户"对话框中指定页面中的表单元素与数据中的哪个字段相对应，并且设置登录成功和登录失败分别跳转到的页面。此处设置页面中的 uname 和 upass 这两个表单元素分别与 user 数据静态表中的 username 和 password 这两个字段相对应，如果登录成功则跳转到登录成功页面 login-true.php，如果登录失败则跳转到登录失败页面 login-false.php。

02 单击"确定"按钮，完成"登录用户"对话框的设置，在"服务器行为"面板上增加了一个"登录用户"行为，如图 5-49 所示。选中网页中的登录表单，在"属性"面板中可以看到自动生成的 Action 值，如图 5-50 所示。

03 选中页面中的"忘记密码"文字，设置其链接到找回密码页面 find-pass.php，如图 5-51 所示。选中页面中的"新用户注册"文字，将其链接到新用户注册页面 reg.php，如图 5-52 所示。

04 保存页面，完成会员登录页面 login.php 的制作。

图 5-49 图 5-50

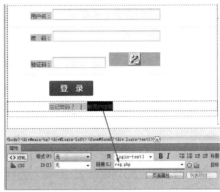

图 5-51 图 5-52

5.4.3 登录成功与登录失败的处理

通常在网站会员登录的过程中会出现两种结果，一种是登录成功，另一种则是登录失败。上一节中已经讲解了使用"登录用户"服务器行为实现网站登录的功能，并设置登录成功跳转到登录成功页面 login-true.php，登录失败则跳转到登录失败页面 login-false.php，接下来制作会员登录成功与登录失败页面。

实 战 制作会员登录成功和登录失败页面

最终文件：最终文件 \ 第 5 章 \ chapter5 \ login-true.php、login-false.php
视频：视频 \ 第 5 章 \ 5-4-3.mp4

01 打开站点中的会员登录成功页面 login-true.php，可以看到该页面的效果，如图 5-53 所示。按快捷键 F12，在测试服务器中预览页面，效果如图 5-54 所示。

图 5-53 图 5-54

02 执行 "窗口" > "绑定" 命令，打开 "绑定" 面板，单击该面板上的加号按钮，在弹出的菜单中选择 "阶段变量" 选项，如图 5-55 所示。弹出 "阶段变量" 对话框，设置阶段变量的 "名称" 为 MM_Username，如图 5-56 所示。

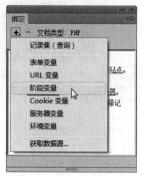

图 5-55

图 5-56

> **提示**
>
> 阶段变量提供了一种对象，通过该对象存储用户信息，并使该信息在用户访问的持续时间中对应用程序的所有页都可用。阶段变量还提供一种超时形式的安全对象，这种对象在用户账户长时间不活动的情况下，终止该用户的会话。如果用户忘记从网站中注销用户，这种对象还会释放服务器内容和处理资源。

03 单击 "确定" 按钮，完成 "阶段变量" 对话框的设置，在 "绑定" 面板中可以看到刚设置的阶段变量，如图 5-57 所示。在 "绑定" 面板中将阶段变量 MM_Username 拖入页面中相应的位置，如图 5-58 所示。

图 5-57

图 5-58

> **技巧**
>
> 在此处设置阶段变量的目的是在用户登录成功后，在登录成功页面中显示用户名，使网页效果更直观，页面更有亲切感。

04 选中页面中的 "修改用户资料" 文字，转换到代码视图中，设置其链接到修改用户资料页面 updata.php，并为该超链接添加传递参数代码，如图 5-59 所示。

```
<div id="msg">
  <h1>登录成功</h1>
  <p>欢迎您: <span class="font01"><?php echo $_SESSION['MM_Username']; ?></span><br>
    <a href="updata.php?username=<?php echo $_SESSION['MM_Username']; ?>">- 修改用户资料</a><br>
    <a href="#">- 退出登录</a></p>
</div>
```

图 5-59

在设置"修改用户资料"超链接时，向 updata.php 页面中传递相关的 URL 参数，在该页面中传递的 URL 参数是 username，其值为阶段变量 MM_Username 的值。该链接完整的形式为 updata.php?username=<?php echo $_SESSION['MM_Username']; ?>。

05 返回 Dreamweaver 设计视图中，选中页面中的"退出登录"文字，单击"服务器行为"面板上的加号按钮，在弹出的菜单中选择"用户身份验证">"注销用户"选项，如图 5-60 所示。为选中的文本添加"注销用户"服务器行为，弹出"注销用户"对话框，对相关选项进行设置，如图 5-61 所示。

图 5-60

图 5-61

在"注销用户"对话框的"在以下情况下注销"选项中选中"单击链接"单选按钮，即单击当前选中的链接文字，"在完成后，转到"选项用于设置注销用户后跳转到的页面，在这里跳转到退出登录页面 login-out.php，退出登录页面 login-out.php 为静态页面，显示退出成功信息。

06 单击"确定"按钮，完成"注销用户"对话框的设置，在"服务器行为"面板上增加了一个"注销用户"行为，如图 5-62 所示。转换到代码视图中，可以看到为"退出登录"文字添加"注销用户"服务器行为的超链接代码，如图 5-63 所示。

图 5-62

```
<div id="msg">
    <h1>登录成功</h1>
    <p>欢迎您: <span class="font01"><?php echo $_SESSION['MM_Username']; ?></span><br>
    <a href="updata.php?username=<?php echo $_SESSION['MM_Username']; ?>">- 修改用户资料</a><br>
    <a href="<?php echo $logoutAction ?>">- 退出登录</a></p>
</div>
```

图 5-63

07 打开站点中的会员登录失败页面 login-false.php，可以看到该页面的效果，如图 5-64 所示。会员登录失败页面 login-false.php 是一个静态内容页面，直接为页面右上角的"登录"和"注册"文字设置超链接，分别链接到会员登录页面 login.php 和新用户注册页面 reg.php 即可，如图 5-65 所示。

图 5-64

```
<div id="top-right2">
    <div id="top-login"><a href="login.php">登录</a>  |
<a href="reg.php">注册</a></div>
```

图 5-65

5.4.4 退出登录

退出登录可以清空用户登录后的 session 记录，当用户成功登录后，在登录成功页面中单击"退出登录"超链接，触发页面的"注销用户"服务器行为，退出登录并跳转到退出登录页面。

在本实例制作的网站用户登录和注册系统的退出登录成功页面 login-out.php 中，主要用于提示用户退出登录成功，只需为页面中的文字设置相应的超链接即可。

打开站点中的退出登录页面 login-out.php，可以看到该页面的效果，如图 5-66 所示。为页面提示文字中的"会员登录"文字设置超链接，链接到会员登录页面 login.php，如图 5-67 所示。并且分别为页面右上角的"登录"和"注册"文字设置超链接，分别链接到会员登录页面 login.php 和新用户注册页面 reg.php 页面，完成退出登录页面 login-out.php 的制作。

图 5-66

图 5-67

提示

退出登录页面 login-out.php 只是提示用户已经成功退出登录，并没有其他的实际用途，当然也可以在执行完"注销用户"服务器行为后直接跳转到其他页面中。

5.4.5 会员资料修改

当网站用户登录成功后，即可对注册时填写的资料进行修改，修改用户资料的过程也就是更新用户数据表中数据记录的过程。修改用户资料页面 updata.php 需要接收 URL 传递的参数，并通过该参数在数据表中查询相应的记录，通过"更新记录"服务器行为对数据表中的会员资料进行更新。

实战 制作修改用户资料页面

最终文件：最终文件 \ 第 5 章 \chapter5\ updata.php 视频：视频 \ 第 5 章 \5-4-5.mp4

 打开站点中修改用户资料页面 updata.php，可以看到该页面的效果，如图

5–68 所示。按快捷键 F12，在测试服务器中预览页面，如图 5–69 所示。

图 5–68　　　　　　　　　　　　　　　　　图 5–69

02 单击"绑定"面板上的加号按钮，在弹出的菜单中选择"记录集（查询）"选项，弹出"记录集"对话框，对相关选项进行设置，如图 5–70 所示。单击"确定"按钮，创建记录集，将记录集的字段插入页面中相应的表单元素中，如图 5–71 所示。

图 5–70　　　　　　　　　　　　　　　　　图 5–71

> **提示**
>
> 此处创建的记录集、"筛选"选项是通过阶段变量 MM_Username 进行筛选的，筛选数据表中 username 字段与阶段变量 MM_Username 相同的记录。

03 选中"密码保护问题"文字后面的下拉列表元素，单击"服务器行为"面板上的加号按钮，在弹出的菜单中选择"动态表单元素"＞"动态列表／菜单"选项，如图 5–72 所示。弹出"动态列表／菜单"对话框，单击"选取值等于"选项后面的"绑定到动态源"按钮，弹出"动态数据"对话框，选择记录集中的 question 字段，如图 5–73 所示。

图 5–72　　　　　　　　　　　　　　　　　图 5–73

04 单击"确定"按钮，返回"动态列表/菜单"对话框，可以看到相应的选项设置，如图 5-74 所示。单击"确定"按钮，完成"动态列表/菜单"对话框的设置，在"服务器行为"面板上增加了一个"动态列表/菜单"行为，如图 5-75 所示。

图 5-74

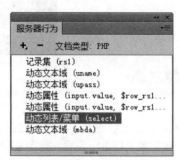

图 5-75

> **提示**
>
> 因为下拉列表元素比较特殊，其列表中有多个选项，所以此处需要使用"动态列表/菜单"服务器行为来为页面中的下拉列表元素绑定相应的字段。

05 在页面中表单域的任意位置插入一个隐藏域，如图 5-76 所示。选中刚插入的隐藏域，在"属性"面板上设置其 name 属性为 id，单击 Value 选项后面的"绑定到动态源"按钮，在弹出的"动态数据"对话框中将其绑定到记录集中的 id 字段，如图 5-77 所示。

图 5-76

图 5-77

06 单击"确定"按钮，完成"动态数据"对话框的设置，可以看到 Value 属性值，如图 5-78 所示。单击"服务器行为"面板上的加号按钮，在弹出的菜单中选择"更新记录"选项，弹出"更新记录"对话框，对相关选项进行设置，如图 5-79 所示。

图 5-78

图 5-79

07 转换到代码视图中，在页面顶部 PHP 代码中添加 session_start(); 代码，如图 5-80 所示。分别为页面右上角的"登录"和"注册"文字设置超链接，分别链接到会员登录页面 login.php 和新用户注册页面 reg.php，如图 5-81 所示，完成用户资料修改页面 updata.php 的制作。

```php
<?php require_once('Connections/conn.php'); ?>
<?php
session_start();   //启动session
if (!function_exists("GetSQLValueString")) {
```

图 5-80

```html
<div id="top-right2">
    <div id="top-login"><a href="login.php">登录</a>    |
<a href="reg.php">注册</a></div>
    <div id="top-car">
```

图 5-81

5.4.6　用户资料修改成功页面

在修改用户资料页面 updata.php 中对注册时填写的用户资料进行修改，修改后提交表单数据，"更新记录"服务器行为会对数据表中的该条数据记录进行更新，会员资料修改成功后将跳转到用户资料修改成功页面 updata-ok.php。

用户资料修改成功页面 updata-ok.php 是一个静态数据页面，主要用于提示用户资料修改成功，只需为页面中相应的文字设置相应的超链接即可。

打开站点中的用户资料修改成功页面 updata-ok.php，可以看到该页面的效果，如图 5-82 所示。分别为页面右上角的"登录"和"注册"文字设置超链接，分别链接到会员登录页面 login.php 和新用户注册页面 reg.php，如图 5-83 所示，完成用户资料修改成功页面 updata-ok.php 的制作。

图 5-82

```html
<div id="top-right2">
    <div id="top-login"><a href="login.php">登录</a>    |
<a href="reg.php">注册</a></div>
    <div id="top-car">
```

图 5-83

> **提示**
>
> 　　用户资料修改成功页面 updata-ok.php 是一个静态数据页面，该页面没有与 MySQL 数据库进行交互，也没有与数据库连接，但是该页面的扩展名为 .php，当浏览器进行解析时，会认为该页面是一个动态网页，需要测试服务器。

5.5　开发找回密码功能

在新用户注册页面 reg.php 中设计的"密码提示问题"和"密码答案"两个表单项，其作用就是当用户忘记密码时，通过注册时所设置的密码提示问题和答案找回用户密码，实现的方法是判断用户提供的密码提示问题答案与数据库中的答案是否一致，如果相同，则可以找回遗失的密码。

5.5.1　找回密码

当用户忘记密码时，可以在会员登录页面 login.php 中单击"找回登录密码"超链接，跳转到找回密码页面 find-pass.php。找回密码功能需要根据用户输入的用户名进行查找，根据用户名查找数据库中对应的记录。

实 战 制作找回密码页面

最终文件：最终文件 \ 第 5 章 \chapter5\find-pass.php   视频：视频 \ 第 5 章 \5-5-1.mp4

01 打开站点中的找回密码页面 find-pass.php，可以看到该页面的效果，如图 5-84 所示。按快捷键 F12，在测试服务器中预览页面，效果如图 5-85 所示。

图 5-84   图 5-85

02 在 Dreamweaver CC 中选中页面中的表单域，单击"属性"面板上的 Action 选项后面的"浏览文件"按钮，如图 5-86 所示。弹出"选择文件"对话框，选择找回密码问题页面 find-question.php，如图 5-87 所示。

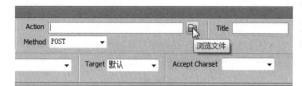

图 5-86   图 5-87

03 单击"确定"按钮，选择文件，可以看到 Action 选项的设置，如图 5-88 所示。分别为页面右上角的"登录"和"注册"文字设置超链接，分别链接到会员登录页面 login.php 和新用户注册页面 reg.php，如图 5-89 所示，完成找回密码页面 find-pass.php 的制作。

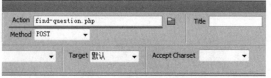

图 5-88

```
<div id="top-right2">
    <div id="top-login"><a href="login.php">登录</a>  |
<a href="reg.php">注册</a></div>
    <div id="top-car">
```

图 5-89

> **提示**
>
> 在该页面中设置表单域的 Action 属性主要是为了实现将用户输入的用户名传递到所指定的找回密码问题页面 find-question.php 中进行处理，在找回密码问题页面 find-question.php 中将会接收表单传递过来的值。

5.5.2 密码问题

当用户在找回密码页面 find-pass.php 中输入用户名，并单击"查询"按钮后，通过表单将输入的用户名提交到找回密码问题页面 find-question.php，该页面的作用是根据传递过来的用户名从数据库中找到对应的记录的密码提示问题。

实战 制作找回密码问题页面

最终文件：最终文件\第 5 章\chapter5\find-question.php 视频：视频\第 5 章\5-5-2.mp4

01 打开站点中的找回密码问题页面 find-question.php，可以看到该页面的效果，如图 5-90 所示。按快捷键 F12，在测试服务器中预览页面，效果如图 5-91 所示。

图 5-90

图 5-91

02 打开"绑定"面板，单击该面板上的加号按钮，在弹出的菜单中选择"记录集（查询）"选项，对相关选项进行设置，如图 5-92 所示。单击"确定"按钮，创建记录集，将记录集中的 question 字段插入页面中的相应位置，如图 5-93 所示。

图 5-92

图 5-93

> **提示**
>
> 此处通过从找回密码页面 find-pass.php 中传递过来的表单变量对记录集结果进行筛选，fname 为找回密码页面 find-pass.php 中"请输入您注册的用户名"文字后面的文本字段的 id 名称。

03 在页面表单域中的任意位置插入一个隐藏域，如图 5-94 所示。选中刚插入的隐藏域，在"属性"面板中设置其 name 属性为 username，如图 5-95 所示。

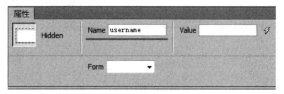

图 5-94

图 5-95

04 单击"属性"面板上的 Value 属性后面的"绑定到动态源"按钮，在弹出的"动态数据"对话框中选择记录集中的 username 字段，如图 5-96 所示。单击"确定"按钮，将记录集中的 username 字段绑定到刚插入的隐藏域，如图 5-97 所示。

图 5-96

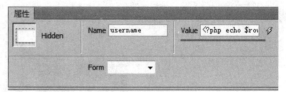

图 5-97

> **提示**
>
> 　　如果用户在找回密码页面 find-pass.php 中输入的用户名在数据表中不存在，则记录集为空，就会导致该页面不能正常显示，所以在这里插入一个隐藏域，并对隐藏域进行相应的设置。

05 选中页面中的表单域，单击"属性"面板上 Action 选项后面的"浏览文件"按钮，在弹出的对话框中选择 find-res.php 文件，如图 5-98 所示。单击"确定"按钮，选择文件，可以看到 Action 选项的设置，如图 5-99 所示。

图 5-98

图 5-99

06 选中页面中如果记录集不为空则需要显示的区域，如图 5-100 所示。单击"服务器行为"面板上的加号按钮，在弹出的菜单中选择"显示区域" > "如果记录集不为空则显示"命令，在弹出的对话框中进行设置，如图 5-101 所示。

图 5-100

图 5-101

07 单击"确定"按钮，完成记录集不为空则显示区域的设置，如图 5-102 所示。选中页面中如果记录集为空则需要显示的区域，如图 5-103 所示。

图 5-102　　　　　　　　　　　　　　　　　　图 5-103

08 单击"服务器行为"面板上的加号按钮，在弹出的菜单中执行"显示区域">"如果记录集为空则显示"命令，在弹出的对话框中进行设置，如图 5-104 所示。单击"确定"按钮，完成记录集为空则显示区域的设置，如图 5-105 所示。完成找回密码问题页面 find-question.php 的制作。

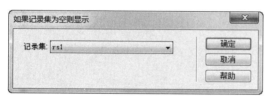

图 5-104　　　　　　　　　　　　　图 5-105

5.5.3　找回密码成功

　　用户在找回密码问题页面 find-question.php 中输入问题答案，单击"查询"按钮后，服务器将用户名和密码提示问题答案提交到找回密码成功页面 find-res.php 中，并通过数据库查询判断密码问题答案是否正确，如果正确，则找回密码成功并显示用户名和密码；如果不正确，则显示提示信息。

实战　制作找回密码成功页面

最终文件：最终文件＼第 5 章＼chapter5＼find-res.php　视频：视频＼第 5 章＼5-5-3.mp4

01 打开站点中找回密码成功页面 find-res.php，可以看到该页面的效果，如图 5-106 所示。按快捷键 F12，在测试服务器中预览页面，效果如图 5-107 所示。

图 5-106　　　　　　　　　　　　　　　　　　图 5-107

02 打开"绑定"面板，单击该面板上的加号按钮，在弹出的菜单中选择"记录集（查询）"选项，在弹出的对话框中进行设置，如图 5-108 所示。单击"确定"按钮，创建记录集，将记录集中的 username 和 password 字段插入页面中相应位置，如图 5-109 所示。

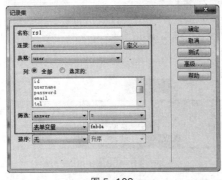

图 5-108

图 5-109

提示

此处通过从找回密码问题页面 find-question.php 中传递过来的表单变量对记录集结果进行筛选，fmbda 为找回密码问题页面 find-question.php 中"密码保护答案"文字后面的文本字段的 id 名称。

03 选中当用户输入的密保问题答案正确时需要显示的区域，如图 5-110 所示。单击"服务器行为"面板上的加号按钮，在弹出的菜单中选择"显示区域 > 如果记录集不为空则显示"选项，在弹出的对话框中进行设置，如图 5-111 所示。

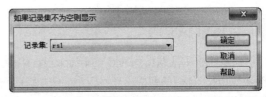

图 5-110

图 5-111

04 单击"确定"按钮，完成记录集不为空则显示区域的设置，如图 5-112 所示。选中页面中当用户输入的密保问题答案不正确时显示的区域，如图 5-113 所示。

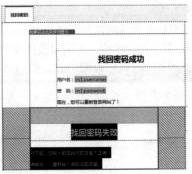

图 5-112

图 5-113

05 单击"服务器行为"面板上的加号按钮，在弹出的菜单中选择"显示区域">"如果记录集为空则显示"选项，在弹出的对话框中进行设置，如图 5-114 所示。单击"确定"按钮，完成记录集为空则显示区域的设置，如图 5-115 所示，完成找回密码成功页面 find-res.php 的制作。

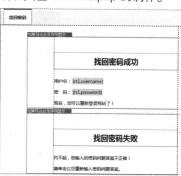

图 5-114

图 5-115

5.6　测试会员管理系统

通过本章前面几节的制作，已经完成了一个基础的网站会员管理系统的制作，接下来在测试服务器中对该系统进行测试，从而检验该用户登录和注册的功能是否都能够正常运行。

实 战　测试网站会员管理系统

最终文件：无　视频：视频\第 5 章\5-6.mp4

01 在 Dreamweaver CC 中打开会员登录页面 login.php，按快捷键 F12，在测试服务器中测试该页面，效果如图 5-116 所示。输入用户名和密码，当输入错误时，单击"登录"按钮，将会跳转到会员登录失败页面 login-false.php，如图 5-117 所示。

图 5-116

图 5-117

技巧

在测试服务器中测试页面时，也可以直接在浏览器的地址栏中输入测试页面的地址，例如该登录页面的地址为 http://localhost/chapter5/login.php。这种方法是最直接的方法，但是网站页面必须放置在测试服务器所对应的目录中。

02 单击会员登录失败页面 login-false.php 右上角的"注册"超链接，跳转到新用户注册页面 reg.php，如图 5-118 所示。当表单信息没有填写完整或者填写错误，单击"立即注册"按钮时会出现提示文字，如图 5-119 所示。

图 5-118

图 5-119

03 在新用户注册页面 reg.php 中正确填写完整表单信息，如图 5-120 所示。单击"立即注册"按钮，跳转到用户注册成功页面 reg-true.php，如图 5-121 所示。

图 5-120

图 5-121

04 单击页面提示文字中的"登录"超链接，跳转到会员登录页面 login.php，填写刚注册的用户名和密码，如图 5-122 所示。单击"登录"按钮，跳转到会员登录成功页面 login-true.php，如图 5-123 所示。

图 5-122

图 5-123

05 单击会员登录成功页面 login-true.php 中的"修改用户资料"超链接，跳转到修改用户资料页面 updata.php，如图 5-124 所示。对信息进行修改之后，单击"确认修改"按钮，跳转到用户修改资料成功页面 updata-ok_php，如图 5-125 所示。

图 5-124

图 5-125

06 单击页面右上角的"登录"超链接，跳转到会员登录页面 login.php，单击该页面中的"忘记密码？"超链接，跳转到找回密码页面 find-pass.php，如图 5-126 所示。在"用户名"文本框中输入用户名，在输入错误的情况下，单击"提交"按钮，跳转到找回密码问题页面 find-question.php，并显示错误提示，如图 5-127 所示。

图 5-126

图 5-127

07 跳转到找回密码页面 find-pass.php，在正确输入用户名的情况下单击"提交"按钮，跳转到找回密码问题页面 find-question.php，页面效果如图 5-128 所示。在问题答案输入错误的情况下，则会跳转到找回密码成功页面 find-res.php，并显示错误提示，如图 5-129 所示。

图 5-128

图 5-129

08 在找回密码问题页面 find-question.php 中正确输入密码保护答案，单击"查询"按钮，跳转到找回密码成功页面 find-res.php，显示找回密码结果，如图 5-130 所示。重新使用用户名和密码进行登录，跳转到会员登录成功页面 login-true.php，单击页面中的"退出登录"超链接，则跳转到退出登录页面 login-out.php，如图 5-131 所示。

图 5-130

图 5-131

第 **6** 章 网站投票管理系统

在网站中设计一个投票系统可以方便网站管理人员对浏览者的意见进行收集，网站投票系统具有简单易行、可操作性强、实时显示、便于统计等特点，目前很多大型网站中都会不定期推出一些投票调查活动。在本章中将向读者介绍一个功能全面的网站投票管理系统的开发，使读者能够将投票系统真正应用到所开发的网站中。

本章知识点:

➢ 理解网站投票管理系统的规划
➢ 掌握系统动态站点和 MySQL 数据库的创建
➢ 掌握前台用户投票功能的开发
➢ 掌握后台管理登录的实现方法
➢ 掌握后台投票管理相关功能的开发

6.1 网站投票管理系统规划

一个投票管理系统大体分为 3 部分：投票部分、票数处理部分和结果显示部分。投票管理系统首先列出投票选项，当投票者单击"投票"按钮后，激活票数处理部分，对服务器传送过来的数据做出相应的处理，先判断用户选择的是哪一项，把相应的字段值加 1，然后对数据进行更新，并显示出统计结果。

6.1.1 投票管理系统结构规划

投票管理系统分为前台用户投票和后台投票管理功能两大部分。前台用户投票功能主要是在页面中列出投票主题，单击某个投票主题进入该投票页面，列出投票选项，用户投票后显示出投票结果。后台投票管理功能相对比较复杂，主要负责对投票主题和投票选项进行管理，可以添加、修改和删除系统中的投票主题和投票选项。

网站投票管理系统总体构架如图 6-1 所示。

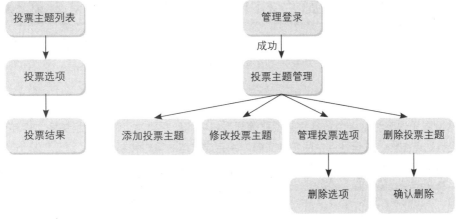

图 6-1

6.1.2 投票管理系统相关页面说明

在上一节中已经对网站投票管理系统的功能和运行流程进行了分析，在本章开发的网站投票系统中主要包含 11 个页面，其中前台用户投票功能页面 3 个，页面说明如表 6–1 所示。后台投票管理功能页面 8 个，页面说明如表 6–2 所示。

表 6-1　网站投票管理系统前台用户投票功能页面说明

页面	说明
index.php	网站投票系统首页面，在该页面中显示数据库中所有投票主题数据记录，并且以列表的形式进行显示，用户可以单击感兴趣的投票主题，进入该主题的投票页面
vote.php	网站调查投票页面，在网站投票系统首页面 index.php 中单击某个投票主题即可进入该主题的投票页面，在该页面中接收 URL 传递的参数，在数据库中查询对应的投票主题记录，并在该页面中显示该投票主题的相关投票选项
vote-show.php	投票结果页面，在网站调查投票页面 vote.php 中选择某个选项进行投票后将参数传递到该页面中，并使用图形与数字相结合的方式显示各投票选项的统计结果

表 6-2　网站投票管理系统后台投票管理功能页面说明

页面	说明
login.php	后台投票管理登录页面，在该页面的表单元素中输入管理员账号和密码，单击"登录"按钮，即可登录到投票主题管理列表页面 subject–list.php
subject-list.php	投票主题管理列表页面，在该页面中查询并显示数据库中所有的投票主题记录，以列表的形式进行显示，并在每条投票主题后面提供"修改""删除"和"管理"超链接
subject-add.php	添加投票主题页面，在该页面的表单元素中输入相应的信息内容，通过"插入记录"服务器行为将输入的投票主题插入数据库中
subject-updata.php	修改投票主题页面，在该页面中接收 URL 传递的参数，在数据库中查询对应的数据记录，在该页面中显示该数据记录的相关内容，并且可以对其进行修改，通过"更新记录"服务器行为将修改后的内容替换为数据库中的该条信息记录
subject-manage.php	投票主题管理页面，该页面是对各个投票主题的选项进行管理，其中可以对该投票主题中的选项进行添加、删除等操作
option-del.php	删除投票选项页面，该页面接收从投票主题管理页面 subject-manage.php 传递过来的 URL 参数，通过"删除记录"服务器行为将指定的投票选项从数据表中删除，并返回投票主题管理页面
subject-del.php	确认删除投票主题页面，在该页面中接收 URL 传递的参数，在数据库中查询对应的数据记录，并显示在页面中
subject-delAll.php	删除投票主题页面，在确认删除投票主题页面 subject-del.php 中单击"确认删除"按钮，将跳转到该页面中，在该页面中接收 URL 传递的参数，通过"删除记录"服务器行为删除数据表中相关的数据记录

6.2　创建系统站点和 MySQL 数据库

完成了系统结构的规划分析，基本上了解了该系统中相关的页面及所需要实现的功能，接下来创建该系统的动态站点并根据系统功能规划来创建 MySQL 数据库。

6.2.1 投票管理系统站点

网站投票管理系统站点中包括网站投票管理系统中的所有网站页面以及相关的文件和素材，从全局上控制站点结构，管理站点中的各种文档，并完成文档的编辑和制作。

实 战　创建网站投票管理系统站点

最终文件：无　视频：视频 \ 第 6 章 \6-2-1.mp4

01 在"源文件 \ 第 6 章 \chapter6"文件夹中已经制作好了网站投票管理系统中

相关的静态页面，如图 6-2 所示。直接将 chapter6 文件复制到 Apache 服务器默认的网站根目录 (C:\
AppServ\www) 中，如图 6-3 所示。

图 6-2

图 6-3

提示

为了能够更好地区分前台显示页面和后台管理页面，这里将后台管理页面都放在 admin 文件夹中。

02 打开 Dreamweaver CC，执行"站点"＞"新建站点"命令，弹出"站点设置对象"对话框，
设置站点名称和本地站点文件夹，如图 6-4 所示。切换到服务器选项设置界面，单击"添加新服务器"
按钮，弹出服务器设置窗口，在"连接方法"下拉列表中选择"本地 / 网络"选项，对相关选项进
行设置，如图 6-5 所示。

图 6-4

图 6-5

03 单击"高级"按钮，切换到"高级"选项卡中，在"服务器模型"下拉列表中选择 PHP
MySQL 选项，如图 6-6 所示。单击"保存"按钮，保存服务器选项设置，返回"站点设置对象"对
话框，选中"测试"复选框，单击"保存"按钮，完成网站投票管理系统站点的创建，如图 6-7 所示。

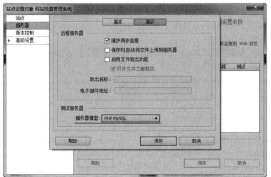
图 6-6

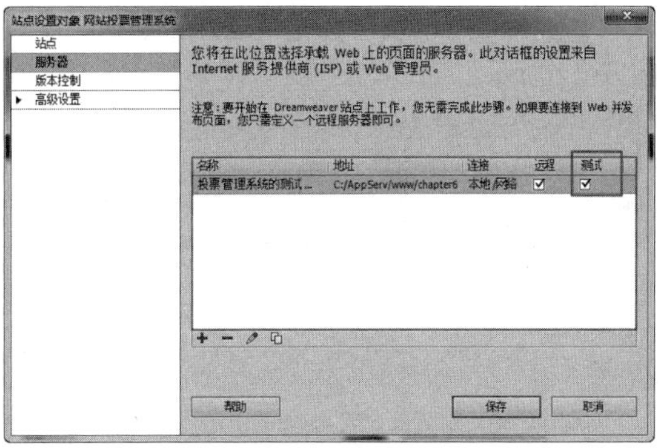

图 6-7

6.2.2　创建 MySQL 数据库 ⟩

在本章开发的网站投票管理系统中，数据库用于存储投票主题、各投票主题的投票选项和票数等数据内容，在本系统中需要使用 4 个数据表，分别是用于存储后台管理账号的 admin_user 数据表、用于存储投票主题的 vote_main 数据表、用于存储投票选项的 vote_option 数据表和用于存储投票数的 vote_record 数据表。

实 战 | 创建网站投票管理系统数据库

最终文件：无　视频：视频＼第 6 章＼6-2-2.mp4

01 打开浏览器窗口，在地址栏中输入 http://localhost/phpMyAdmin，访问 MySQL 数据库管理界面，输入 MySQL 数据库的用户名和密码，如图 6-8 所示，单击"确定"按钮，登录 phpMyAdmin，显示 phpMyAdmin 管理主界面，如图 6-9 所示。

图 6-8　　　　　　　　　　　　图 6-9

02 单击页面顶部的"数据库"选项卡，在"新建数据库"文本框中输入数据库名称 vote，单击"创建"按钮，如图 6-10 所示。即可创建一个新的数据库，进入该数据库的操作界面，创建名为 admin_user 的数据表，该数据表包含 2 个字段，如图 6-11 所示。

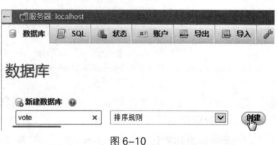　

图 6-10　　　　　　　　　　　　图 6-11

03 单击"执行"按钮，进入该数据表字段设置界面，对各字段名称和字段类型进行设置，如图 6-12 所示。

名字	类型	长度/值	默认	排序规则	属性	空	索引	A_I	注释
username	VARCHAR	20	无			☐	---	☐	
password	VARCHAR	20	无			☐	---	☐	

图 6-12

> **提示**
>
> admin_user 数据表中的 username 字段的类型为 VARCHAR（字符型），用于存储管理员账号；password 字段的类型为 VARCHAR（字符型），用于存储管理员密码，在该数据表中没有设置主键。

04 单击"保存"按钮，完成该数据表的创建并完成数据表中各字段属性的设置，显示数据表的结构，如图 6-13 所示。单击页面顶部的"插入"选项卡，切换至"插入"选项卡中，输入相应的值，单击"执行"按钮，直接在该数据表中插入一条记录，如图 6-14 所示。

图 6-13   图 6-14

> **技巧**
>
> admin_user 数据表用于存储网站投票管理系统的管理员账户和密码，此处直接在该数据表中插入管理员账号和密码数据，当用户需要进入后台管理页面时，必须使用该账号和密码登录后才能对投票系统进行管理操作。

05 完成 admin_user 数据表的创建，接下来创建 vote_main 数据表。在 phpMyAdmin 管理平台左侧单击 vote 数据库，在右侧下方的"新建数据表"选项区中设置"名字"为 vote_main，"字段数"为 3，如图 6-15 所示。单击"执行"按钮，进入该数据表字段设置界面，对各字段名称和字段类型进行设置，如图 6-16 所示。

图 6-15   图 6-16

06 单击"保存"按钮，完成 vote_main 数据表的创建并完成数据表中各字段属性的设置，显示数据表的结构，如图 6-17 所示。

图 6-17

> **提示**
>
> vote_main 数据表用于存储投票主题的名称和日期，数据表中的 vote_id 字段类型为 INT（整数型），设置该字段为主键并且数值自动递增；vote_name 字段的类型为 VARCHAR（字符型），用于存储投票主题名称；vote_date 字段的类型为 date（日期型），用于存储投票主题的日期。

07 完成 vote_main 数据表的创建，接下来创建 vote_option 数据表。在 phpMyAdmin 管理平台

左侧单击 vote 数据库，在右侧下方的"新建数据表"选项区中设置"名字"为 vote_option，"字段数"为 3，如图 6-18 所示。单击"执行"按钮，进入该数据表字段设置界面，对各字段名称和字段类型进行设置，如图 6-19 所示。

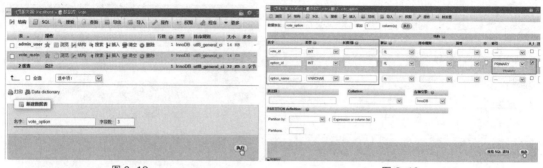

图 6-18　　　　　　　　　　　　　　　　　　　图 6-19

08 单击"保存"按钮，完成 vote_option 数据表的创建并完成数据表中各字段属性的设置，显示数据表的结构，如图 6-20 所示。

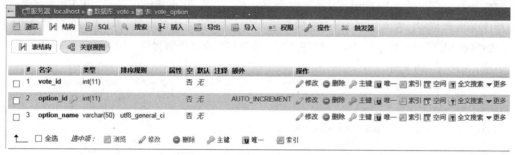

图 6-20

> **提示**
>
> vote_option 数据表用于存储投票主题中的投票选项，数据表中的 vote_id 字段类型为 INT（整数型），与 vote_main 数据表中的 vote_id 字段为关联字段；option_id 字段的类型为 INT（整数型），设置该字段为主键并且数值自动递增；option_name 字段的类型为 VARCHAR（字符型），用于存储投票选项名称。

09 完成 vote_option 数据表的创建，接下来创建 vote_record 数据表。在 phpMyAdmin 管理平台左侧单击 vote 数据库，在右侧下方的"新建数据表"选项区中设置"名字"为 vote_record，"字段数"为 2，如图 6-21 所示。单击"执行"按钮，进入该数据表字段设置界面，对各字段名称和字段类型进行设置，如图 6-22 所示。

图 6-21　　　　　　　　　　　　　　　　　　　图 6-22

10 单击"保存"按钮，完成 vote_record 数据表的创建并完成数据表中各字段属性的设置，显示数据表的结构，如图 6-23 所示。在 phpMyAdmin 管理平台左侧可以看到刚创建的名称为 vote 的数据库以及该数据库中包含的 4 个数据表，如图 6-24 所示。

图 6-23

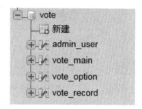

图 6-24

　　vote_record 数据表用于存储投票选项的投票数，数据表中的 vote_id 字段类型为 INT(整数型)，与 vote_main 数据表中的 vote_id 字段为关联字段；option_id 字段的类型为 INT(整数型)，与 vote_option 数据表中的 option_id 字段为关联字段。在该数据表中没有设置主键。

技巧

　　同一个数据库中的多个数据表中拥有相同的字段名，说明该字段为关联字段，例如在本实例中 vote_main、vote_option 和 vote_record 这 3 个数据表中都包含 vote_id 字段，该字段用于存储投票主题的 ID，该字段在这 3 个数据表中就是关联字段。在 vote_option 和 vote_record 这两个数据表中都包含 option_id 字段，该字段用于存储投票选项的 ID，该字段同样是这两个数据表的关联字段。

6.2.3　创建 MySQL 数据库连接

　　完成了网站投票管理系统站点的创建，并且完成了该系统 MySQL 数据库的创建后，接下来为网站投票管理系统创建 MySQL 数据库连接，只有成功与所创建的 MySQL 数据库连接，才能在 Dreamweaver 中通过程序对 MySQL 数据库进行操作。

实战　创建网站投票管理系统数据库连接

最终文件：无　视频：视频 \ 第 6 章 \ 6-2-3.mp4

　　01　在 Dreamweaver CC 中打开该系统站点中的任意一个页面，执行"窗口" > "数据库"命令，打开"数据库"面板，如图 6-25 所示。单击加号按钮，在弹出的菜单中选择"MySQL连接"选项，如图 6-26 所示。

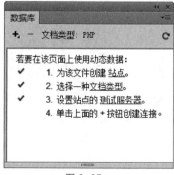

图 6-25

图 6-26

02 弹出 "MySQL 连接" 对话框，对相关选项进行设置，如图 6-27 所示。单击 "确定" 按钮，即可创建网站投票管理系统 MySQL 数据库的连接，如图 6-28 所示。

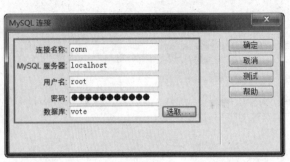

图 6-27

图 6-28

6.3 开发前台用户投票功能

经过前面对网站投票管理系统的分析，已经清楚地了解本章所开发的投票管理系统主要分为前台用户投票功能和后台投票管理功能两大部分。前台用户投票功能是所有普通用户能够看到的，并且能够参与投票以及查看投票结果，该部分主要包括 3 个页面，分别是网站投票系统首页面 index.php、网站调查投票页面 vote.php 和投票结果页面 vote-show.php，本节将带领读者一起完成前台用户投票功能的实现。

6.3.1 网站投票系统首页面

在该网站投票管理系统中，管理员可以同时发起多个投票主题，每一个投票主题中都包含不同的投票选项，用户可以选择自己感兴趣的投票主题进行投票。在网站投票系统首页面 index.php 中，以列表的方式显示出系统中所有的投票主题供浏览者进行选择。

实战 制作网站投票系统首页面

最终文件：最终文件 \ 第 6 章 \chapter6\index.php 视频：视频 \ 第 6 章 \6-3-1.mp4

01 打开站点中的网站投票系统首页面 index.php，可以看到页面的效果，如图 6-29 所示。按快捷键 F12，在测试服务器中预览页面，如图 6-30 所示。

图 6-29

图 6-30

02 打开 "绑定" 面板，单击该面板上的加号按钮，在弹出的菜单中选择 "记录集（查询）" 选项，弹出 "记录集" 对话框，设置如图 6-31 所示。单击 "高级" 按钮，切换到高级设置界面，在 SQL 语句中添加相应的语句，如图 6-32 所示。

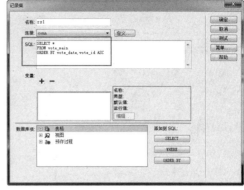

图 6-31　　　　　　　　　　　　　　　　　　图 6-32

在 "记录集" 对话框中设置 "排序" 选项为按 vote_date 字段升序排序。在 "高级" 选项中在 SQL 语句中又加入了一个排序的判断，在 ORDER BY vote_date 后面加上 ,vote_id, 完整的 SQL 语句如下。

```
SELECT *
FROM vote_main
ORDER BY vote_date,vote_id ASC
```

03 单击 "确定" 按钮，创建记录集，"绑定" 面板上会显示出刚创建的记录集，如图 6-33 所示。切换到代码视图中，在 PHP 程序代码的头部添加代码定义名称为 $sysdate，设置该变量的值为当前系统时间，如图 6-34 所示。

```
<?php require_once('Connections/conn.php'); ?>
<?php
date_default_timezone_set('Asia/Shanghai');//设置时区
$sysdate=date("Y-m-d");//获取系统日期
if (!function_exists("GetSQLValueString")) {
```

图 6-33　　　　　　　　　　　　　　　　图 6-34

通过 date_default_timezone_set() 函数来设置当前时区，接着添加语句 $sysdate=date("Y-m-d");，该语句用于接收系统日期变量。后面我们需要判断投票主题的有效期是否大于当前系统日期，只有大于当前系统日期的投票主题才能显示。

04 双击 "绑定" 面板中的 rs1 记录集，弹出 "记录集" 对话框，单击 "高级" 按钮，切换到高级设置界面，在 SQL 语句中添加相应的语句，如图 6-35 所示。单击 "确定" 按钮，将页面中的 "投票主题 1" 文字替换为记录集中的 vote_name 字段，如图 6-36 所示。

将原先的 SQL 语句添加 where 条件语句，WHERE vote_date(有效期限)>= 系统日期，表示只有当投票有效期大于等于系统日期时才显示该投票主题。完整的 SQL 语句如下。

```
SELECT *
FROM vote_main WHERE vote_date>='".$sysdate."'
ORDER BY vote_date,vote_id ASC
```

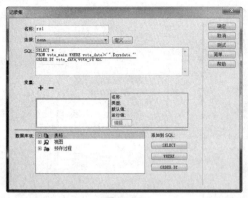

图 6-35   图 6-36

05 选中刚插入页面中的 vote_name 字段，设置其链接到网站调查投票页面 vote.php，并且需要为该链接设置 URL 传递参数，完整的链接地址为 vote.php?vote_id=<?php echo $row_rs1['vote_id']; ?>，如图 6-37 所示。

```
<ul>
    <li><a href="vote.php?vote_id=<?php echo $row_rs1['vote_id']; ?>">
<?php echo $row_rs1['vote_name']; ?></a></li>
    </ul>
```

图 6-37

06 单击标签选择器中的 <li> 标签，选中需要设置为重复显示记录的区域，如图 6-38 所示。打开 "服务器行为" 面板，单击该面板上的加号按钮，在弹出的菜单中选择 "重复区域" 选项，弹出 "重复区域" 对话框，设置如图 6-39 所示。

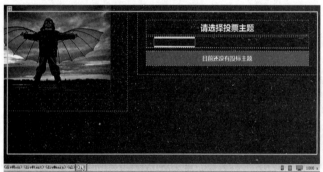

图 6-38   图 6-39

> **提示**
>
> 在投票管理系统中可以同时进行多个投票主题，但是默认情况下，只读取一条投票主题，如果需要显示多条投票主题，可以通过 "重复区域" 服务器行为来实现，在 "重复区域" 对话框中设置重复显示几条记录或者显示所有记录。

07 单击 "确定" 按钮，完成 "重复区域" 对话框的设置，将页面中被选中的区域设置为重复区域，如图 6-40 所示。选择页面中记录集有数据时需要显示的内容，这里选中 id 名称为 main 的 Div，如图 6-41 所示。

08 单击 "服务器行为" 面板上的加号按钮，在弹出的菜单中选择 "显示区域" > "如果记录集不为空则显示" 选项，在弹出的对话框中进行设置，如图 6-42 所示。单击 "确定" 按钮，完成如果记录集不为空则显示区域的创建，如图 6-43 所示。

图 6-40

图 6-41

图 6-42

图 6-43

09 选择页面中记录集没有数据时需要显示的内容，这里选中 id 名称为 no-vote 的 Div，如图 6-44 所示。单击"服务器行为"面板上的加号按钮，在弹出的菜单中选择"显示区域">"如果记录集为空则显示"选项，在弹出的对话框中进行设置，如图 6-45 所示。

图 6-44

图 6-45

10 单击"确定"按钮，完成如果记录集为空则显示区域的创建，如图 6-46 所示。保存页面，在测试服务器中预览页面，因为当前并没有任何投票主题，所以显示"目前还没有投票主题"的提示文字，如图 6-47 所示。完成网站投票系统首页面 index.php 的制作。

图 6-46

图 6-47

6.3.2　网站调查投票页面

在网站投票系统首页面 index.php 中单击某个投票主题，即可进入该主题的网站调查投票页面 vote.php，并且向该页面传递 URL 参数，在网站调查投票页面 vote.php 中接收该 URL 参数，在 vote_option 数据表中找到属于该主题的投票选项并显示在页面中。

由于投票主题和投票选项分别存储于两个不同的数据表中，所以在该页面中分别创建两个记录集。

实 战 制作网站调查投票页面

最终文件：最终文件 \ 第 6 章 \ chapter6\vote.php　视频：视频 \ 第 6 章 \6-3-2.mp4

01 打开站点中的网站调查投票页面 vote.php，可以看到页面的效果，如图 6-48 所示。按快捷键 F12，在测试服务器中预览页面，如图 6-49 所示。

图 6-48

图 6-49

02 单击"绑定"面板上的加号按钮，在弹出的菜单中选择"记录集（查询）"选项，弹出"记录集"对话框，设置如图 6-50 所示。单击"确定"按钮，创建记录集。再次单击"绑定"面板上的加号按钮，在弹出的菜单中选择"记录集（查询）"选项，弹出"记录集"对话框，设置如图 6-51 所示。

图 6-50

图 6-51

提示

此处创建的两个记录集，名称为 rs1 的记录集查询的是 vote_main 数据表，名称为 rs2 的记录集查询的是 vote_option 数据表，两个记录集查询的筛选条件都是从网站投票系统首页面 index.php 中传递过来的 URL 变量 vote_id。

03 单击"确定"按钮，创建记录集，在"绑定"面板中可以看到刚创建的两个记录集，如图 7-52 所示。将页面中的"这里是投票主题"文字替换为 rs1 记录集中的 vote_name 字段，如图 7-53 所示。

04 将页面中的"投票选项 1"文字替换为 rs2 记录集中的 option_name 字段，如图 6-54 所示。选中页面中的单选按钮，在"绑定"面板中选择 rs2 记录集中的 option_id 字段，单击"绑定"按钮，如图 6-55 所示，将单选按钮与相应的字段绑定。

图 6-52

图 6-53

图 6-54

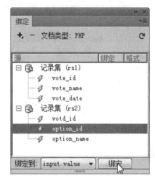

图 6-55

05 在该页面中需要显示某一个投票主题中的所有投票选项，选中页面中重复显示的区域，如图 6-56 所示。单击"服务器行为"面板上的加号按钮，在弹出的菜单中选择"重复区域"选项，在弹出的对话框中进行设置，如图 6-57 所示。

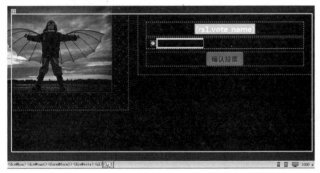

图 6-56

图 6-57

06 单击"确定"按钮，完成页面中重复区域的创建，如图 6-58 所示。单击"绑定"面板上的加号按钮，在弹出的菜单中选择"URL 变量"选项，在弹出的"URL 变量"对话框中设置"名称"为 vote_id，如图 6-59 所示。

图 6-58

图 6-59

07 单击"确定"按钮，创建 URL 变量，在"绑定"面板中可以看到刚创建的 URL 变量，如

图 6-60 所示。将光标移至页面中 vote_name 字段后，插入隐藏域，设置该隐藏域的 Name 属性为 vote_id，如图 6-61 所示。

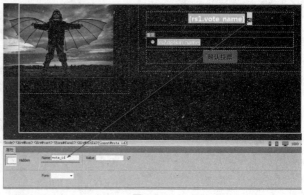

图 6-60

图 6-61

08 选中该隐藏域，单击"属性"面板上的 value 选项后面的"绑定到动态源"按钮，在弹出的"动态数据"对话框中选择绑定到 URL 变量 vote_id，如图 6-62 所示。单击"确定"按钮，完成"动态数据"对话框的设置，可以看到 value 选项的效果，如图 6-63 所示。

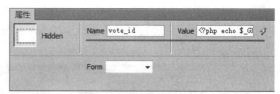

图 6-62

图 6-63

> **提示**
>
> 　　在页面中创建 URL 变量 vote_id 是为了存储该页面所接收的变量的值，在页面中插入一个隐藏域，并且将该隐藏域的值设置为 URL 变量，在该隐藏域中存储该页面所接收的变量的值，也就是投票主题的 ID 值。因为接下来要通过"插入记录"服务器行为向 vote_record 数据表中插入数据，在该数据表中不但需要投票选项的 ID 值，还需要投票主题的 ID 值。

09 单击"服务器行为"面板上的加号按钮，在弹出的菜单中选择"插入记录"选项，弹出"插入记录"对话框，对相关选项进行设置，如图 6-64 所示，单击"确定"按钮，完成"插入记录"对话框的设置，完成网站调查投票页面 vote.php 的制作，如图 6-65 所示。

图 6-64

图 6-65

提示

　　在"插入记录"对话框中将投票结果插入 vote_record 数据表中，vote_id 是投票主题的 ID 值，option_id 是投票选项的 ID 值，插入数据成功后跳转到投票结果页面 vote-show.php，在该页面中显示投票结果。

6.3.3　投票结果页面

　　在投票结果页面 vote-show.php 中接收传递的 URL 参数，通过该参数查询数据表，并显示投票主题、该投票主题中的投票选项以及各投票选项的票数等内容。其中票数的显示方式有多种，分别通过数字、图形和百分比的方式来显示得票数。

实　战　制作投票结果页面

最终文件：最终文件\第 6 章\chapter6\vote-show.php　　视频：视频\第 6 章\6-3-3.mp4

01 打开站点中的投票结果页面 vote-show.php，可以看到页面的效果，如图 6-66 所示。按快捷键 F12，在测试服务器中预览页面，如图 6-67 所示。

　　　　　图 6-66

　　　　　图 6-67

02 单击"绑定"面板上的加号按钮，在弹出的菜单中选择"记录集（查询）"选项，弹出"记录集"对话框，设置如图 6-68 所示。单击"高级"按钮，切换到高级选项设置，对 SQL 语句进行修改，如图 6-69 所示。

　　　图 6-68　　　　　　　　　　　　　　　　图 6-69

提示

　　此处要查询"投票主题"和"投票选项"的关联记录集，所以对 SQL 语句进行修改，修改后的 SQL 语句如下。

```
SELECT vote_main.vote_id,vote_main.vote_name,vote_option.option_id,
  vote_option.option_name
FROM vote_main inner join vote_option on vote_main.vote_id=vote_option.vote_id
WHERE vote_main.vote_id = colname
```

03 单击"确定"按钮，创建记录集，在"绑定"面板中可以看到刚创建的记录集，如图 6–70 所示。将页面中的"这里是投票主题"文字替换为 rs1 记录集中的 vote_name 字段，将"投票选项名称"文字替换为 rs1 记录集中的 option_name 字段，如图 6–71 所示。

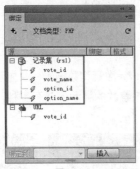

图 6–70　　　　　　　　　　　　　　　　　图 6–71

04 单击"绑定"面板上的加号按钮，在弹出的菜单中选择"记录集（查询）"选项，弹出"记录集"对话框，设置如图 6–72 所示。单击"高级"按钮，切换到高级选项设置，对 SQL 语句进行修改，如图 6–73 所示。

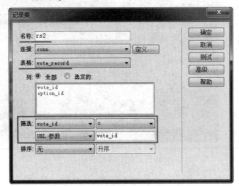

图 6–72　　　　　　　　　　　　　　　　　图 6–73

> **提示**
>
> 　　此处创建的名称为 rs2 的记录集用于计算某投票主题的总得票数，需要对 SQL 语句进行修改，修改后的 SQL 语句如下。
>
> ```
> SELECT count(*) FROM vote_record WHERE vote_id = colname
> ```
>
> 在该 SQL 语句中添加 count() 函数来计算某个投票主题 ID 的总数。

05 单击"确定"按钮，创建记录集，在"绑定"面板中可以看到刚创建的记录集，如图 6–74 所示。将 rs2 记录集中的 count(*) 字段拖入网页中"总票数"文字之后，如图 6–75 所示。

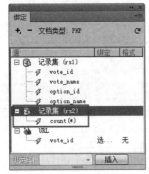

图 6–74　　　　　　　　　　　　　　　　　图 6–75

06 单击"绑定"面板上的加号按钮，在弹出的菜单中选择"记录集（查询）"选项，弹出"记录集"对话框，设置如图 6-76 所示。单击"高级"按钮，切换到高级选项设置，对 SQL 语句进行修改，如图 6-77 所示。

图 6-76

图 6-77

<table>
<tr><td>提示</td></tr>
</table>

此处创建的名称为 rs3 的记录集用于计算某投票主题中某个选项的得票数，需要对 SQL 语句进行修改，修改后的 SQL 语句如下。

```
SELECT count(*)
FROM vote_record
WHERE option_id = ".$row_rs1['option_id']." and vote_id = colname
```

07 单击"确定"按钮，创建记录集，在"绑定"面板中可以看到刚创建的记录集，如图 6-78 所示。将 rs3 记录集中的 count(*) 字段拖入网页中每个选项得票数的位置，如图 6-79 所示。

图 6-78

图 6-79

08 将光标移至投票选项字段之前，插入隐藏域，设置该隐藏域的 Name 属性为 option_id，如图 6-80 所示。单击 value 选项后面的"绑定到动态源"按钮，在弹出的"动态数据"对话框中选择绑定到 rs1 记录集中的 option_id 字段，如图 6-81 所示。

09 单击"确定"按钮，完成"动态数据"对话框的设置。选中页面中需要重复显示的区域，这里选中的是页面中 id 名称为 vote 的 Div，如图 6-82 所示。单击"服务器行为"面板上的加号按钮，在弹出的菜单中选择"重复区域"选项，在弹出的对话框中进行设置，如图 6-83 所示。

10 单击"确定"按钮，完成页面中重复区域的创建，如图 6-84 所示。转换到代码视图中，在页面头部找到计算投票选项票数的记录集 rs3 的代码，如图 6-85 所示。

图 6-80

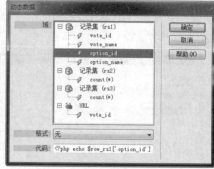

图 6-81

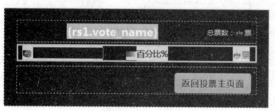

图 6-82

图 6-83

```
54  $colname_rs3 = "-1";
55  if (isset($_GET['vote_id'])) {
56    $colname_rs3 = $_GET['vote_id'];
57  }
58  mysql_select_db($database_conn, $conn);
59  $query_rs3 = sprintf("SELECT count(*) FROM vote_record WHERE
    option_id = ".$row_rs1['option_id']." and vote_id = %s",
    GetSQLValueString($colname_rs3, "int"));
60  $rs3 = mysql_query($query_rs3, $conn) or die(mysql_error());
61  $row_rs3 = mysql_fetch_assoc($rs3);
62  $totalRows_rs3 = mysql_num_rows($rs3);
63  ?>
```

图 6-85

11 将该部分代码剪切，将其移至重复区域的 do{...} while... 循环中，如图 6-86 所示。

```
<?php do { ?>
  <?php
$colname_rs3 = "-1";
if (isset($_GET['vote_id'])) {
  $colname_rs3 = $_GET['vote_id'];
}
mysql_select_db($database_conn, $conn);
$query_rs3 = sprintf("SELECT count(*) FROM vote_record WHERE option_id = ".$row_rs1['option_id']." and vote_id =
%s", GetSQLValueString($colname_rs3, "int"));
$rs3 = mysql_query($query_rs3, $conn) or die(mysql_error());
$row_rs3 = mysql_fetch_assoc($rs3);
$totalRows_rs3 = mysql_num_rows($rs3);
  ?>
    <div id="vote">
      <dl>
        <dt class="list01">
          <input name="option_id" type="hidden" id="option_id" value="<?php echo $row_rs1['option_id']; ?>">
          <?php echo $row_rs1['option_name']; ?></dt>
        <dt><img src="images/jd.gif" width="" height="10" alt="">百分比%</dt>
        <dd><?php echo $row_rs3['count(*)']; ?>票</dd>
      </dl>
    </div>
    <?php } while ($row_rs1 = mysql_fetch_assoc($rs1)); ?>
```

图 6-86

> **提示**
>
> 　　此处这样做是因为创建记录集的代码默认是写在所有 HTML 代码之前的，这样一来就不会根据各投票选项的序号显示属于该投票选项正确的投票数，所以将该记录集的代码移至重复区域 do{...}while... 的循环中。

12 选中页面中投票选项后面的投票比例图像，如图 6-87 所示。转换到代码视图中，可以看到该图像的代码，如图 6-88 所示。

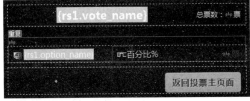

图 6-87

```
<dl>
    <dt class="list01">
        <input name="option_id" type="hidden" id="option_id"
value="<?php echo $row_rs1['option_id']; ?>">
        <?php echo $row_rs1['option_name']; ?></dt>
        <dt><img src="images/jd.gif" width="" height="10" alt="">
百分比%</dt>
        <dd><?php echo $row_rs3['count(*)']; ?>票</dd>
    </dl>
```

图 6-88

13 对 width 的属性值进行修改，替换为相应的 PHP 代码，此处的 PHP 代码用于计算图像的宽度，如图 6-89 所示。

```
<dl>
  <dt class="list01">
    <input name="option_id" type="hidden" id="option_id" value="<?php echo $row_rs1['option_id']; ?>">
    <?php echo $row_rs1['option_name']; ?></dt>
  <dt><img src="images/jd.gif" width="<?php
if ($row_rs2['count(*)']>0)
echo abs(round($row_rs3['count(*)']/$row_rs2['count(*)'],2)*150);
else
echo "";
?>" height="10" alt="">百分比%</dt>
  <dd><?php echo $row_rs3['count(*)']; ?>票</dd>
</dl>
```

图 6-89

提示

图像宽度的计算公式为：（单个选项票数 ÷ 总票数）×150。相对应的绑定字段为 $row_rs3['count(*)']/$row_rs2['count(*)']*150。代码的意义为：如果总票数 >0，那么就显示出图像的宽度，否则图像宽度为空。

技巧

在页面中编写 PHP 代码时需要注意英文字母的大小写，标点符号都要使用英文的标点符号，并且所有的 PHP 代码都要放置在 PHP 代码块 <?php... ?> 中间。

14 选中图像后面的"百分比"文字，将其替换为相应的 PHP 代码，通过 PHP 代码计算出得票数的百分比值，如图 6-90 所示。

```
<dl>
  <dt class="list01">
    <input name="option_id" type="hidden" id="option_id" value="<?php echo $row_rs1['option_id']; ?>">
  <?php echo $row_rs1['option_name']; ?></dt>
  <dt><img src="images/jd.gif" width="<?php
if ($row_rs2['count(*)']>0)
echo abs(round($row_rs3['count(*)']/$row_rs2['count(*)'],2)*150);
else
echo "";
?>" height="10" alt=""><?php
    if ($row_rs2['count(*)']>0)
    echo round($row_rs3['count(*)']/$row_rs2['count(*)']*100,2);
    else
    echo "0";
    ?>%</dt>
  <dd><?php echo $row_rs3['count(*)']; ?>票</dd>
</dl>
```

图 6-90

提示

　　各选项票数比例的计算公式为：（各选项票数÷总票数）×100。相对应的绑定字段为：$row_ rs3['count(*)']/$row_rs2['count(*)']*100，将计算出来的数据使用 round(数值 ,2); 函数，产生一个四舍五入到小数第二位的比例值。代码的意义为：如果总票数 >0，就输入比例值，否则输出 0。

　　15 返回页面设计视图，可以看到页面的效果，如图 6-91 所示。选中页面中的"返回投票主页面"图片，在"属性"面板上设置其链接地址为 index.php，如图 6-92 所示。完成投票结果页面 vote-show.php 的制作。

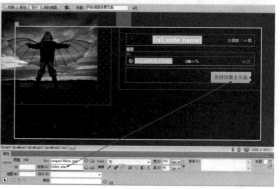

图 6-91

图 6-92

6.4　开发后台管理登录页面

　　通常网站的后台管理系统只有管理员才有权进行操作，这就需要对后台管理页面进行访问控制。在管理登录页面中，用户输入管理员的用户名和密码进行验证，只有输入的用户名和密码与数据表中的管理员用户名和密码完全相同时，才能登录成功，对投票系统的选项进行管理操作。

实战　制作后台投票管理登录页面

最终文件：最终文件 \ 第 6 章 \chapter6\admin\login.php　视频：视频 \ 第 6 章 \6-4.mp4

　　01 在站点中打开后台投票管理登录页面 login.php，可以看到页面的效果，如图 6-93 所示。按快捷键 F12，在测试服务器中预览页面，如图 6-94 所示。

图 6-93

图 6-94

　　02 单击"服务器行为"面板上的加号按钮，在弹出的菜单中选择"用户身份验证" > "登录用户"命令，弹出"登录用户"对话框，设置如图 6-95 所示。单击"确定"按钮，完成"登录用户"对话框的设置，效果如图 6-96 所示，完成后台投票管理登录页面 login.php 的制作。

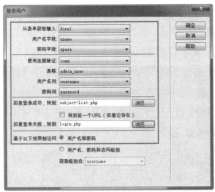
图 6-95

图 6-96

> **提示**
>
> 在"登录用户"对话框中将"用户名"和"密码"文本字段中的值与 admin_user 数据中的 username 和 password 两个字段的值进行比较，判断用户是否登录成功。如果登录成功，则页面跳转到投票主题管理列表页面 subject-list.php；如果登录失败，则页面跳转到管理登录页面 login.php。

6.5　开发投票管理功能

前面已经完成了投票管理系统前台显示页面的制作以及相应功能的实现，接下来制作投票系统后台管理页面，该部分包括的页面较多，主要有投票主题管理列表页面 subject-list.php、添加投票主题页面 subject-add.php、修改投票主题页面 subject-updata.php 和投票主题管理页面 subject-manage.php 等。

6.5.1　投票主题管理列表

在后台投票管理登录页面 login.php 成功登录后，即可跳转到投票主题管理列表页面 subject-list. php 中，该页面与前台网站投票系统主页面 index.php 非常相似，只是在每个投票主题名称后添加了"修改""管理"和"删除"超链接，并且各链接都需要传递相应的 URL 参数，通过单击相应的超链接，跳转到相应的页面中对投票主题进行管理。

实战　制作投票主题管理列表页面

最终文件：最终文件\第 6 章\chapter6\admin\subject-list.php
视频：视频\第 6 章\6-5-1.mp4

 在站点中打开投票主题管理列表页面 subject-list.php，可以看到页面的效果，如图 6-97 所示。按快捷键 F12，在测试服务器中预览页面，如图 6-98 所示。

图 6-97

图 6-98

02 单击"绑定"面板上的加号按钮，在弹出的菜单中选择"记录集（查询）"选项，弹出"记录集"对话框，对相关选项进行设置，如图 6-99 所示。单击"确定"按钮，创建记录集，将页面中的"主题名称"文字替换为 vote_name 字段，将"有效期"文字替换为 vote_date 字段，如图 6-100 所示。

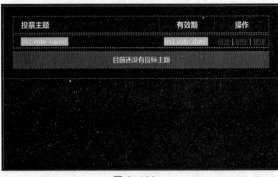

图 6-99　　　　　　　　　　　　　　　　　　图 6-100

03 选择页面中的"修改"文字，设置其链接到修改投票主题页面 subject-updata.php，并且为该链接设置 URL 传递参数，完整的链接地址为 subject-updata.php?vote_id=<?php echo $row_rs1['vote_id'];?>，如图 6-101 所示。

```
<dl>
    <dt class="list01"><?php echo $row_rs1['vote_name']; ?></dt>
    <dd><?php echo $row_rs1['vote_date']; ?></dd>
    <dd><a href="subject-updata.php?vote_id=<?php echo $row_rs1['vote_id'];?>" class="link01">修
改</a> | <a href="#" class="link01">删除</a> | <a href="#" class="link01">管理</a></dd>
</dl>
```

图 6-101

04 选择页面中的"删除"文字，设置其链接到确认删除投票主题页面 subject-del.php，并且要为该链接设置 URL 传递参数，完整的链接地址为 subject-del.php?vote_id=<?php echo $row_rs1['vote_id'];?>，如图 6-102 所示。

```
<dl>
    <dt class="list01"><?php echo $row_rs1['vote_name']; ?></dt>
    <dd><?php echo $row_rs1['vote_date']; ?></dd>
    <dd><a href="subject-updata.php?vote_id=<?php echo $row_rs1['vote_id'];?>" class="link01">修
改</a> | <a href="subject-del.php?vote_id=<?php echo $row_rs1['vote_id'];?>" class="link01">删除</a> |
    <a href="#" class="link01">管理</a></dd>
</dl>
```

图 6-102

05 选择页面中的"管理"文字，设置其链接到投票主题管理页面 subject-manage.php，并且为该链接设置 URL 传递参数，完整的链接地址为 subject-manage.php?vote_id=<?php echo $row_rs1['vote_id'];?>，如图 6-103 所示。

```
<dl>
    <dt class="list01"><?php echo $row_rs1['vote_name']; ?></dt>
    <dd><?php echo $row_rs1['vote_date']; ?></dd>
    <dd><a href="subject-updata.php?vote_id=<?php echo $row_rs1['vote_id'];?>" class="link01">修
改</a> | <a href="subject-del.php?vote_id=<?php echo $row_rs1['vote_id'];?>" class="link01">删除</a> |
    <a href="subject-manage.php?vote_id=<?php echo $row_rs1['vote_id'];?>" class="link01">管理</a></dd>
</dl>
```

图 6-103

技巧

在制作动态网站的过程中，许多超链接都需要传递 URL 参数，通过将 URL 参数传递到所链接的页面中，在所链接的页面中接收该 URL 参数，通过该 URL 参数在数据库中查找指定的数据记录。

---

06 返回 Dreamweaver 设计视图中，选中页面中要重复显示的区域，这里选中的是页面中 id

名称为 s-list 的 Div，如图 6-104 所示。单击"服务器行为"面板上的加号按钮，在弹出的菜单中选择"重复区域"选项，在弹出的对话框中进行设置，如图 6-105 所示。

图 6-104　　　　　　　　　　　　　　　图 6-105

07 单击"确定"按钮，完成页面中重复区域的创建，如图 6-106 所示。选择页面中记录集有数据时需要显示的内容，这里单击"重复"标签选中整个重复区域，如图 6-107 所示。

图 6-106　　　　　　　　　　　　　　　图 6-107

08 单击"服务器行为"面板上的加号按钮，在弹出的菜单中选择"显示区域" > "如果记录集不为空则显示"选项，在弹出的对话框中进行设置，如图 6-108 所示。单击"确定"按钮，完成如果记录集不为空则显示区域的创建，如图 6-109 所示。

图 6-108　　　　　　　　　　　　　　　图 6-109

09 选择页面中记录集没有数据时需要显示的内容，这里选中 id 名称为 no-vote 的 Div，如图 6-110 所示。单击"服务器行为"面板上的加号按钮，在弹出的菜单中选择"显示区域" > "如果记录集为空则显示"选项，在弹出的对话框中进行设置，如图 6-111 所示。

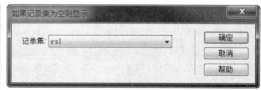

图 6-110　　　　　　　　　　　　　　　图 6-111

10 单击"确定"按钮，完成如果记录集为空则显示区域的创建，如图 6-112 所示。单击"服务器行为"面板上的加号按钮，在弹出的菜单中选择"用户身份验证" > "限制对页的访问"命令，如图 6-113 所示。

> **提示**
>
> 　　该页面为后台管理页面，必须是管理员登录之后才能访问，为了防止用户输入该页面的地址直接对该页面进行访问，需要为该页面添加"限制对页的访问"服务器行为，强制要求必须是通过管理登录页面，输入管理用户名和密码，成功登录后才能访问该页面。

11 弹出"限制对页的访问"对话框，设置如图 6-114 所示，单击"确定"按钮。选择页面中的"添加投票主题"图片，设置其链接到添加投票主题页面 subject-add.php，如图 6-115 所示，完成投票主题管理列表页面 subject-list.php 的制作。

图 6-112   图 6-113

图 6-114

图 6-115

6.5.2 添加投票主题

在本章所开发的网站投票管理系统中，可以同时发布多个投票主题。在添加投票主题页面
subject-add.php 中，管理员需要填写投票主题的名称和投票期限，通过"插入记录"服务器行为将
所填写的内容插入 vote_main 数据表中。

实战 制作添加投票主题页面

最终文件：最终文件 \ 第 6 章 \chapter6\admin\subject-add.php
视频：视频 \ 第 6 章 \6-5-2.mp4

01 在站点中打开添加投票主题页面 subject-add.php，可以看到页面的效果，如
图 6-116 所示。按快捷键 F12，在测试服务器中预览页面，如图 6-117 所示。

图 6-116

图 6-117

02 单击"服务器行为"面板上的加号按钮，在弹出的菜单中选择"插入记录"选项，弹出"插
入记录"对话框，设置如图 6-118 所示，单击"确定"按钮。选择页面中的"返回管理主页面"图片，

设置其链接到投票主题管理页面 subject-list.php，如图 6-119 所示。

图 6-118　　　　　　　　　　　　　　　　　图 6-119

03 单击"服务器行为"面板上的加号按钮，在弹出的菜单中选择"用户身份验证">"限制对页的访问"命令，如图 6-120 所示。弹出"限制对页的访问"对话框，设置如图 6-121 所示，单击"确定"按钮，完成添加投票主题页面 subject-add.php 的制作。

图 6-120　　　　　　　　　　　　　图 6-121

6.5.3　修改投票主题

修改投票主题页面 subject-updata.php 与添加投票主题页面 subject-add.php 非常相似，在修改投票主题页面 subject-updata.php 中接收 URL 参数，通过该参数查询数据表，找到相应的投票主题记录，并将其相关信息显示在页面中的文本域中，用户可以直接修改投票主题名称，再通过"更新记录"服务器行为，将修改后的投票主题名称写入 vote_main 数据表中。

实 战　制作修改投票主题页面

最终文件：最终文件 \ 第 6 章 \ chapter6 \ admin \ subject-updata.php
视频：视频 \ 第 6 章 \ 6-5-3.mp4

01 在站点中打开修改投票主题页面 subject-updata.php，可以看到页面的效果，如图 6-122 所示。单击"绑定"面板上的加号按钮，在弹出的菜单中选择"记录集(查询)"选项，在弹出的"记录集"对话框中进行设置，如图 6-123 所示。

02 单击"确定"按钮，创建记录集，将记录集中的 vote_name 字段拖到页面中"投票主题"文字之后的文本域上，将 vote_date 字段拖到页面中"有效期限"文字之后的文本域上，如图 6-124 所示。在页面中表单域的任意位置插入一个隐藏域，设置该隐藏域的 Name 属性为 vote_id，如图 6-125 所示。

图 6-122

图 6-123

图 6-124

图 6-125

03 选中刚插入的隐藏域，单击"属性"面板上的 value 选项后面的"绑定到动态源"按钮，在弹出的对话框中选择相应的字段，单击"确定"按钮，如图 6-126 所示。单击"服务器行为"面板上的加号按钮，在弹出的菜单中选择"更新记录"选项，弹出"更新记录"对话框，对相关选项进行设置，如图 6-127 所示。

图 6-126

图 6-127

> **提示**
>
> 在使用"更新记录"服务器行为进行更新记录操作时，必须在表单域中插入一个隐藏域，并将该隐藏值的值设置为数据表中的主键值，这样更新记录操作才能够正确地进行记录更改，如果没有该隐藏域，或者隐藏域没有设置相应的值，则"更新记录"服务器行为将不起作用。

04 单击"确定"按钮，完成"更新记录"对话框的设置，选择页面中"返回管理主页面"图片，设置其链接到投票主题管理列表页面 subject-list.php，如图 6-128 所示。完成修改投票主题页面 subject-updata.php 的制作，效果如图 6-129 所示。

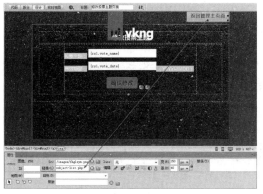

图 6-128

图 6-129

6.5.4 投票主题管理

完成投票主题的添加后，将返回投票主题管理列表页面 subject-list.php，此时所添加的投票主题中没有任何的投票选项，接下来单击该投票主题后面的"管理"超链接，跳转到投票主题管理页面 subject-manage.php，在该页面中可以对投票主题中的投票选项进行添加和修改。

投票主题管理页面 subject-manage.php 相对来说比较复杂，在该页面中需要实现 3 个功能，添加投票选项、已有投票选项的修改和已有投票选项的删除。

实战 制作投票主题管理页面

最终文件：最终文件 \ 第 6 章 \ chapter6 \ admin \ subject-manage.php
视频：视频 \ 第 6 章 \ 6-5-4.mp4

01 在站点中打开投票主题管理页面 subject-manage.php，可以看到页面的效果，如图 6-130 所示。按快捷键 F12，在测试服务器中预览页面，如图 6-131 所示。

图 6-130

图 6-131

02 单击"绑定"面板上的加号按钮，在弹出的菜单中选择"记录集（查询）"选项，在弹出的"记录集"对话框中进行设置，如图 6-132 所示。单击"确定"按钮，创建记录集，将页面中的"主题名称"文字替换为 rs1 记录集中的 vote_name 字段，如图 6-133 所示。

03 在刚插入页面中的 vote_name 字段之后插入一个隐藏域，设置该隐藏域的 Name 属性为 vote_id，如图 6-134 所示。选中刚插入的隐藏域，单击"属性"面板上的 value 选项后面的"绑定到动态源"按钮，在弹出的对话框中选择相应的字段，单击"确定"按钮，如图 6-135 所示。

图 6-132　　　　　　　　　　　　　　　图 6-133

图 6-134　　　　　　　　　　　　　　　图 6-135

04 单击"服务器行为"面板上的加号按钮，在弹出的菜单中选择"插入记录"选项，弹出"插入记录"对话框，设置如图 6-136 所示。单击"确定"按钮，完成"插入记录"对话框的设置，效果如图 6-137 所示。

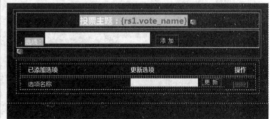

图 6-136　　　　　　　　　　　　　　　图 6-137

提示

在该页面中有两个表单域，"插入记录"服务器行为是针对页面中 id 名称为 form1 的表单域进行操作的，即页面上部添加投票选项的表单部分。将所填写的表单选项名称写入 vote_option 数据表中。

05 单击"绑定"面板上的加号按钮，在弹出的菜单中选择"记录集（查询）"选项，在弹出的"记录集"对话框中进行设置，如图 6-138 所示。单击"确定"按钮，创建记录集，将页面中的"选项名称"文字替换为 rs2 记录集中的 option_name 字段，如图 6-139 所示。

06 在刚插入页面中的 option_name 字段之后插入一个隐藏域，设置该隐藏域的 Name 属性为 option_id，如图 6-140 所示。选中刚插入的隐藏域，单击"属性"面板上的 value 选项后面的"绑定到动态源"按钮，在弹出的对话框中选择相应的字段，单击"确定"按钮，如图 6-141 所示。

图 6-138

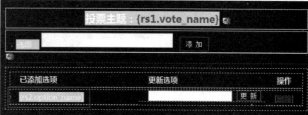

图 6-139

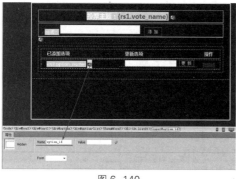

图 6-140

图 6-141

07 选择页面中投票选项后面的"删除"文字，设置其链接到删除投票选项页面 option-del.php，并且为该链接设置 URL 传递参数，完整的链接地址为 option-del.php?vote_id=<?php echo $_GET['vote_id']; ?>&option_id=<?php echo $row_rs2['option_id']; ?>，如图 6-142 所示。

```
<dt>
  <input name="textfield" type="text" class="input03" id="textfield">
  <input name="submit2" type="submit" class="gxbtn" id="submit2" value="更 新">
</dt>
<dd>[<a href="option-del.php?vote_id=<?php echo $_GET['vote_id']; ?>&amp;option_id=<?php echo
$row_rs2['option_id']; ?>" class="link01">删除</a>]</dd>
  </dl>
</form>
```

图 6-142

提示

此处传递了两个 URL 参数，一个是 vote_id，另一个是 option_id，中间使用"&"连接，"&"在 HTML 代码中属于特殊符号，在 HTML 中需要使用代码表示，"&"符号的 HTML 代码是 &。

提示

删除投票选项的操作原本只需要 option_id 这一个参数，在这里多传递一个 vote_id 参数，主要的作用是在删除投票选项页面 option-dcl.php 中执行完删除投票选项的操作后，vote_id 参数必须再传回投票主题管理页面 subject-manage.php 中，这样页面才会再根据传回来的 vote_id 参数，在页面中显示正确的"投票主题"和"投票选项"。

08 返回 Dreamweaver 设计视图中，选中页面中要重复显示的区域，这里选中的是页面中 id 名称为 option-list 的 Div，如图 6-143 所示。单击"服务器行为"面板上的加号按钮，在弹出的菜单中选择"重复区域"选项，在弹出的对话框中进行设置，如图 6-144 所示。

图 6-143

图 6-144

09 单击"确定"按钮，完成页面中重复区域的创建，如图 6-145 所示。单击"服务器行为"面板上的加号按钮，在弹出的菜单中选择"更新记录"选项，弹出"更新记录"对话框，设置如图 6-146 所示。

图 6-145

图 6-146

提示

在该页面中有两个表单域，"更新记录"服务器行为是针对页面中 id 名称为 form2 的表单域进行操作的，即页面中重复区域中的更新投票选项的表单部分。在投票选项名称后面的文本域中输入新的投票选项名称，单击"更新"按钮，即可修改 vote_option 数据表中指定的投票选项名称。

10 单击"确定"按钮，完成"更新记录"对话框的设置，效果如图 6-147 所示。选择页面中"返回管理主页面"图片，设置其链接到投票主题管理列表页面 subject-list.php，如图 6-148 所示。

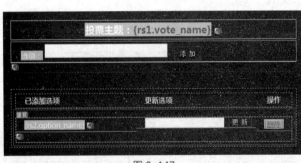

图 6-147

图 6-148

11 完成投票主题管理页面 subject-manage.php 的制作。

6.5.5 删除投票选项

在投票主题管理页面 subject-manage.php 中单击某个投票选项后面的"删除"超链接，即可跳转到删除投票选项页面 option-del.php，并将 vote_id 和 option_id 参数随着链接一起传递到该页面中，删除投票选项页面 option-del.php 接收传递过来的 URL 参数，在该页面中执行"删除记录"服务器行为，在数据库中删除相应的投票选项，再返回投票主题管理页面 subject-manage.php 中。

实战 制作删除投票选项页面

最终文件：最终文件\第 6 章\chapter6\admin\option-del.php
视频：视频\第 6 章\6-5-5.mp4

01 执行"文件">"新建"命令，弹出"新建文档"对话框，新建一个 PHP 文档，将其保存为 option-del.php，如图 6-149 所示。单击"绑定"面板上的加号按钮，在弹出的菜单中选择"记录集（查询）"选项，弹出"记录集"对话框，设置如图 6-150 所示。

| 图 6-149 | 图 6-150 |

02 单击"确定"按钮，创建记录集。在页面中插入红色虚线的表单域，并在表单域中插入两个隐藏域，如图 6-151 所示。选中第 1 个隐藏域，设置其 Name 属性为 vote_id，单击 value 选项后面的"绑定到动态源"按钮，在弹出的对话框中选择相应的字段，单击"确定"按钮，如图 6-152 所示。

图 6-151

图 6-152

03 选中第 2 个隐藏域，设置其 Name 属性为 option_id，单击 value 选项后面的"绑定到动态源"按钮，在弹出的对话框中选择相应的字段，单击"确定"按钮，如图 6-153 所示。单击"服务器行为"面板上的加号按钮，在弹出的菜单中选择"删除记录"选项，弹出"删除记录"对话框，设置如图 6-154 所示。

| 图 6-153 | 图 6-154 |

04 完成删除投票选项页面 option-del.php 的制作。

提示

　　删除投票选项页面 option-del.php 是一个后台运行的页面，没有输出任何的结果，当把 URL 参数传递到该页面中后，查询指定的记录并通过"删除记录"服务器行为将该条记录删除，删除后返回投票主题管理页面 subject-manage.php，执行速度非常快。

6.5.6　确认删除投票主题

　　在投票主题管理列表页面 subject-list.php 中，单击某条投票主题后面的"删除"超链接，将跳转到确认删除投票主题页面 subject-del.php 中，并传递 URL 参数 vote_id。确认删除投票主题页面 subject-del.php 并不是直接将投票主题删除，而是在该页面中接收 URL 参数，在数据库中查找到该条记录并显示在页面中，提示管理员是否要确认删除该条投票主题。当单击"确认删除"按钮时，才会执行"删除记录"服务器行为，在数据库中将与该投票主题相关的记录删除并返回投票主题管理列表页面 subject-list.php 中。

实｜战　制作确认删除投票主题页面

最终文件：最终文件 \ 第 6 章 \ chapter6 \ admin \ subject-del.php
视频：视频 \ 第 6 章 \6-5-6.mp4

01 在站点中打开确认删除投票主题页面 subject-del.php，可以看到页面的效果，如图 6-155 所示。单击"绑定"面板上的加号按钮，在弹出的菜单中选择"记录集（查询）"选项，弹出"记录集"对话框，设置如图 6-156 所示。

图 6-155

图 6-156

02 单击"确定"按钮，创建记录集。将页面中的"主题名称"文字替换为记录集中的 vote_name 字段，如图 6-157 所示。选择页面中的"确认删除"图片，设置其链接到删除投票主题页面 subject-delAll.php，并且为该链接设置 URL 传递参数，完整的链接地址为 subject-delAll.php?vote_id=<?php echo $row_rs1['vote_id']; ?>，如图 6-158 所示。

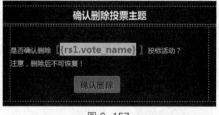

图 6-157

```
<div id="add">
    <br>
    是否确认删除<span class="font03">【<?php echo $row_rs1[
'vote_name']; ?>】</span>投标活动？<br>
        注意，删除后不可恢复！<br>
        <a href="subject-delAll.php?vote_id=<?php echo
$row_rs1['vote_id']; ?>"><img src="../images/qrsc.png" alt=""
width="110" height="40" class="pic01"></a>
    </div>
```

图 6-158

03 选择页面中的"返回管理主页面"图片，设置其链接到投票主题管理列表页面 subject-list.php，如图 6-159 所示。完成确认删除投票主题页面 subject-del.php 的制作。

图 6-159

提示

　　确认删除投票主题页面 subject-del.php 主要是为了验证所删除的内容，避免对数据的误删除。在网站管理系统中常见的确认删除方式有两种，一种是通过本实例中的确认删除投票主题页面 subject-del.php 进行操作确认，另一种是通过 JavaScript 脚本的方式进行确认操作。

6.5.7　删除投票主题

　　在确认删除投票主题页面 subject-del.php 中单击"确认删除"超链接后，将跳转到删除投票主题页面 subject-delAll.php 中，并传递相应的 URL 参数，在删除投票主题页面 subject-delAll.php 中接收 URL 参数，通过"删除记录"服务器行为，分别删除不同数据表中相应的数据记录。

实战　制作删除投票主题页面

最终文件：最终文件 \ 第 6 章 \ chapter6 \ admin \ subject-delALL.php
视频：视频 \ 第 6 章 \ 6-5-7.mp4

 执行"文件" > "新建"命令，弹出"新建文档"对话框，新建一个 PHP 文档，将其保存为 subject-delAll.php，如图 6-160 所示。单击"绑定"面板上的加号按钮，在弹出的菜单中选择"记录集（查询）"选项，弹出"记录集"对话框，设置如图 6-161 所示。

图 6-160　　　　　　　　　　　　　　　　图 6-161

 单击"高级"按钮，切换到高级选项设置，对 SQL 语句进行修改，如图 6-162 所示。单击"确定"按钮，创建记录集，在"绑定"面板中可以看到刚创建的记录集，如图 6-163 所示。

提示

　　此处需要绑定"投票主题"和"投票选项"的关联记录集，所以对 SQL 语句进行修改，修改后的 SQL 语句如下。
```
SELECT *
FROM vote_main as a,vote_option as b
WHERE a.vote_id = colname and a.vote_id = b.vote_id
```

| 图 6-162 | 图 6-163 |

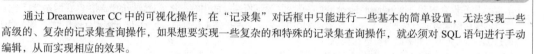

技巧

通过 Dreamweaver CC 中的可视化操作，在"记录集"对话框中只能进行一些基本的简单设置，无法实现一些高级的、复杂的记录集查询操作，如果想要实现一些复杂的和特殊的记录集查询操作，就必须对 SQL 语句进行手动编辑，从而实现相应的效果。

03 在页面中插入红色虚线的表单域，并在表单域中插入一个隐藏域，如图 6-164 所示。选中刚插入的隐藏域，设置其 Name 属性为 vote_id，单击 value 选项后面的"绑定到动态源"按钮，在弹出的对话框中选择相应的字段，单击"确定"按钮，如图 6-165 所示。

图 6-164

图 6-165

04 单击"服务器行为"面板上的加号按钮，在弹出的菜单中选择"删除记录"选项，弹出"删除记录"对话框，设置如图 6-166 所示。再次添加"删除记录"服务器行为，在弹出的"删除记录"对话框中进行设置，如图 6-167 所示。

图 6-166

图 6-167

05 完成删除投票主题页面 subject-delAll.php 的制作。

6.6 测试网站投票管理系统

完成了网站投票管理系统中所有页面的制作和功能的实现，接下来对网站投票管理系统功能进行测试，从而发现功能的缺陷和不足，并能够及时做出修改和调整。

实战 测试网站投票管理系统

最终文件：无　视频：视频 \ 第 6 章 \ 6-6.mp4

01 在 Dreamweaver CC 中打开网站投票系统首页面 index.php，按快捷键 F12，在测试服务器中测试该页面，目前还没有任何投票主题，效果如图 6-168 所示。打开后台管理登录页面，在测试服务器中测试该页面，输入管理员账号和密码，如图 6-169 所示。

图 6-168　　　　　　　　　　　　　　　　图 6-169

02 单击"登录"按钮，跳转到投票主题管理列表页面 subject-list.php，如图 6-170 所示。单击"添加投票主题"按钮，跳转到添加投票主题页面 subject-add.php，输入投票主题名称和有效期限，如图 6-171 所示。

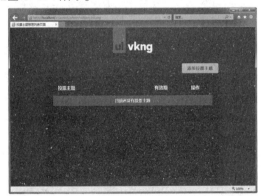

图 6-170　　　　　　　　　　　　　　　　图 6-171

03 单击"确认添加"按钮，添加投票主题并自动返回投票主题管理列表页面 subject-list.php，显示刚添加的投票主题，如图 6-172 所示。单击该投票主题后面的"修改"超链接，跳转到修改投票主题页面 subject-updata.php，对投票主题名称和有效期限进行修改，如图 6-173 所示。

图 6-172　　　　　　　　　　　　　　　　图 6-173

04 单击"确认修改"按钮，完成投票主题的修改并返回投票主题管理列表页面 subject-list.php 中，可以看到修改后的效果，如图 6-174 所示。单击该投票主题后面的"管理"超链接，跳转到投票主题管理页面 subject-manage.php 中，如图 6-175 所示。

图 6-174

图 6-175

05 在页面上方的"选项"文本框中输入该投票中的投票选项，如图 6-176 所示。单击"添加"按钮，所输入的投票选项会自动显示在下方的选项列表中，如图 6-177 所示。

图 6-176

图 6-177

06 使用相同的操作方法，为该投票主题添加多个投票选项，如图 6-178 所示。如果要修改某个选项，则在该选项后面的文本框中输入新的选项名称，如图 6-179 所示。

图 6-178

图 6-179

07 单击"更新"按钮，即可修改该选项的名称，如图 6-180 所示。如果要删除某个投票选项，则单击该投票选项后面的"删除"超链接，将会从数据库中删除该投票选项，如图 6-181 所示。

图 6-180　　　　　　　　　　　　　　　　　图 6-181

08 单击 "返回管理主页面" 按钮，返回投票主题管理列表页面 subject-list.php，单击投票主题名称后面的 "删除" 超链接，如图 6-182 所示。将跳转到确认删除投票主题页面 subject-del.php，单击 "确认删除" 按钮，即可删除该投票主题，如图 6-183 所示。

图 6-182　　　　　　　　　　　　　　　　　图 6-183

09 在地址栏中输入 http://localhost/chapter6/index.php，打开网站投票系统首页面 index.php，可以看到刚添加的投票主题，如图 6-184 所示。单击投票主题名称，跳转到该主题的网站调查投票页面 vote.php，显示该主题中的所有投票选项，如图 6-185 所示。

图 6-184　　　　　　　　　　　　　　　　　图 6-185

10 选择其中一个投票选项，单击 "确认投票" 按钮，如图 6-186 所示。跳转到投票结果页面 vote-show.php，在页面中显示该投票主题中各投票选项的票数，如图 6-187 所示。

图 6-186

图 6-187

第7章 网站新闻发布系统

新闻发布系统也是网站中常见的功能之一，网站管理者通过新闻发布系统在网站中快捷地发布新闻内容，并且对新闻内容进行修改和删除等管理操作，这样能够大大地提高新闻网站的管理效率。在本章中将带领读者使用 Dreamweaver 完成一个新闻发布和管理系统的开发。

本章知识点：

➤ 理解网站新闻发布系统的规划
➤ 掌握系统动态站点和 MySQL 数据库的创建
➤ 掌握前台新闻显示功能的实现方法
➤ 掌握后台管理登录页面的实现方法
➤ 掌握在网页中使用富文本编辑器的方法
➤ 掌握后台新闻管理相关功能的实现方法和技巧

7.1 网站新闻发布系统规划

网站新闻发布系统是把网站上经常变动的网站新闻进行集中管理，通过新闻发布系统，网站管理员可以方便地对网站进行远程的信息发布和更新，从而能够有效地避免频繁地对网站中的新闻页面进行修改。

7.1.1 新闻发布系统结构规划

网站新闻发布系统是网站重要的功能之一，通过该系统发布与网站相关的新闻动态，并且对发布的所有新闻动态进行管理。新闻发布系统一般包括新闻分类管理、添加新闻、修改新闻、删除新闻以及新闻搜索等功能。

在本章中开发的网站新闻发布系统主要分为两部分，一部分是新闻显示，该部分是所有访问者都能够看到的，主要是新闻的列表和新闻详情显示；另一部分是新闻管理，该部分只有管理员可以访问，对新闻的类别和新闻进行添加、删除和修改等管理操作。

新闻发布和管理系统总体构架如图 7-1 所示。

7.1.2 新闻发布系统相关页面说明

在上一节中已经对新闻发布和管理系统的功能和运行流程进行了分析，本章开发的新闻发布和管理系统中主要包含 12 个页面，其中前台新闻显示页面 3 个，页面说明如表 7-1 所示，后台新闻管理页面 9 个，页面说明如表 7-2 所示。

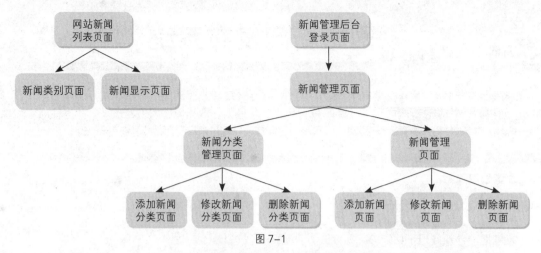

图 7-1

表 7-1　网站新闻发布系统前台新闻显示页面说明

页面	说明
index.php	网站新闻列表页面，在该页面中以列表的形式显示新闻标题、新闻类型等信息，单击某条新闻标题，跳转到新闻显示页面 news-show.php，显示该条新闻详细内容。单击某种新闻类型，跳转到新闻类别列表页面 news-type.php，显示该分类中的所有新闻
news-type.php	新闻类别列表页面，在该页面中显示某个新闻分类中的所有新闻，单击某条新闻标题，跳转到新闻显示页面 news-show.php，显示该新闻的详细内容
news-show.php	新闻显示页面，该页面接收 URL 传递的参数，在数据库中查询对应的新闻数据记录，并在该页面中显示该条新闻的详细内容

表 7-2　网站新闻发布系统后台新闻管理页面说明

页面	说明
login.php	新闻管理后台登录页面，在该页面中输入管理员账号和密码，登录到新闻管理页面 admin-news.php
admin-news.php	新闻管理页面，在该页面中显示数据库中的所有新闻记录，并在每条新闻标题后面提供"修改"和"删除"超链接
admin-type.php	新闻分类管理页面，在该页面中显示数据库中所有的新闻分类名称，并在每个新闻分类名称后面提供"修改"和"删除"超链接
type-add.php	添加新闻分类页面，在该页面中可以添加新的新闻类别
type-updata.php	修改新闻分类页面，该页面接收 URL 传递的参数，在数据库中查询对应的数据记录，在该页面中显示该新闻分类名称，并且可以对其进行修改，修改后直接更新数据库中的该条记录
type-del.php	删除新闻分类页面，该页面接收 URL 传递的参数，在数据库中查询对应的数据记录，并在数据库中将该条记录删除
news-add.php	添加新闻页面，在该页面中可以添加新闻内容
news-updata.php	修改新闻页面，该页面接收 URL 传递的参数，在数据库中查询对应的数据记录，在该页面中显示该新闻的相关内容，并且可以对其进行修改，修改后直接更新数据库中的该条记录
news-del.php	删除新闻页面，该页面接收 URL 传递的参数，在数据库中查询对应的数据记录，并在数据库中将该条记录删除

7.2　创建系统站点和 MySQL 数据库

　　完成了系统结构的规划分析，基本上了解了该系统中相关的页面以及所需要实现的功能，接下来创建该系统的动态站点并根据系统功能规划来创建 MySQL 数据库。

7.2.1　新闻发布系统站点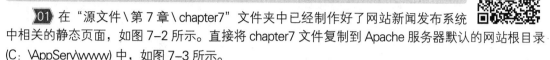

规划站点结构有助于厘清系统结构脉络。本章开发的新闻发布和管理系统需要用到 MySQL 数据库，是一个 PHP 动态网站功能系统，因此在创建新闻发布和管理系统站点时必须设置本地计算机中的测试服务器。

实战　创建网站新闻发布系统站点

最终文件：无　视频：视频 \ 第 7 章 \ 7-2-1.mp4

01 在"源文件 \ 第 7 章 \ chapter7"文件夹中已经制作好了网站新闻发布系统中相关的静态页面，如图 7-2 所示。直接将 chapter7 文件复制到 Apache 服务器默认的网站根目录（C：\AppServ\www）中，如图 7-3 所示。

图 7-2

图 7-3

> **提示**
>
> 为了能够更好地区分前台新闻显示页面和后台新闻管理页面，这里将后台新闻管理页面都放在 admin 文件夹中。

02 打开 Dreamweaver CC，执行"站点" > "新建站点"命令，弹出"站点设置对象"对话框，对相关选项进行设置，如图 7-4 所示。切换到"服务器"选项设置界面，单击"添加服务器"按钮，打开"服务器设置"窗口，对相关选项进行设置，如图 7-5 所示。

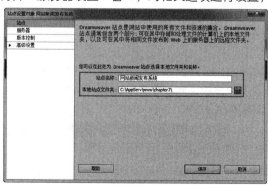

图 7-4

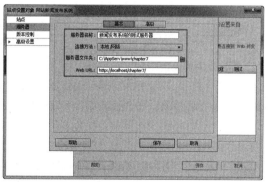

图 7-5

03 切换到"高级"选项卡中，在"服务器模型"下拉列表中选择 PHP MySQL 选项，如图 7-6 所示。单击"保存"按钮，保存服务器选项设置，返回"站点设置对象"对话框，选中"测试"复选框，如图 7-7 所示，单击"保存"按钮，完成站点的定义。

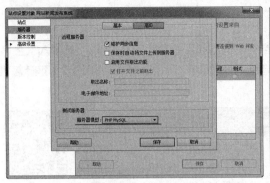

图 7-6

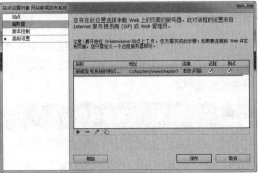

图 7-7

7.2.2 创建 MySQL 数据库

本章中开发的新闻发布和管理系统用于存储新闻的类型和新闻的主题等相关数据信息，在本系统中需要使用 3 个数据表，分别是用于存储后台管理账号的 admin_user 数据表、用于存储新闻分类名称的 news_type 数据表和用于存储新闻信息的 news 数据表。

实 战　创建网站新闻发布系统数据库

最终文件：无　视频：视频\第 7 章\7-2-2.mp4

01 打开浏览器窗口，在地址栏中输入 http://localhost/phpMyAdmin，访问 MySQL 数据库管理界面，输入 MySQL 数据库的用户名和密码，如图 7-8 所示，单击"确定"按钮，登录 phpMyAdmin，显示 phpMyAdmin 管理主界面，如图 7-9 所示。

图 7-8

图 7-9

02 单击页面顶部的"数据库"选项卡，在"新建数据库"文本框中输入数据库名称 news，单击"创建"按钮，如图 7-10 所示。即可创建一个新的数据库，进入该数据库的操作界面，创建名为 admin_user 的数据表，该数据表中包含 2 个字段，如图 7-11 所示。

图 7-10

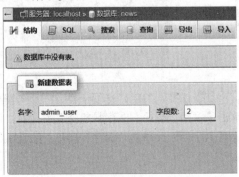

图 7-11

03 单击"执行"按钮，进入 admin_user 数据表字段设置界面，对各字段名称和字段类型进行设置，在该数据表中，不需要设置主键，如图 7-12 所示。

图 7-12

> **提示**
>
> admin_user 数据表中的 username 字段的类型为 VARCHAR(字符型)，用于存储管理员账号；password 字段的类型为 VARCHAR(字符型)，用于存储管理员密码。

04 单击"保存"按钮，完成该数据表的创建并完成数据表中各字段属性的设置，显示数据表的结构，如图 7-13 所示。单击页面顶部的"插入"选项卡，切换至"插入"选项卡中，输入相应的值，单击"执行"按钮，直接在该数据表中插入一条记录，如图 7-14 所示。

图 7-13　　　　　　　　　　　　　　　　　图 7-14

> **提示**
>
> admin_user 数据表用于存储后台新闻管理的管理员账户和密码，此处直接在该数据表中插入管理员账号和密码数据。

05 完成 admin_user 数据表的创建，接下来创建 news_type 数据表。在 phpMyAdmin 管理平台左侧单击 news 数据库，在右侧下方的"新建数据表"选项区中设置"名字"为 news_type，"字段数"为 2，如图 7-15 所示。单击"执行"按钮，进入该数据表字段设置界面，对各字段名称和字段类型进行设置，如图 7-16 所示。

图 7-15　　　　　　　　　　　　　　　　　图 7-16

06 单击"保存"按钮，完成 news_type 数据表的创建并完成数据表中各字段属性的设置，显示数据表的结构，如图 7-17 所示。

> **提示**
>
> news_type 数据表用于存储新闻分类的名称，数据表中的 type_id 字段类型为 INT(整数型)，设置该字段为主键并且数值自动递增；type_name 字段的类型为 VARCHAR(字符型)，用于存储新闻分类名称。

图 7-17

07 完成 news_type 数据表的创建，接下来创建 news 数据表。在 phpMyAdmin 管理平台左侧单击 news 数据库，在右侧下方的"新建数据表"选项区中设置"名字"为 news，"字段数"为 6，如图 7-18 所示。单击"执行"按钮，进入该数据表字段设置界面，对各字段名称和字段类型进行设置，如图 7-19 所示。

图 7-18

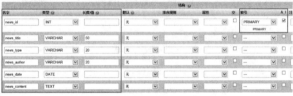

图 7-19

08 单击"保存"按钮，完成 news 数据表的创建并完成数据表中各字段属性的设置，显示数据表的结构，如图 7-20 所示。在 phpMyAdmin 管理平台左侧可以看到所创建的名称为 news 的数据库以及该数据库中包含的 3 个数据表，如图 7-21 所示。

图 7-20

图 7-21

news 数据表中各字段的说明如表 7-3 所示。

表 7-3 news 数据表字段说明

字段名称	字段类型	说明
news_id	int(整数型)	用于存储记录编号，该字段为主键，并且数值自动递增，不需要用户提交数据
news_title	varchar(字符型)	用于存储新闻标题
news_type	varchar(字符型)	用于存储新闻分类名称
news_author	varchar(字符型)	用于存储新闻作者
news_date	date(日期型)	用于存储新闻日期
news_content	text(文本型)	用于存储新闻的正文内容

7.2.3 创建 MySQL 数据库连接 ⊙

完成了新闻发布系统站点的创建，并且完成了该系统 MySQL 数据库的创建后，接下来为新闻发布系统创建 MySQL 数据库连接，只有成功与所创建的 MySQL 数据库连接，才能在 Dreamweaver 中通过程序对 MySQL 数据库进行操作。

实战 创建网站新闻发布系统数据库连接

最终文件：无　　视频：视频\第 7 章\7-2-3.mp4

`01` 在 Dreamweaver CC 中打开该系统站点中的任意一个页面，执行"窗口">"数据库"命令，打开"数据库"面板，如图 7-22 所示。单击加号按钮，在弹出的菜单中选择"MySQL 连接"选项，如图 7-23 所示。

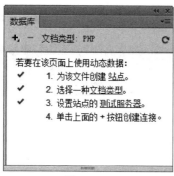

图 7-22

图 7-23

`02` 弹出"MySQL 连接"对话框，对相关选项进行设置，如图 7-24 所示。单击"确定"按钮，即可创建新闻发布和管理系统及 MySQL 数据库的连接，如图 7-25 所示。

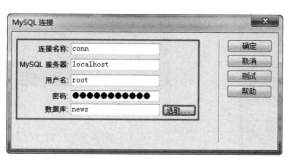

图 7-24

图 7-25

> **提示**
>
> PHP 通过调用自身的专门用来处理 MySQL 数据库的函数来实现与 MySQL 数据库通信。并且，PHP 不是直接操作数据库中的数据，而是把要执行的操作以 SQL 语句的形式发送给 MySQL 服务器，由 MySQL 服务器执行这些指令，并将结果返回给 PHP 程序。

7.3 开发前台新闻显示功能

前面已经对网站新闻发布系统进行了细致的分析，普通浏览者在该系统中只能对新闻进行浏览，前台包括的新闻显示页面主要有 3 个，分别是网站新闻列表页面 index.php、新闻类别列表页面 news-type.php 和新闻显示页面 news-show.php，在本节中我们将完成这 3 个页面中功能的制作。

7.3.1 新闻列表

在网站新闻列表页面 index.php 中主要用于显示新闻的标题和发布时间，显示新闻类别名称，并且单击某个新闻类别名称后，进入新闻类别列表页面 news-type.php 中只查看该类别的新闻。单击某条新闻标题，跳转到新闻显示页面 news-show.php，显示该条新闻详细内容，并且在该页面中还需要实现新闻搜索的功能。

| **实 战** | 制作网站新闻列表页面 | |

最终文件：最终文件 \ 第 7 章 \ chapter7 \ index.php　视频：视频 \ 第 7 章 \ 7-3-1.mp4

01 打开站点中的网站新闻列表页面 index.php，可以看到页面的效果，如图 7-26 所示。按快捷键 F12，在测试服务器中预览页面，如图 7-27 所示。

图 7-26

图 7-27

02 打开"绑定"面板，单击该面板上的加号按钮，在弹出的菜单中选择"记录集（查询）"选项，弹出"记录集"对话框，设置如图 7-28 所示。单击"确定"按钮，创建记录集，"绑定"面板上会显示刚创建的记录集，如图 7-29 所示。

图 7-28

图 7-29

03 将页面左侧的"新闻类别 1"文字替换为记录集中的 type_name 字段，如图 7-30 所示。单击标签选择器中的 <li> 标签，选中设置为重复显示记录的区域，如图 7-31 所示。

图 7-30

图 7-31

04 打开"服务器行为"面板，单击该面板上的加号按钮，在弹出的菜单中选择"重复区域"选项，如图 7-32 所示。弹出"重复区域"对话框，设置如图 7-33 所示。

图 7-32　　　　　　　　　　　　　　　　　　　　图 7-33

05 单击 "确定" 按钮，完成 "重复区域" 对话框的设置，将页面中被选中的区域设置为重复区域，如图 7-34 所示。选中插入页面中的 type_name 字段，设置其链接到新闻类别列表页面 news-type. php，并且为该链接设置 URL 传递参数，完整的链接地址为 news-type.php?news_type=<?php echo urlencode($row_rs1['type_name']); ?>，如图 7-35 所示。

```
<div id="left">
    <ul>
        <li><a href="#">新闻主页面</a></li>
        <?php do { ?>
        <li><a href="news-type.php?news_type=<?php echo urlencode(
$row_rs1['type_name']); ?>"><?php echo $row_rs1['type_name']; ?></a></li>
        <?php } while ($row_rs1 = mysql_fetch_assoc($rs1)); ?>
    </ul>
    <div class="xwglbtn"><a href="#">进入新闻管理</a></div>
</div>
```

图 7-34　　　　　　　　　　　　　　　　　　　　图 7-35

> **技巧**
>
> 此处为新闻类别列表页面 news-type.php 传递的 URL 参数为 news_type，该参数的值使用代码 <?php echo urlencode($row_rs1['type_name']); ?> 来获取当前记录 type_name 字段的值。注意，因为新闻类别名称可能是中文名称，如果直接传递中文参数将无法获取相应的查询结果，这里需要使用 urlencode() 函数对 URL 参数中的中文进行处理。

06 单击 "绑定" 面板上的加号按钮，在弹出的菜单中选择 "记录集 (查询)" 选项，在弹出的 "记录集" 对话框中进行设置，如图 7-36 所示。单击 "确定" 按钮，创建记录集，"绑定" 面板上会显示刚创建的记录集，如图 7-37 所示。

图 7-36　　　　　　　　　　　　　　　　　　　　图 7-37

> **提示**
>
> 在同一个页面中可以创建多个不同的记录集，例如在该页面中，名称为的 rs1 记录集用于查询 news_type 数据表获取新闻类别名称，而名称为的 rs2 记录集用于查询 news 数据表获取每条新闻记录的相关内容。

07 在页面中将"类别"文字替换为 rs2 记录集中的 news_type 字段，将"新闻标题"文字替换为 news_title 字段，将"时间"文字替换为 news_date 字段，如图 7-38 所示。

图 7-38

08 选中插入页面中的 news_title 字段，设置其链接到新闻显示页面 news-show.php，并且为该链接设置 URL 传递参数，完整的链接地址为 news-show.php?news_id=<?php echo $row_rs2['news_id']; ?>，如图 7-39 所示。

```
<div id="news-list">
  <dl>
    <dt>[<?php echo $row_rs2['news_type']; ?>] <a href="news-show.php?news_id=<?php echo
$row_rs2['news_id']; ?>" target="_blank" class="link01"><?php echo $row_rs2['news_title']; ?></a></dt>
    <dd><?php echo $row_rs2['news_date']; ?></dd>
  </dl>
</div>
```

图 7-39

> **提示**
>
> 此处为新闻显示页面 news-show.php 传递的 URL 参数为 news_id，该参数的值使用代码 <?php echo $row_rs2['news_id']; ?> 来获取当前记录 news_id 字段的值。

09 选中页面中设置为重复显示记录的区域，这里选择 id 名称为 news-list 的 Div，如图 7-40 所示。单击"服务器行为"面板上的加号按钮，在弹出的菜单中选择"重复区域"命令，弹出"重复区域"对话框，设置"记录集"为 rs2，"显示"为 10 记录，如图 7-41 所示。

图 7-40

图 7-41

10 单击"确定"按钮，完成重复区域的创建，效果如图 7-42 所示。单击刚创建的重复区域左上角的"重复"标签，将该区域设置为记录集有数据时显示的内容，如图 7-43 所示。

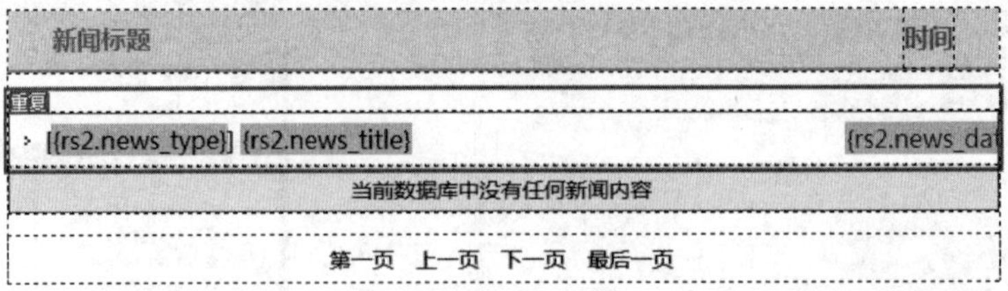

图 7-42

图 7-43

11 单击"服务器行为"面板中的加号按钮，在弹出的菜单中选择"显示区域">"如果记录集不为空则显示"选项，如图 7-44 所示。在弹出的对话框中设置"记录集"为 rs2，如图 7-45 所示。

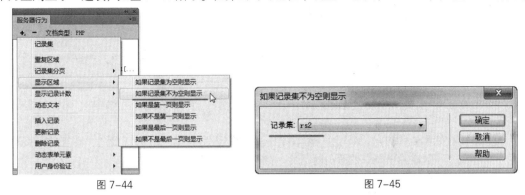

图 7-44　　　　　　　　　　　　　　　　　　　图 7-45

12 单击"确定"按钮，完成如果记录集不为空则显示区域的创建，如图 7-46 所示。选择页面中记录集没有数据时需要显示的区域，这里选择 id 名称为 no-news 的 Div，如图 7-47 所示。

图 7-46　　　　　　　　　　　　　　　　　　　图 7-47

13 单击"服务器行为"面板中的加号按钮，在弹出的菜单中选择"显示区域">"如果记录集为空则显示"选项，如图 7-48 所示。在弹出的对话框中设置"记录集"为 rs2，如图 7-49 所示。

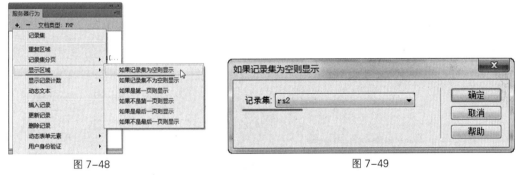

图 7-48　　　　　　　　　　　　　　　　　　　图 7-49

14 单击"确定"按钮，完成如果记录集为空则显示区域的创建，如图 7-50 所示。选中页面中的"第一页"文字，单击"服务器行为"面板中的加号按钮，在弹出的菜单中选择"记录集分页">"移至第一页"选项，如图 7-51 所示。

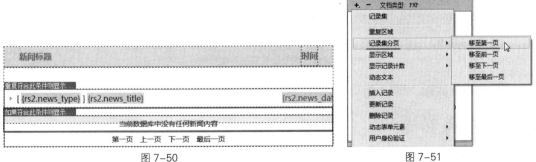

图 7-50　　　　　　　　　　　　　　　　　　　图 7-51

15 弹出"移至第一页"对话框，设置"记录集"为 rs2，如图 7-52 所示。单击"确定"按钮，为"第一页"文字添加"移至第一页"服务器行为，如图 7-53 所示。

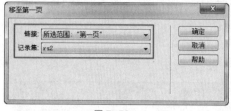

图 7-52

图 7-53

16 使用相同的制作方法，为"上一页""下一页"和"最后一页"文字分别添加"移至前一页""移至下一页"和"移至最后一页"的服务器行为，如图 7-54 所示。

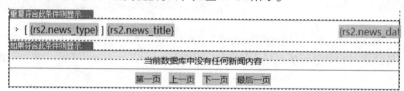

图 7-54

17 接下来实现新闻搜索功能。打开"绑定"面板，双击记录集 rs2，弹出"记录集"对话框，切换到"高级"设置界面，添加 SQL 语句，如图 7-55 所示。单击"确定"按钮，转换到代码视图中，在页面顶部添加代码 $stext=$_POST['search-text'];，如图 7-56 所示。

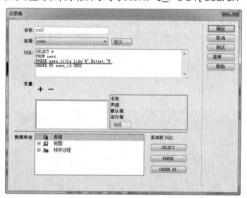

图 7-55

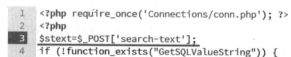

```php
1  <?php require_once('Connections/conn.php'); ?>
2  <?php
3  $stext=$_POST['search-text'];
4  if (!function_exists("GetSQLValueString")) {
```

图 7-56

> **技巧**
>
> 在"记录集"对话框中添加的 SQL 语句为 WHERE news_title like '%'".$stext."'%'，其中 like 是模糊查询的子语句，% 表示任意字符，而 stext 是个变量，表示在页面的搜索文本框中获取的搜索内容。

> **提示**
>
> 在页面头部添加的 php 程序代码 $stext=$_POST['search-text']; 中，stext 为定义的变量，$_POST['search-text'] 用于获取页面中 id 名为 search-text 的表单元素的值，也就是搜索文本框中输入的内容。

18 完成网站新闻列表页面 index.php 中所有功能的制作。

7.3.2 新闻类别列表

为了方便用户浏览，可以通过新闻类别列表页面只显示某一类型的新闻，这样便于用户进行浏览和查找。在新闻类别列表页面 news-type.php 中接收网站新闻列表页面 index.php 传递过来的 URL 参数 type_id，在数据库中查找相对应的数据记录并显示在网页中，从而只显示该类别的新闻。

实战 ｜ 制作新闻类别列表页面

最终文件：最终文件 \ 第 7 章 \chapter7\news-type.php　　视频：视频 \ 第 7 章 \7-3-2.mp4

`01` 在站点中打开新闻类别列表页面 news-type.php，可以看到页面的效果，如图 7-57 所示。按快捷键 F12，在测试服务器中预览页面，如图 7-58 所示。

图 7-57　　　　　　　　　　　　　　　　　　图 7-58

`02` 打开"绑定"面板，单击该面板上的加号按钮，在弹出的菜单中选择"记录集 (查询)"选项，弹出"记录集"对话框，设置如图 7-59 所示。单击"确定"按钮，创建记录集，"绑定"面板上会显示刚创建的记录集，如图 7-60 所示。

图 7-59　　　　　　　　　　　　　　　　　　图 7-60

`03` 将页面左侧的"新闻类别 1"文字替换为记录集中的 type_name 字段，如图 7-61 所示。选中插入页面中的 type_name 字段，设置其链接到新闻分类列表页面 news-type.php，并且为该链接设置 URL 传递参数，完整的链接地址为 news-type.php?news_type=<?php echo urlencode($row_rs1['type_name']); ?>，如图 7-62 所示。

```
<div id="left">
  <ul>
    <li><a href="#">新闻主页面</a></li>
    <li><a href="news-type.php?news_type=<?php echo urlencode(
$row_rs1['type_name']); ?>"><?php echo $row_rs1['type_name']; ?></a>
</li>
  </ul>
  <div class="xwglbtn"><a href="#">进入新闻管理</a></div>
</div>
```

图 7-61　　　　　　　　　　　　　　　　　　图 7-62

04 单击标签选择器中的 <li> 标签，选中设置为重复显示记录的区域，如图 7-63 所示。打开"服务器行为"面板，单击该面板上的加号按钮，在弹出的菜单中选择"重复区域"选项，弹出"重复区域"对话框，设置如图 7-64 所示。

图 7-63

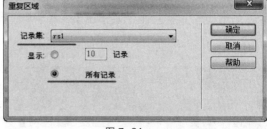

图 7-64

05 单击"确定"按钮，完成"重复区域"对话框的设置，将页面中被选中的区域设置为重复区域，如图 7-65 所示。单击"绑定"面板上的加号按钮，在弹出的菜单中选择"记录集（查询）"选项，在弹出的"记录集"对话框中进行设置，如图 7-66 所示。

图 7-65

图 7-66

06 单击"确定"按钮，创建记录集，"绑定"面板上会显示刚创建的记录集，如图 7-67 所示。将页面中的"新闻类别"文字替换为 rs2 记录集中的 news_type 字段，如图 7-68 所示。

图 7-67

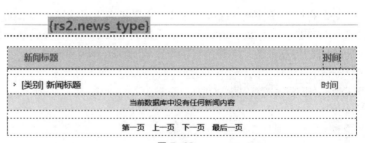

图 7-68

07 分别将页面中的"类别""新闻标题"和"时间"文字替换为 rs2 记录集中的 news_type、news_title 和 news_date 字段，如图 7-69 所示。选中插入页面中的 news_title 字段，设置其链接到新闻显示页面 news-show.php，并且为该链接设置 URL 传递参数，完整的链接地址为 news-show.php?news_id=<?php echo $row_rs2['news_id']; ?>，如图 7-70 所示。

```
<div id="news-list">
    <dl>
        <dt>[<?php echo $row_rs2['news_type']; ?>] <a
href="news-show.php?news_id=<?php echo $row_rs2['news_id'];
?>" target="_blank" class="link01"><?php echo $row_rs2[
'news_title']; ?></a></dt>
        <dd><?php echo $row_rs2['news_date']; ?></dd>
    </dl>
</div>
```

新闻标题		时间
› [{rs2.news_type}] {rs2.news_title}		{rs2.news_dat
	当前数据库中没有任何新闻内容	
	第一页 上一页 下一页 最后一页	

图 7-69　　　　　　　　　　　　　　　　　图 7-70

08 选中页面中设置为重复显示记录的区域，这里选择 id 名称为 news-list 的 Div，如图 7-71
所示。单击"服务器行为"面板上的加号按钮，在弹出的菜单中选择"重复区域"命令，弹出"重
复区域"对话框，设置"记录集"为 rs2，"显示"为 10 记录，如图 7-72 所示。

新闻标题	时间
› {rs2.news_type} {rs2.news_title}	{rs2.news_da
当前数据库中没有任何新闻内容	
第一页 上一页 下一页 最后一页	

图 7-71

图 7-72

09 单击"确定"按钮，完成重复区域的创建，效果如图 7-73 所示。根据网站新闻列表页面
index.php 的制作方法，完成页面中记录集不为空显示区域和记录集为空显示区域的创建，效果如
图 7-74 所示。

新闻标题	时间
重复	
› [{rs2.news_type}] {rs2.news_title}	{rs2.news_dat
当前数据库中没有任何新闻内容	
第一页 上一页 下一页 最后一页	

图 7-73

新闻标题	时间
重复符合此条件则显示	
› [{rs2.news_type}] {rs2.news_title}	{rs2.news_dat
如果符合此条件则显示	
当前数据库中没有任何新闻内容	
第一页 上一页 下一页 最后一页	

图 7-74

10 分别为页面中"第一页""上一页""下一页"和"最后一页"文字添加相应的服务器行为，
如图 7-75 所示。完成新闻类别列表页面 news-type.php 的制作，效果如图 7-76 所示。

新闻标题	时间
重复符合此条件则显示	
› [{rs2.news_type}] {rs2.news_title}	{rs2.news_dat
如果符合此条件则显示	
当前数据库中没有任何新闻内容	
第一页 上一页 下一页 最后一页	

图 7-75

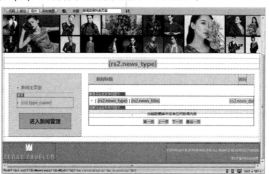

图 7-76

7.3.3 新闻显示

在网站新闻列表页面 index.php 或新闻类别列表页面 news-type.php 中单击新闻标题，即可跳转到新闻显示页面 news-show.php，在该页面中接收传递过来的 URL 参数，通过该 URL 参数在数据库中查找相对应的数据记录，并将相应的数据内容显示在页面中。

实战 制作新闻显示页面

最终文件：最终文件\第 7 章\chapter7\news-show.php　视频：视频\第 7 章\7-3-3.mp4

01 打开站点中的新闻显示页面 news-show.php，可以看到页面的效果，如图 7-77 所示。按快捷键 F12，在测试服务器中预览页面，如图 7-78 所示。

图 7-77

图 7-78

02 打开"绑定"面板，单击该面板上的加号按钮，在弹出的菜单中选择"记录集（查询）"选项，弹出"记录集"对话框，设置如图 7-79 所示。单击"确定"按钮，创建记录集，"绑定"面板上会显示刚创建的记录集，如图 7-80 所示。

图 7-79

图 7-80

提示

此处"记录集"对话框中设置"筛选"选项使用所传递的 URL 参数 news_id 对数据表中的记录进行筛，找到数据表中 news_id 字段与 URL 参数 news_id 相同的记录。

03 分别将 rs2 记录集中的 news_title、news_date、news_author 和 news_content 字段拖入页面中相应的位置，如图 7-81 所示，完成新闻显示页面 news-show.php 的制作。

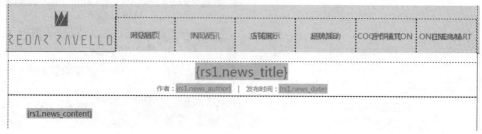

图 7-81

7.4　开发新闻管理后台登录

通常网站的后台管理系统只有管理员才有权进行操作，这就需要对后台管理页面进行访问控制。常见的是使用后台管理登录页面，只有通过后台登录页面才能够登录后台管理。

在新闻管理后台登录页面 login.php 中用户输入管理用户名和密码进行验证，只有输入的用户名和密码与 admin_user 数据表中的用户名和密码完全相同时，才能登录成功。

实 战　制作新闻管理后台登录页面

最终文件：最终文件\第 7 章\chapter7\admin\login.php　视频：视频\第 7 章\7-4.mp4

01 在站点中打开新闻管理后台登录页面 login.php，可以看到页面的效果，如图 7-82 所示。按快捷键 F12，在测试服务器中预览页面，如图 7-83 所示。

图 7-82

图 7-83

02 单击"服务器行为"面板上的加号按钮，在弹出的菜单中选择"用户身份验证">"登录用户"命令，弹出"登录用户"对话框，设置如图 7-84 所示。单击"确定"按钮，完成"登录用户"对话框的设置，效果如图 7-85 所示，完成新闻管理登录页面 login.php 的制作。

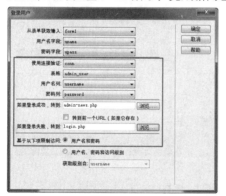

图 7-84

图 7-85

> **提示**
>
> 在"登录用户"对话框中将"用户名"和"密码"文本字段中的值与 admin_user 数据表中的 username 和 password 两个字段的值进行比较，判断用户是否登录成功。如果登录成功，则跳转到新闻管理页面 admin-news.php；如果登录失败，则页面跳转到新闻管理后台登录页面 login.php。

7.5　开发后台新闻分类管理功能

新闻分类管理功能与新闻管理功能非常相似，主要是对新闻类别实现添加、修改和删除的操作，本节中将继续开发制作新闻分类管理功能。

7.5.1 新闻分类管理

在新闻分类管理页面 admin-type.php 中读取的是 news_type 数据表中的记录，显示所有新闻分类的名称，可以对新闻分类的名称进行修改和删除操作。

 实 战 制作新闻分类管理页面

最终文件：最终文件 \ 第 7 章 \chapter7\admin\admin-type.php
视频：视频 \ 第 7 章 \7-5-1.mp4

01 打开站点中的新闻分类管理页面 admin-type.php，可以看到页面的效果，如图 7-86 所示。按快捷键 F12，在测试服务器中预览页面，如图 7-87 所示。

图 7-86

图 7-87

02 单击"绑定"面板上的加号按钮，在弹出的菜单中选择"记录集（查询）"选项，在弹出的"记录集"对话框中进行设置，如图 7-88 所示。单击"确定"按钮，创建记录集，"绑定"面板上会显示刚创建的记录集，如图 7-89 所示。

图 7-88

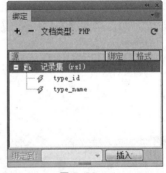

图 7-89

03 将页面中的"新闻分类 1"文字替换为记录集的 type_name 字段，如图 7-90 所示。选择"修改"文字，设置其链接到修改新闻分类页面 type-updata.php，并且为该链接设置 URL 传递参数，完整的链接地址为 type-updata.php?type_id=<?php echo $row_rs1['type_id'];?>，如图 7-91 所示。

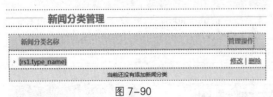

图 7-90

```
<div id="news-list">
  <dl>
    <dt><?php echo $row_rs1['type_name']; ?></dt>
    <dd><a href="type-updata.php?type_id=<?php echo
$row_rs1['type_id'];?>" class="link02">修改</a> | <a href=
"#" class="link02">删除</a></dd>
  </dl>
</div>
```

图 7-91

04 选择"删除"文字，设置其链接到删除新闻分类页面 type-del.php，并且为该链接设置 URL 传递参数，完整的链接地址为 type-del.php?type_id=<?php echo $row_rs1['type_id'];?>，如图 7-92 所示。选中页面中设置为重复显示记录的区域，这里选择 id 名称为 news-list 的 Div，如

图 7-93 所示。

```html
<div id="news-list">
  <dl>
    <dt><?php echo $row_rsl['type_name']; ?></dt>
    <dd><a href="type-updata.php?type_id=<?php echo
$row_rsl['type_id'];?>" class="link02">修改</a> | <a href=
"type-del.php?type_id=<?php echo $row_rsl['type_id'];?>"
class="link02">删除</a></dd>
  </dl>
</div>
```

图 7-92

图 7-93

05 单击 "服务器行为" 面板上的加号按钮, 在弹出的菜单中选择 "重复区域" 命令, 弹出 "重复区域" 对话框, 设置如图 7-94 所示。单击 "确定" 按钮, 完成重复区域的创建, 效果如图 7-95 所示。

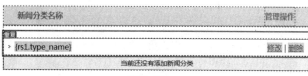

图 7-94

图 7-95

06 根据网站新闻列表页面 index.php 的制作方法, 完成页面中记录集不为空显示区域和记录集为空显示区域的创建, 效果如图 7-96 所示。为页面左侧的相关文字分别设置超链接, 链接到相应的页面, 如图 7-97 所示。

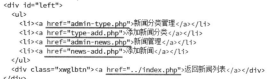

```html
<div id="left">
  <ul>
    <li><a href="admin-type.php">新闻分类管理</a></li>
    <li><a href="type-add.php">添加新闻分类</a></li>
    <li><a href="admin-news.php">新闻管理</a></li>
    <li><a href="news-add.php">添加新闻</a></li>
  </ul>
  <div class="xwglbtn"><a href="../index.php">返回新闻列表</a></div>
</div>
```

图 7-96

图 7-97

07 单击 "服务器行为" 面板上的加号按钮, 在弹出的菜单中选择 "用户身份验证" > "限制对页的访问" 命令, 弹出 "限制对页的访问" 对话框, 设置如图 7-98 所示。单击 "确定" 按钮, 完成新闻分类管理页面 admin-type.php 的制作, 如图 7-99 所示。

图 7-98

图 7-99

> **技巧**
>
> 为新闻分类管理页面 admin-type.php 添加 "限制对页的访问" 服务器行为是为了防止在没有登录的情况下直接输入该页面的地址对该页面进行访问。通过添加该服务器行为, 强制要求必须是通过管理登录页面, 输入管理用户名和密码, 成功登录后才可以访问该页面。

7.5.2 添加新闻分类

添加新闻分类页面type-add.php与添加新闻页面news-add.php相似,为该页面添加"插入记录"服务器行为,将页面表单中所填写的内容插入news_type数据表中。

实 战 制作添加新闻分类页面

最终文件:最终文件\第7章\chapter7\admin\type-add.php
视频:视频\第7章\7-5-2.mp4

01 在站点中打开添加新闻分类页面type-add.php,可以看到页面的效果,如图7-100所示。按快捷键F12,在测试服务器中预览页面,如图7-101所示。

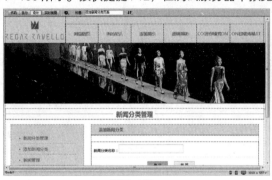

图 7-100　　　　　　　　　　　　　图 7-101

02 单击"服务器行为"面板上的加号按钮,在弹出的菜单中选择"插入记录"选项,弹出"插入记录"对话框,设置如图7-102所示。单击"确定"按钮,完成"插入记录"对话框的设置,为页面左侧的相关文字分别设置超链接,链接到相应的页面,如图7-103所示。

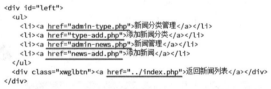

图 7-102　　　　　　　　　　　　　图 7-103

03 单击"服务器行为"面板上的加号按钮,在弹出的菜单中选择"用户身份验证">"限制对页的访问"命令,弹出"限制对页的访问"对话框,设置如图7-104所示。单击"确定"按钮,完成添加新闻分类页面type-add.php的制作,如图7-105所示。

图 7-104　　　　　　　　　　　　　图 7-105

7.5.3　修改新闻分类

在修改新闻分类页面 type-updata.php 中会接收从新闻分类管理页面 admin-type.php 传递过来的 URL 参数，通过该参数查询数据表，找到相应的新闻分类记录，并将其新闻分类名称显示在页面的文本域中，管理者可以对新闻分类名称进行修改。通过"更新记录"服务器行为可以将修改后的新闻分类名称插入数据表中。

实战　制作修改新闻分类页面

最终文件：最终文件 \ 第 7 章 \chapter7\admin\type-updata.php
视频：视频 \ 第 7 章 \7-5-3.mp4

01 在站点中打开修改新闻分类页面 type-updata.php，可以看到页面的效果，如图 7-106 所示。按快捷键 F12，在测试服务器中预览页面，如图 7-107 所示。

图 7-106

图 7-107

02 单击"绑定"面板上的加号按钮，在弹出的菜单中选择"记录集（查询）"选项，在弹出的"记录集"对话框中进行设置，如图 7-108 所示。单击"确定"按钮，创建记录集，"绑定"面板上会显示刚创建的记录集，如图 7-109 所示。

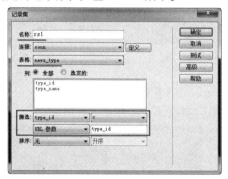
图 7-108

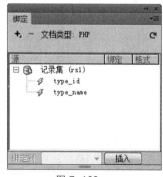
图 7-109

03 将页面中的文本域与记录集中的 type_name 字段绑定，如图 7-110 所示。在表单域中插入一个隐藏域，设置该隐藏域的 Name 属性为 type_id，如图 7-111 所示。

04 选中刚插入的隐藏域，单击"属性"面板上 Value 选项后面的"绑定到动态源"按钮，在弹出的对话框中选择相应的字段，单击"确定"按钮，如图 7-112 所示。单击"服务器行为"面板上的加号按钮，在弹出的菜单中选择"更新记录"选项，弹出"更新记录"对话框，对相关选项进行设置，如图 7-113 所示。

05 单击"确定"按钮，完成"更新记录"对话框的设置，为页面左侧的相关文字分别设置超链接，链接到相应的页面。完成修改新闻分类页面 type-updata.php 的制作。

图 7-110

图 7-111

图 7-112

图 7-113

7.5.4 删除新闻分类

在删除新闻分类页面 type-del.php 中接收从新闻分类管理页面 admin-type.php 传递过来的 URL 参数，通过该参数查询数据表，找到相应的新闻分类记录，并将其新闻分类名称显示在页面的文本域中，当管理者单击"删除"按钮时，可以通过"删除记录"服务器行为在数据表中将该条记录删除。

实战	制作删除新闻分类页面

最终文件：最终文件 \ 第 7 章 \ chapter7\admin\type-del.php
视频：视频 \ 第 7 章 \ 7-5-4.mp4

01 打开站点中删除新闻分类页面 type-del.php，可以看到页面的效果，如图 7-114 所示。按快捷键 F12，在测试服务器中预览页面，如图 7-115 所示。

图 7-114

图 7-115

02 单击"绑定"面板上的加号按钮，在弹出的菜单中选择"记录集（查询）"选项，在弹出的"记录集"对话框中进行设置，如图 7-116 所示。单击"确定"按钮，创建记录集，"绑定"面板上会显示刚创建的记录集，如图 7-117 所示。

图 7-116

图 7-117

03 将页面中的文本域与记录集中的 type_name 字段绑定，如图 7-118 所示。在表单域中插入一个隐藏域，设置该隐藏域的 Name 属性为 type_id，如图 7-119 所示。

图 7-118

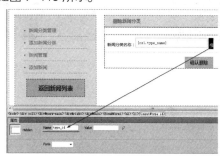

图 7-119

04 选中刚插入的隐藏域，单击"属性"面板上 Value 选项后面的"绑定到动态源"按钮，在弹出的对话框中选择相应的字段，单击"确定"按钮，如图 7-120 所示。单击"服务器行为"面板上的加号按钮，在弹出的菜单中选择"删除记录"选项，弹出"删除记录"对话框，对相关选项进行设置，如图 7-121 所示。

图 7-120

图 7-121

05 单击"确定"按钮，完成"删除记录"对话框的设置，为页面左侧的相关文字分别设置超链接，链接到相应的页面。完成删除新闻分类页面 type-del.php 的制作。

7.6　开发后台新闻管理功能

　　新闻管理功能主要包括新闻的添加、修改和删除，分别使用"插入记录""更新记录"和"删除记录"服务器行为即可实现相应的功能。注意，修改新闻和删除新闻需要向修改新闻页面 news-updata.php 和删除新闻页面 news-del.php 传递 URL 参数，从而修改或删除指定的数据记录。

7.6.1 新闻管理页面

在新闻管理后台登录页面 login.php 登录成功后，即可进入新闻管理页面 admin-news.php 中，该页面以列表的形式显示数据库中的新闻标题，并且在每条新闻标题都有相应的"修改"和"删除"超链接，通过单击相应的超链接，跳转到相应的页面中对该条新闻进行处理。

实战 制作新闻管理页面

最终文件：最终文件 \ 第 7 章 \chapter7\admin\admin-news.php
视频：视频 \ 第 7 章 \7-6-1.mp4

01 在站点中打开新闻管理页面 admin-news.php，可以看到页面的效果，如图 7-122 所示。按快捷键 F12，在测试服务器中预览页面，如图 7-123 所示。

图 7-122

图 7-123

02 单击"绑定"面板上的加号按钮，在弹出的菜单中选择"记录集（查询）"选项，在弹出的"记录集"对话框中进行设置，如图 7-124 所示。单击"确定"按钮，创建记录集，"绑定"面板上会显示刚创建的记录集，如图 7-125 所示。

图 7-124

图 7-125

03 将页面中的"类别"和"新闻标题"文字分别替换为记录集中的 news_type 和 news_title 字段，如图 7-126 所示。选择"修改"文字，设置其链接到修改新闻页面 news-updata.php，并且为该链接设置 URL 传递参数，完整的链接地址为 news-updata.php?news_id=<?php echo $row_rs1['news_id'];?>，如图 7-127 所示。

图 7-126

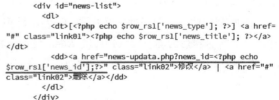
图 7-127

04 选择"删除"文字，设置其链接到删除新闻页面 news–del.php，并且为该链接设置 URL 传递参数，完整的链接地址为 news–del.php?news_id=<?php echo $row_rs1['news_id'];?>，如图 7–128 所示。选中页面中需要设置为重复显示记录的区域，这里选择 id 名称为 news–list 的 Div，如图 7–129 所示。

```html
<div id="news-list">
    <dl>
        <dt>[<?php echo $row_rs1['news_type']; ?>] <a href=
"#" class="link01"><?php echo $row_rs1['news_title']; ?></a>
</dt>
            <dd><a href="news-updata.php?news_id=<?php echo
$row_rs1['news_id'];?>" class="link02">修改</a> | <a href=
"news-del.php?news_id=<?php echo $row_rs1['news_id'];?>"
class="link02">删除</a></dd>
    </dl>
</div>
```

图 7–128

图 7–129

05 单击"服务器行为"面板上的加号按钮，在弹出的菜单中选择"重复区域"命令，弹出"重复区域"对话框，设置"记录集"为 rs1，"显示"为 10 记录，如图 7–130 所示。单击"确定"按钮，完成重复区域的创建，效果如图 7–131 所示。

图 7–130

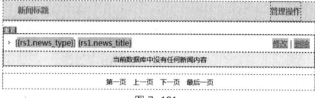

图 7–131

06 根据网站新闻列表页面 index.php 的制作方法，完成页面中记录集不为空显示区域和记录集为空显示区域的创建，效果如图 7–132 所示。分别为页面中"第一页""上一页""下一页"和"最后一页"文字添加相应的服务器行为，如图 7–133 所示。

图 7–132

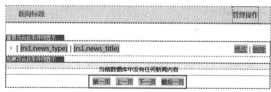

图 7–133

07 为页面左侧的相关文字分别设置超链接，链接到相应的页面，如图 7–134 所示。单击"服务器行为"面板上的加号按钮，在弹出的菜单中选择"用户身份验证" > "限制对页的访问"命令，弹出"限制对页的访问"对话框，设置如图 7–135 所示。单击"确定"按钮，完成新闻管理页面 admin–news.php 的制作。

```html
<div id="left">
    <ul>
        <li><a href="admin-type.php">新闻分类管理</a></li>
        <li><a href="type-add.php">添加新闻分类</a></li>
        <li><a href="admin-news.php">新闻管理</a></li>
        <li><a href="news-add.php">添加新闻</a></li>
    </ul>
    <div class="xwglbtn"><a href="../index.php">返回新闻列表</a></div>
</div>
```

图 7–134

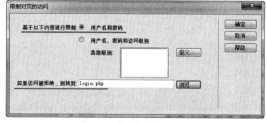

图 7–135

7.6.2　使用富文本编辑器

HTML 页面中的文本区域表单元素在网页中的表现形式比较单一，并且无法对所输入文本内容的格式和效果进行处理。如果要在网页中实现功能强大的文本区域，可以在网页中使用富文本编辑器。

实际上，很多 PHP 网站应用程序中都使用了富文本编辑器，因为其功能强大，能够对输入文本的格式效果进行设置，而且使用也非常方便。在本节中将向读者介绍如何使用 UEditor 富文本编辑器来替换网页中的传统文本区域，从而在网页中实现功能强大的文本编辑器。

> **提示**
>
> UEditor 是由百度 Web 前端研发部开发所见即所得富文本编辑器，具有轻量、可定制、注重用户体验等特点，开源基于 MIT 协议，允许自由使用和修改代码。

实战 在网页中使用 UEditor 文本编辑器

最终文件：最终文件 \ 第 7 章 \chapter7\admin\news-add.php
视频：视频 \ 第 7 章 \7-6-2.mp4

01 打开浏览器窗口，在地址栏中输入 UEditor 编辑器的官方网址 http://ueditor.baidu.com，进入官方网站，如图 7-136 所示。单击顶部导航菜单中的 "下载" 超链接，跳转到下载页面，如图 7-137 所示。

图 7-136　　　　　　　　　　　　　　　　图 7-137

02 在下载页面中为用户提供了针对不同开发语言的版本，在这里选择下载 "1.4.3.3 PHP 版本" 中的 "UTF-8 版"，如图 7-138 所示。将下载的压缩包文件解压得到 utf8-php 文件夹，将其重命名为 ueditor，并将该文件夹放置在站点中的 admin 文件夹中，如图 7-139 所示。

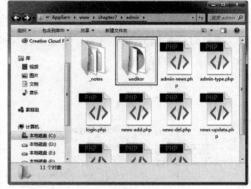

图 7-138　　　　　　　　　　　　　　　　图 7-139

03 打开站点中的添加新闻页面 news-add.php，可以看到页面的效果，如图 7-140 所示。按快捷键 F12，在测试服务器中预览页面，可以看到 "新闻内容" 文字后面的多行文本域的默认显示效果，如图 7-141 所示。

图 7-140

图 7-141

04 返回 Dreamweaver 代码视图中，在页面头部的 <head> 与 </head> 标签之间，添加相应的脚本代码，链接刚下载的 UEditor 文本编辑器的相关 JavaScript 脚本文件，如图 7-142 所示。

```html
<head>
<meta charset="utf-8">
<title>添加新闻页面</title>
<link href="../style/style.css" rel="stylesheet" type="text/css">
<script type="text/javascript" src="ueditor/ueditor.config.js"></script>
<script type="text/javascript" src="ueditor/ueditor.all.min.js"></script>
<script type="text/javascript" src="ueditor/lang/zh-cn/zh-cn.js"></script>
</head>
```

图 7-142

05 选中页面插入的多行文本区域，在 Dreamweaver 代码视图中可以看到该多行文本区域的 id 名称，如图 7-143 所示。在页面代码的结束位置添加获取 UEditor 编辑器的 JavaScript 脚本代码，如图 7-144 所示。

```html
<li>新闻内容: <textarea name="news-con" required class="input03"
id="news-con" placeholder="请输入新闻正文内容"></textarea></li>
```

图 7-143

```html
</body>
</html>
<script type="text/javascript">
    UE.getEditor('news-con',{initialFrameWidth:630,initialFrameHeight:200})
</script>
```

图 7-144

> **提示**
>
> 在添加的 JavaScript 脚本代码中，指定的元素 id 名称必须与使用 UEditor 编辑器效果的多行文本域表单元素的 id 名称相同。

06 保存该页面，按快捷键 F12，在测试服务器中预览该页面，可以看到页面中文本区域已经替换为 UEditor 编辑器的效果，如图 7-145 所示。单击 UEditor 编辑器右上角的"全屏"按钮，将该编辑器切换到全屏的显示状态，方便用户对内容进行编辑，如图 7-146 所示。再次单击右上角的"全屏"按钮，返回正常状态。

> **提示**
>
> UEditor 编辑器还有其他许多效果可供设置，感兴趣的用户可以在 UEditor 官方网站中查看相关说明。在网页中除了可以使用 UEditor 编辑器，还有其他的多功能编辑器可供选择。

图 7-145

图 7-146

7.6.3　添加新闻

在添加新闻页面 news-add.php 中，在各表单项中输入相应的内容，单击"确定"按钮，提交表单数据，通过"插入记录"服务器行为将表单中的数据插入 news 数据表中。

实 战　制作添加新闻页面

最终文件：最终文件 \ 第 7 章 \ chapter7 \ admin\news-add.php
视频：视频 \ 第 7 章 \ 7-6-3.mp4

01 打开站点中的添加新闻页面 news-add.php，可以看到页面的效果，如图7-147 所示。按快捷键 F12，在测试服务器中预览页面，如图 7-148 所示。

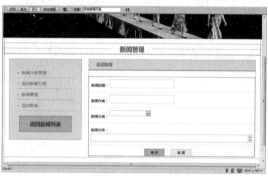

图 7-147

图 7-148

02 单击"绑定"面板上的加号按钮，在弹出的菜单中选择"记录集（查询）"选项，在弹出的"记录集"对话框中进行设置，如图7-149 所示。单击"确定"按钮，创建记录集，"绑定"面板上会显示刚创建的记录集，如图 7-150 所示。

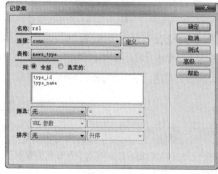

图 7-149

图 7-150

03 选中"新闻分类"文字后面的下拉列表元素，单击"服务器行为"面板上的加号按钮，在弹出的菜单中选择"动态表单元素">"动态列表 / 菜单"命令，如图 7-151 所示。弹出"动态列表 / 菜单"对话框，设置如图 7-152 所示。

图 7-151　　　　　　　　　　　　　　　　　图 7-152

04 单击"确定"按钮，完成"动态列表 / 菜单"对话框的设置。在表单域中任意位置插入一个隐藏域，设置该隐藏域的 Name 属性为 news_date，如图 7-153 所示。转换到代码视图中，为该隐藏域设置 Value 属性值，如图 7-154 所示。

```
<input type="submit" name="submit" id="submit"
value="确 定" class="btn03">
        <input type="reset" name="reset" id="reset"
value="重 置" class="btn02">
        <input type="hidden" name="news_date" id=
"news_date" value="<?php
date_default_timezone_set('Asia/Shanghai');
        echo date("Y-m-d");
        ?>">
      </form>
```

图 7-153　　　　　　　　　　　　　　　　　图 7-154

> **技巧**
>
> 此处为隐藏域设置的 value 属性值用于获取当提交表单数据时的系统时间，其中 date_default_timezone_set() 函数用于设置时区，date() 函数用于获取系统时间，如果不设置时区而直接使用 date() 函数获取系统时间，有可能会报错。

05 单击"服务器行为"面板上的加号按钮，在弹出的菜单中选择"插入记录"命令，弹出"插入记录"对话框，设置如图 7-155 所示。单击"确定"按钮，完成"插入记录"对话框的设置。为页面左侧的相关文字分别设置超链接，链接到相应的页面，如图 7-156 所示。

```
<div id="left">
  <ul>
    <li><a href="admin-type.php">新闻分类管理</a></li>
    <li><a href="type-add.php">添加新闻分类</a></li>
    <li><a href="admin-news.php">新闻管理</a></li>
    <li><a href="news-add.php">添加新闻</a></li>
  </ul>
  <div class="xwglbtn"><a href="../index.php">返回新闻列表</a></div>
</div>
```

图 7-155　　　　　　　　　　　　　　　　　图 7-156

06 单击"服务器行为"面板上的加号按钮，在弹出的菜单中选择"用户身份验证" > "限制对页的访问"命令，弹出"限制对页的访问"对话框，设置如图 7-157 所示。单击"确定"按钮，完成添加新闻页面 news-add.php 的制作，如图 7-158 所示。

图 7-157　　　　　　　　　　　　　图 7-158

7.6.4　修改新闻

修改新闻页面 news-updata.php 与添加新闻页面 news-add.php 非常相似，在修改新闻页面 news-updata.php 中会接收 URL 参数，并通过该参数查询 news 数据表，找到相应的新闻记录，并将其相关信息显示在页面的表单元素中，通过"更新记录"服务器行为可以实现将修改后的新闻内容提交到数据表中。

实 战　制作修改新闻页面　

最终文件：最终文件 \ 第 7 章 \ chapter7 \ admin \ news-updata.php
视频：视频 \ 第 7 章 \ 7-6-4.mp4

01 在站点中打开修改新闻页面 news-updata.php，可以看到页面的效果，如图 7-159 所示。根据前面介绍的方法，可以将页面中的多行文本域替换为 UEditor 编辑器，按快捷键 F12，在测试服务器中预览页面，如图 7-160 所示。

图 7-159　　　　　　　　　　　　　图 7-160

02 单击"绑定"面板上的加号按钮，在弹出的菜单中选择"记录集（查询）"选项，在弹出的"记录集"对话框中进行设置，如图 7-161 所示。单击"确定"按钮，创建记录集，"绑定"面板上会显示刚创建的记录集，如图 7-162 所示。

03 将记录集中的各字段与页面中相对应的表单元素绑定，如图 7-163 所示。选中"更新时间"文字后面的表单元素，转换到代码视图中，设置其 Value 属性值，如图 7-164 所示。

图 7-161

图 7-162

图 7-163

<li>更新时间: <input name="news-time" type=
"text" required class="input01" id="news-time" value="
<?php
date_default_timezone_set('Asia/Shanghai');
echo date("Y-m-d");
?>">
</li>

图 7-164

技巧

将页面中的文本域与记录集中的字段绑定有 3 种方法，第 1 种是直接在"绑定"面板中拖动记录集字段到页面中要绑定的文本域上；第 2 种是在网页中选中文本域，在"属性"面板上单击 value 选项后面的"绑定到动态源"按钮，在弹出的"动态数据"对话框中选择相应的记录集字段；第 3 种方法是在网页中选中文本域，在"绑定"面板中选择要绑定的记录集字段，单击"绑定"按钮。

---

04 单击"绑定"面板上的加号按钮，在弹出的菜单中选择"记录集（查询）"选项，在弹出的"记录集"对话框中进行设置，如图 7-165 所示。单击"确定"按钮，创建记录集，"绑定"面板上会显示刚创建的记录集，如图 7-166 所示。

图 7-165

图 7-166

05 选中"新闻分类"文字后面的下拉列表元素，单击"服务器行为"面板上的加号按钮，在弹出的菜单中选择"动态表单元素">"动态列表/菜单"命令，如图 7-167 所示。弹出"动态列表/菜单"对话框，单击"选取值等于"选项后面的"绑定到动态源"按钮，在弹出的"动态数据"对话框中选择 rs1 记录集中的 news_type 字段，如图 7-168 所示。

图 7-167

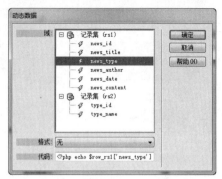

图 7-168

06 单击"确定"按钮，返回"动态列表/菜单"对话框，对其他选项进行设置，如图 7-169 所示。单击"确定"按钮，完成"动态列表/菜单"对话框的设置。在网页中表单域的任意位置插入一个隐藏域，设置该隐藏域的 Name 属性为 news_id，如图 7-170 所示。

图 7-169

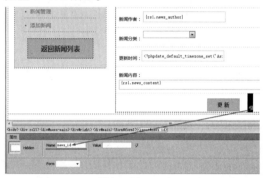

图 7-170

07 选中刚插入的隐藏域，单击"属性"面板上 value 选项后面的"绑定到动态源"按钮，在弹出的对话框中选择相应的字段，单击"确定"按钮，如图 7-171 所示。单击"服务器行为"面板上的加号按钮，在弹出的菜单中选择"更新记录"选项，弹出"更新记录"对话框，对相关选项进行设置，如图 7-172 所示。

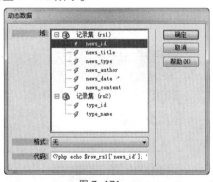

图 7-171

图 7-172

08 单击"确定"按钮，完成"更新记录"对话框的设置。为页面左侧的相关文字分别设置超链接，链接到相应的页面，如图 7-173 所示。完成修改新闻页面 news-updata.php 的制作，效果如图 7-174 所示。

```
<div id="left">
    <ul>
        <li><a href="admin-type.php">新闻分类管理</a></li>
        <li><a href="type-add.php">添加新闻分类</a></li>
        <li><a href="admin-news.php">新闻管理</a></li>
        <li><a href="news-add.php">添加新闻</a></li>
    </ul>
    <div class="xwglbtn"><a href="../index.php">返回新闻列表</a></div>
</div>
```

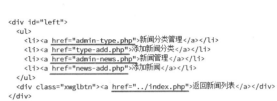

图 7-173

图 7-174

7.6.5　删除新闻

在新闻管理页面 admin-news.php 中单击某条新闻后面的"删除"超链接，即可跳转到删除新闻页面 news-del.php，并将 URL 参数随着链接一起传递到该页面中，删除新闻页面 news-del.php 接收传递过来的 URL 参数，在数据表中查询指定的数据记录，在该页面中执行"删除记录"服务器行为，在数据库中删除相应记录，删除成功后返回新闻管理页面 admin-news.php。

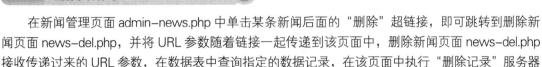

实战　制作删除新闻页面

最终文件：最终文件 \ 第 7 章 \chapter7\admin\news-del.php　视频：视频 \ 第 7 章 \7-6-5.mp4

01 打开站点中删除新闻页面 news-del.php，可以看到页面的效果，如图 7-175 所示。根据前面介绍的方法，可以将页面中的多行文本域替换为 UEditor 文本编辑器，按快捷键 F12，在测试服务器中预览页面，如图 7-176 所示。

图 7-175

图 7-176

02 单击"绑定"面板上的加号按钮，在弹出的菜单中选择"记录集（查询）"选项，在弹出的"记录集"对话框中进行设置，如图 7-177 所示。单击"确定"按钮，创建记录集，"绑定"面板上会显示刚创建的记录集，如图 7-178 所示。

图 7-177

图 7-178

03 将记录集中的各字段与页面中相对应的表单元素绑定，如图 7-179 所示。在网页中表单域的任意位置插入一个隐藏域，设置该隐藏域的 Name 属性为 news_id，如图 7-180 所示。

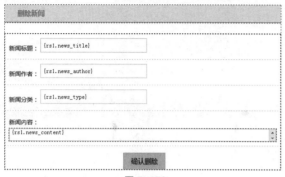

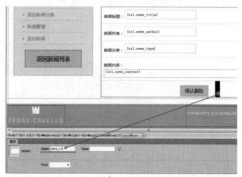

图 7-179　　　　　　　　　　　　　　　　图 7-180

04 选中刚插入的隐藏域，单击"属性"面板上的 Value 选项后面的"绑定到动态源"按钮，在弹出的对话框中选择相应的字段，单击"确定"按钮，如图 7-181 所示。单击"服务器行为"面板上的加号按钮，在弹出的菜单中选择"删除记录"选项，弹出"删除记录"对话框，对相关选项进行设置，如图 7-182 所示。

图 7-181　　　　　　　　　　　　　　　　图 7-182

> **提示**
>
> 　　此处在网页的表单域中插入一个隐藏域，将该隐藏域的值设置为记录的 news_id 字段，在添加"删除记录"服务器行为时，设置"首先检查是否定义变量"选项为"表单变量"，值为 news_id，即表单是否接收到 news_id 变量，如果接收到则执行删除操作。这样只有单击"删除"按钮后，才会对数据进行删除操作。

05 单击"确定"按钮，完成"删除记录"对话框的设置。为页面左侧的相关文字分别设置超链接，链接到相应的页面，如图 7-183 所示。完成删除新闻页面 news-del.php 的制作，效果如图 7-184 所示。

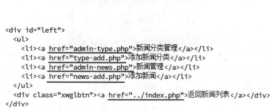

图 7-183　　　　　　　　　　　　　　　　图 7-184

7.7 测试网站新闻发布系统

完成了网站新闻发布系统中所有功能的开发，接下来对该系统功能进行测试。因为当前数据库中没有任何数据，所以首先通过新闻管理登录后台页面 login.php 登录到新闻管理页面 admin-news.php，添加新闻类别和新闻，然后对系统中的其他功能分别进行测试。

实战 测试网站新闻发布系统

最终文件: 无 视频: 视频 \ 第 7 章 \7-7.mp4

01 在 Dreamweaver CC 中打开新闻管理后台登录页面 login.php，按快捷键 F12，在测试服务器中测试该页面，效果如图 7-185 所示。输入管理账号和密码，单击"登录"按钮，进入新闻管理页面 admin-news.php，效果如图 7-186 所示。

图 7-185

图 7-186

02 单击页面左侧的"添加新闻分类"超链接，跳转到添加新闻分类页面 type-add.php，在表单中输入新闻分类名称，如图 7-187 所示。单击"确定"按钮，添加新闻分类，返回新闻分类管理页面 admin-type.php，可以看到刚添加的新闻分类，如图 7-188 所示。

图 7-187

图 7-188

03 使用相同的操作方法，可以添加多个新闻分类，如图 7-189 所示。单击页面左侧的"添加新闻"超链接，跳转到添加新闻页面 news-add.php，在页面的各表单项中输入相应的新闻内容，如图 7-190 所示。

04 单击"确定"按钮，添加新闻，返回新闻管理页面 admin-news.php，可以看到刚添加的新闻，如图 7-191 所示。使用相同的操作方法，可以添加多条新闻内容，如图 7-192 所示。

图 7-189

图 7-190

图 7-191

图 7-192

05 在页面中单击"返回新闻列表"超链接，进入网站新闻列表页面 index.php，效果如图 7-193 所示。单击某条新闻的标题，即可跳转到该新闻显示页面 news-show.php，显示该条新闻的详细内容，如图 7-194 所示。

图 7-193

图 7-194

06 在网站新闻列表页面 index.php 的"新闻搜索"文字后面的文本框中输入关键字，单击"搜索"按钮，则新闻列表中只显示包含该关键字的新闻，如图 7-195 所示。单击页面左侧任意一种新闻类别，即可跳转到新闻分类列表页面 news-type.php，在该页面中只显示该分类的新闻，如图 7-196 所示。

图 7-195

图 7-196

第 8 章 网站图片管理系统

在动态网站中不但能够对文字内容进行后台管理和编辑，还要能够在网站中进行图片的上传和管理操作，这样才算是一个功能完整的动态网站。在本章中将通过一个网站图片管理系统的制作，向读者介绍网站中图片的上传与管理功能的开发和应用。

本章知识点：
- ➤ 理解网站图片管理系统的规划
- ➤ 掌握系统动态站点和 MySQL 数据库的创建
- ➤ 掌握前台图片显示相关页面功能的实现方法
- ➤ 掌握后台图片管理实现的方法
- ➤ 掌握图片上传功能的实现方法
- ➤ 掌握图片分类功能的实现方法

8.1 网站图片管理系统规划

一个简单的网站图片管理系统实际上只需实现图片的上传即可，本章制作的网站图片管理系统功能相对来说更强大一些，也稍复杂一些，包括图片分类、分类管理、上照图片、图片管理等功能。

8.1.1 图片管理系统结构规划

本章开发的网站图片管理系统主要包括前台图片的分类显示功能和后台图片的上传管理功能。其中，前台图片显示部分主要包括摄影作品首页面、摄影作品分类列表页面、全部摄影作品列表页面和查看摄影作品页面，普通浏览者都可以对该部分内容进行浏览。而在后台图片上传管理部分，只有网站管理员通过管理账号和密码成功登录后才能进行操作，在后台管理部分可以添加图片分类、修改和删除图片分类，添加图片、修改和删除图片等操作。本章开发的网站图片管理系统基本上能够满足大多数网站对图片上传和管理功能的需求。

网站图片管理系统总体构架如图 8-1 所示。

8.1.2 图片管理系统相关页面说明

在上一节中已经对网站图片管理系统的功能和运行流程进行了分析，在本章开发的网站图片管理系统中主要包含 16 个页面，其中前台图片显示功能页面 5 个，页面说明如表 8-1 所示，后台图片上传管理功能页面 11 个，页面说明如表 8-2 所示。

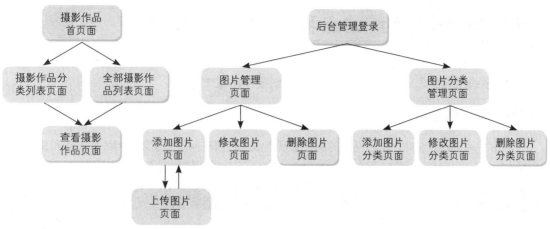

图 8-1

表 8-1 网站图片管理系统前台图片显示页面说明

页面	说明
index.php	摄影作品首页面，在该页面中显示所有作品分类，并且在每个作品分类中显示 4 个新添加的摄影图片作品
list.php	摄影作品显示页面，在该页面中读取摄影图片、标题、分类名称和拍摄日期等信息，创建为重复区域。并且在摄影作品首页面 index.php 中显示作品的位置，使用 include() 函数将该页面调用到摄影作品首页面 index.php 中进行显示
photo-all.php	全部摄影作品列表页面，在该页面中读取数据库中所有的图片作品，并按照上传时间进行排序，将最新上传的图片作品显示在前面，以列表的形式显示所有摄影图片作品
photo-type.php	摄影作品分类列表页面，该页面接收 URL 参数，通过 URL 参数对数据库中的数据进行筛选，查找指定类型的摄影图片，并以列表的形式显示在页面中
photo-show.php	查看摄影作品页面，该页面接收 URL 参数，并通过 URL 参数在数据库中找到指定的数据记录，将摄影图片的相关信息显示在页面中

表 8-2 网站图片管理系统后台图片上传管理页面说明

页面	说明
login.php	管理登录页面，在该页面中填写管理员账号和密码，登录成功跳转到图片管理页面中
admin-photo.php	图片管理页面，在该页面中显示数据库中所有的摄影图片，并且在每个作品的下方都提供"修改"和"删除"超链接
photo-add.php	添加图片页面，在该页面的表单元素中添加相应的图片信息，单击"上传图片"按钮，可以打开上传图片页面
fupload.php	上传图片页面，在该页面中选择要上传的图片，并且对选择的图片进行判断，单击"开始上传"按钮，即可将选择的图片信息传送到上传处理页面中进行处理
fupaction.php	图片上传处理页面，在该页面中接收从上传图片页面 fupload.php 中传送过来的数据内容，对所选择的图片进行上传处理，将图片成功上传到服务器指定的文件夹中，并将相关信息返回添加图片页面 photo-add.php 中
photo-updata.php	修改图片页面，该页面接收 URL 传递的参数，在数据库中查询对应的数据记录，在该页面中显示该图片的相关内容，并且对其进行修改，修改后直接更新数据库中的该条记录
photo-del.php	删除图片页面，该页面接收 URL 传递的参数，在数据库中查询对应的数据记录，并在数据库中将该条记录删除
admin-type.php	图片分类管理页面，在该页面中显示数据库中所有的图片分类名称，并在每个作品分类名称后面提供"修改"和"删除"超链接
type-add.php	添加图片分类页面，在该页面中可以添加新的图片作品类别
type-updata.php	修改图片分类页面，该页面接收 URL 传递的参数，在数据库中查询对应的数据记录，在该页面中显示该图片分类名称，并且对其进行修改，修改后直接更新数据库中的该条记录
type-del.php	删除图片分类页面，该页面接收 URL 传递的参数，在数据库中查询对应的数据记录，并在数据库中将该条记录删除

8.2　创建系统站点和 MySQL 数据库

　　完成了系统结构的规划分析，基本上了解了该系统中相关的页面以及所需要实现的功能，接下来创建该系统的动态站点并根据系统功能规划来创建 MySQL 数据库。

8.2.1　图片管理系统站点

　　网站图片管理系统站点中包括网站图片管理系统中的所有网站页面以及相关的文件和素材，从全局上控制站点结构，管理站点中的各种文档，并完成文档的编辑和制作。

实 战　创建图片管理系统站点

最终文件：无　视频：视频\第 8 章\8-2-1.mp4

01　在"源文件\第 8 章\chapter8"文件夹中已经制作好了网站图片管理系统中相关的静态页面，如图 8-2 所示。直接将 chapter8 文件复制到 Apache 服务器默认的网站根目录（C：\AppServ\www）中，如图 8-3 所示。

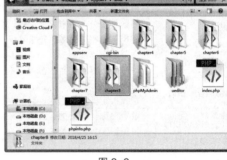

图 8-2　　　　　　　　　　　　　　　　　　图 8-3

提示

为了能够更好地区分前台图片显示页面和后台图片上传管理页面，这里我们将后台图片上传和管理页面都放在站点中的 admin 文件夹中。

02　打开 Dreamweaver CC，执行"站点"＞"新建站点"命令，弹出"站点设置对象"对话框，对相关选项进行设置，如图 8-4 所示。切换到"服务器"选项设置界面，单击"添加服务器"按钮 ➕，打开"服务器设置"窗口，对相关选项进行设置，如图 8-5 所示。

图 8-4　　　　　　　　　　　　　　　　　　图 8-5

03　切换到"高级"选项卡中，在"服务器模型"下拉列表中选择 PHP MySQL 选项，如图 8-6 所示。

单击"保存"按钮，保存服务器选项设置，返回"站点设置对象"对话框，选中"测试"复选框，如图 8-7 所示，单击"保存"按钮，完成站点的定义。

图 8-6

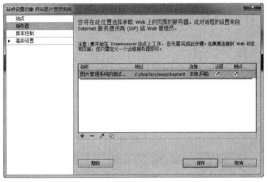

图 8-7

8.2.2 创建 MySQL 数据库

在本章开发的网站图片管理系统中，数据库用于存储图片路径、图片名称等数据内容，在本系统中需要使用 3 个数据表，分别是用于存储管理账号的 admin_user 数据表、用于存储摄影图片分类的 photo_type 数据表和用于存储摄影图片的 photo_pic 数据表。

实战 创建图片管理系统数据库

最终文件：无　视频：视频 \ 第 8 章 \ 8-2-2.mp4

01 打开浏览器窗口，在地址栏中输入 http://localhost/phpMyAdmin，访问 MySQL 数据库管理界面，输入 MySQL 数据库的用户名和密码，如图 8-8 所示，单击"确定"按钮，登录 phpMyAdmin，显示 phpMyAdmin 管理主界面，如图 8-9 所示。

图 8-8

图 8-9

02 单击页面顶部的"数据库"选项卡，在"新建数据库"文本框中输入数据库名称 photo，单击"创建"按钮，如图 8-10 所示。即可创建一个新的数据库，进入该数据库的操作界面，创建名为 admin_user 的数据表，该数据表中包含 2 个字段，如图 8-11 所示。

03 单击"执行"按钮，进入该数据表字段设置界面，对各字段名称和字段类型进行设置，如图 8-12 所示。

> **提示**
>
> admin_user 数据表中的 username 字段的类型为 VARCHAR(字符型)，用于存储管理员账号；password 字段的类型为 VARCHAR(字符型)，用于存储管理员密码，在该数据表中没有设置主键。

图 8-10

图 8-11

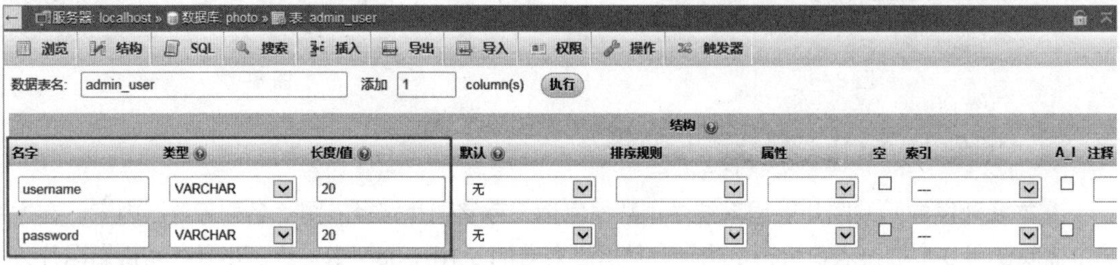

图 8-12

04 单击"保存"按钮，完成该数据表的创建并完成数据表中各字段属性的设置，显示数据表的结构，如图 8-13 所示。单击页面顶部的"插入"选项卡，切换至"插入"选项卡中，输入相应的值，单击"执行"按钮，直接在该数据表中插入一条记录，如图 8-14 所示。

图 8-13

图 8-14

提示

admin_user 数据表用于存储图片管理系统的管理账户和密码，此处直接在该数据表中插入管理员账号和密码数据。

05 完成 admin_user 数据表的创建，接下来创建 photo_type 数据表。在 phpMyAdmin 管理平台左侧单击 photo 数据库，在右侧下方的"新建数据表"选项区中设置"名字"为 photo_type，"字段数"为 2，如图 8-15 所示。单击"执行"按钮，进入该数据表字段设置界面，对各字段名称和字段类型进行设置，如图 8-16 所示。

图 8-15

图 8-16

06 单击"保存"按钮，完成 photo_type 数据表的创建并完成数据表中各字段属性的设置，显示数据表的结构，如图 8-17 所示。

图 8-17

> **提示**
>
> photo_type 数据表用于存储摄影图片分类的名称，数据表中的 type_id 字段类型为 INT(整数型)，设置该字段为主键并且数值自动递增；type_name 字段的类型为 VARCHAR(字符型)，用于存储摄影图片分类名称。

07 完成 photo_type 数据表的创建，接下来创建 photo_pic 数据表。在 phpMyAdmin 管理平台左侧单击 photo 数据库，在右侧下方的"新建数据表"选项区中设置"名字"为 photo_pic，"字段数"为 5，如图 8-18 所示。单击"执行"按钮，进入该数据表字段设置界面，对各字段名称和字段类型进行设置，如图 8-19 所示。

图 8-18

图 8-19

08 单击"保存"按钮，完成 photo_pic 数据表的创建并完成数据表中各字段属性的设置，显示数据表的结构，如图 8-20 所示。在 phpMyAdmin 管理平台左侧可以看到刚创建的名称为 photo 的数据库以及该数据库中包含的 3 个数据表，如图 8-21 所示。

图 8-20

图 8-21

photo 数据库中的 photo_pic 数据表用于存储图片相关数据内容，photo_pic 数据表中各字段的说明如表 8-3 所示。

表 8-3　photo_pic 数据表字段说明

字段名称	字段类型	说明
photo_id	int(整数型)	用于存储记录编号，该字段为主键，并且数值自动递增，不需要用户提交数据
type_id	int(整数型)	用于存储该图片的分类 ID
photo_src	varchar(字符型)	用于存储上传图片的路径地址
photo_name	varchar(字符型)	用于存储上传图片的名称
photo_date	date(日期型)	用于存储上传图片的时间

> **提示**
>
> 在 photo_pic 数据表中，除了该数据表自身的主键 photo_id 字段外，为了判断该图片属于哪个分类，在该数据表中还添加了 type_id 字段，该字段用于存储图片所属分类的 ID 值，从而使 photo_pic 数据表中的 type_id 字段与 photo_type 数据表中的 type_id 字段形成关联字段。

8.2.3　创建 MySQL 数据库连接

完成了网站图片管理系统站点的创建，并且完成了该系统 MySQL 数据库的创建后，接下来为网站图片管理系统创建 MySQL 数据库连接，只有成功与创建的 MySQL 数据库连接，才能够在 Dreamweaver CC 中通过程序对 MySQL 数据库进行操作。

实战　创建图片管理系统数据库连接

最终文件：无　视频：视频 \ 第 8 章 \8-2-3.mp4

01 在 Dreamweaver CC 中打开该系统站点中的任意一个页面，执行"窗口" > "数据库"命令，打开"数据库"面板，如图 8-22 所示。单击加号按钮，在弹出的菜单中选择"MySQL 连接"选项，如图 8-23 所示。

图 8-22

图 8-23

02 弹出"MySQL 连接"对话框，对相关选项进行设置，如图 8-24 所示。单击"确定"按钮，即可创建网站投票管理系统 MySQL 数据库的连接，如图 8-25 所示。

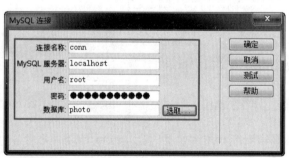
图 8-24

图 8-25

8.3　开发前台图片显示页面

前台图片显示功能主要是对数据库中的数据进行读取和显示，所有的浏览者都能够对图片信息进行浏览和查看，在该部分中主要包括摄影作品首页面 index.php、摄影作品显示页面 list.php、全部摄影作品列表页面 photo-all.php、摄影作品分类列表页面 photo-type.php 和查看摄影作品页面 photo-show.php。

8.3.1 摄影作品首页面

在摄影作品首页面 index.php 中将读取 photo_type 数据表中的作品分类，在页面中显示所有作品分类，并且在每个作品分类中显示该分类中最新添加的 4 个图片信息，图片信息将通过调用外部页面的方式来实现。

实战 制作摄影作品首页面

最终文件：最终文件 \ 第 8 章 \ chapter8 \ index.php 视频：视频 \ 第 8 章 \ 8-3-1.mp4

01 打开站点中的摄影作品首页面 index.php，可以看到页面的效果，如图 8-26 所示。打开"绑定"面板，单击该面板上的加号按钮，在弹出的菜单中选择"记录集（查询）"选项，弹出"记录集"对话框，设置如图 8-27 所示。

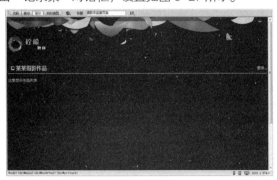

图 8-26

图 8-27

02 单击"确定"按钮，创建记录集，将页面中的"某某"文字替换为记录集中的 type_name 字段，如图 8-28 所示。选中"更多"文字，设置其链接到摄影作品分类列表页面 photo-type.php，并且为该链接设置 URL 传递参数，完整的链接地址为 photo-type.php?type_id=<?php echo $row_rstype['type_id']; ?>，如图 8-29 所示。

图 8-28

```
<div id="title"><span class="font01"><a href=
"photo-type.php?type_id=<?php echo $row_rstype['type_id']; ?>">
更多...</a></span><?php echo $row_rstype['type_name']; ?>摄影作
品</div>
```

图 8-29

03 因为系统中可能有多种不同的作品类型，所以要为该部分创建重复区域。选中页面中要设置为重复显示记录的区域，这里选择 id 名称为 work-box 的 Div，如图 8-30 所示。单击"服务器行为"面板上的加号按钮，在弹出的菜单中选择"重复区域"命令，弹出"重复区域"对话框，设置如图 8-31 所示。

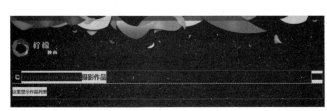

图 8-30

图 8-31

04 单击"确定"按钮，完成重复区域的创建，效果如图 8-32 所示。单击刚创建的重复区域左上角的"重复"标签，将该区域设置为记录集有数据时显示的内容，如图 8-33 所示。

图 8-32

图 8-33

05 单击"服务器行为"面板上的加号按钮，在弹出的菜单中选择"显示区域">"如果记录集不为空则显示"选项，在弹出的对话框中设置，如图 8-34 所示。单击"确定"按钮，完成如果记录集不为空则显示区域的创建，如图 8-35 所示。

图 8-34

图 8-35

> **提示**
>
> 当在页面中创建重复区域或如果记录集不为空则显示区域等，Dreamweaver 会在页面的设计视图中为选择的区域添加灰色的边框并在左上角显示该区域的名称，这样会导致页面在 Dreamweaver 设计视图中看起来有些变形，不用在意，在浏览器中执行页面时这些提示标签并不会显示，不会破坏页面的显示效果。

06 完成摄影作品首页面中作品分类的制作，页面效果如图 8-36 所示。但该页面还没有制作完成，还需要在页面中"这里显示作品列表"文字的位置调用摄影作品显示页面 list.php，该页面将在下一节中进行制作。

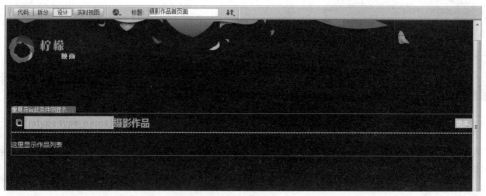

图 8-36

8.3.2 摄影作品显示页面

因为在 Dreamweaver CC 中无法实现重复区域的嵌套，所以将摄影作品首页面 index.php 中的作品显示部分独立成为一个单独的页面进行制作，制作完成后在摄影作品首页面 index.php 中显示作品的位置，通过使用 include() 函数来调用作品显示页面 list.php，从而实现在摄影作品首页面 index.php 中既能循环显示作品分类，又能在各作品分类中循环显示作品信息。

最终文件：最终文件 \ 第 8 章 \chapter8 \ list.php 视频：视频 \ 第 8 章 \8-3-2.mp4

01 打开站点中的摄影作品显示页面 list.php，可以看到页面的效果，如图 8-37 所示。转换到代码视图中，只保留 `<body>` 与 `</body>` 标签之间的内容，将其他代码删除，如图 8-38 所示。

图 8-37

```
1   <div class="work1"><img src="" alt="" width="230" height="173">
    <br>
2     <span class="font02">图片标题名称</span><br>
3     拍摄日期</div>
```

图 8-38

> **提示**
>
> 因为该页面并不是一个独立的页面，而是嵌入在摄影作品首页面 index.php 中需要显示作品列表的位置，所以该页面只需保留作品显示部分的内容即可，其他多余的代码都不需要。

02 返回 Dreamweaver 设计视图中，单击"绑定"面板上的加号按钮，在弹出的菜单中选择"记录集 (查询)"选项，弹出"记录集"对话框，设置如图 8-39 所示。单击"高级"按钮，切换到"高级"设置界面，在"变量"选项区中选择变量 colname，单击"编辑"按钮，如图 8-40 所示。

图 8-39

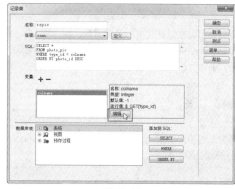

图 8-40

> **提示**
>
> 此处要查询 photo_pic 数据表，因为该数据表中存储的是回复内容，"筛选"选项设置为 type_id = URL 参数 type_id，按照 photo_id 字段降序对记录集结果进行排序，这样可以使最新添加的作品显示在前面。

03 弹出"编辑变量"对话框，修改"运行时值"为 \$row_rstype['type_id']，如图 8-41 所示。单击"确定"按钮，完成"编辑变量"对话框的设置，单击"确定"按钮，创建记录集，在"绑定"面板中可以看到刚创建的记录集，如图 8-42 所示。

> **提示**
>
> 在该页面中并没有 rstype 记录集，该记录集是在摄影作品首页面 index.php 中创建的，因为后面需要将该作品显示页面嵌入摄影作品首页面 index.php 中，在这里输入的 \$row_rstype['type_id'] 就能够顺利取得 rstype 记录集中的 type_id 字段的值。

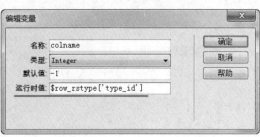

图 8-41

图 8-42

04 将页面中的"图片标题名称"文字替换为记录集中的 photo_name 字段，将"拍摄日期"文字替换为记录集中的 photo_date 字段，如图 8-43 所示。选中图片，转换到代码视图，设置图片的 src 属性为 upload/<?php echo $row_rspic['photo_src']; ?>，如图 8-44 所示。

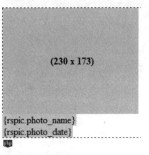

图 8-43

```
<div class="work1"><img src="upload/<?php echo $row_rspic[
'photo_src']; ?>" alt="" width="230" height="173"><br>
  <span class="font02"><?php echo $row_rspic['photo_name']; ?>
</span><br>
  <?php echo $row_rspic['photo_date']; ?></div>
```

图 8-44

> **技巧**
>
> 此处也可以在设计视图中选择图片，在"绑定"面板中选择记录集中的 photo_src 字段，在"绑定到"下拉列表中选择 img.src，单击"绑定"按钮。但是使用这种绑定方法，绑定后图片的 width 和 height 属性都会自动取消，还需要用户手动再添加这两个属性设置。

> **提示**
>
> 因为上传的作品图片会存储在站点根目录的 upload 文件夹中，所以此处的图片 src 属性需要在图片名称前设置其相对路径的位置，否则无法正常显示所上传的图片。

05 选中页面中的图片，设置其链接到查看摄影作品页面 photo-show.php，并且为该链接设置 URL 传递参数，完整的链接地址为 photo-show.php?photo_id=<?php echo $row_rspic['photo_id']; ?>，如图 8-45 所示。选中页面中要设置为重复显示记录的区域，这里选择 class 名称为 work1 的 Div，如图 8-46 所示。

```
<div class="work1"><a href="photo-show.php?photo_id=<?php echo
$row_rspic['photo_id']; ?>" target="_blank"><img src="upload/
<?php echo $row_rspic['photo_src']; ?>" alt="" width="230"
height="173"></a><br>
  <span class="font02"><?php echo $row_rspic['photo_name']; ?>
</span><br>
  <?php echo $row_rspic['photo_date']; ?></div>
```

图 8-45

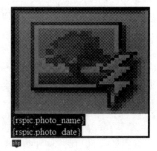

图 8-46

06 单击 "服务器行为" 面板上的加号按钮，在弹出的菜单中选择 "重复区域" 命令，弹出 "重复区域" 对话框，设置如图 8-47 所示。单击 "确定" 按钮，完成重复区域的创建，效果如图 8-48 所示。

图 8-47

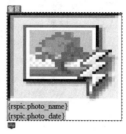

图 8-48

07 单击刚创建的重复区域左上角的 "重复" 标签，将该区域设置为记录集有数据时显示的内容。单击 "服务器行为" 面板上的加号按钮，在弹出的菜单中选择 "显示区域" > "如果记录集不为空则显示" 选项，在弹出的对话框中设置，如图 8-49 所示。单击 "确定" 按钮，完成如果记录集不为空则显示区域的创建，如图 8-50 所示。

图 8-49

图 8-50

08 完成摄影作品显示页面 list.php 的制作，接下来在摄影作品首页面 index.php 中调用该页面。打开摄影作品首页面 index.php，在页面中找到 "这里显示作品列表" 文字，如图 8-51 所示。转换到代码视图中，将提示文字替换为调用摄影作品显示页面的代码 `<?php include("list.php"); ?>`，如图 8-52 所示。

图 8-51

```
<div id="work-box">
    <div id="title"><span class="font01"><a href=
"photo-type.php?type_id=<?php echo $row_rstype['type_id']; ?>">
更多...</a></span><?php echo $row_rstype['type_name']; ?>摄影作
品</div>
        <div id="pic-work"><?php include("list.php"); ?></div>
    </div>
```

图 8-52

  技巧

在使用 include() 函数调用外部页面时，一定要注意调用文件的路径。在同一个站点推荐使用相对路径的调用方式，例如本实例中，list.php 与 index.php 位于同一个目录中，所以在 include() 函数中直接输入调用的文件名即可。

09 返回 Dreamweaver 设计视图中，可以看到在调用作品的位置显示的效果，如图 8-53 所示。

8.3.3 全部摄影作品列表页面

在全部摄影作品列表页面 photo-all.php 中主要通过查询 photo_pic 数据表，并将该数据表中的每条记录信息都显示在页面中。但需要注意的是，在 photo_pic 数据表中并没有存储作品的分类名称，而只有作品分类的 ID 值，所以就通过修改 SQL 语句的方法来实现关联数据的查询和读取。

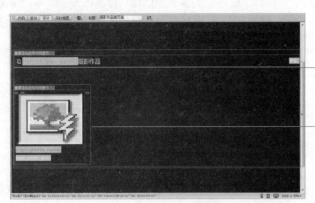

在摄影作品首页面 index.php 中制作的外层循环，循环输出系统中的所有作品分类。

在摄影作品显示页面 list.php 中制作内层循环，循环输出 4 个最新的该分类中的作品。

图 8-53

实战 制作全部摄影作品列表页面

最终文件：最终文件 \ 第 8 章 \ chapter8 \ photo-all.php　视频：视频 \ 第 8 章 \ 8-3-3.mp4

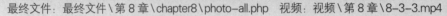

01 打开站点中的全部摄影作品列表页面 photo-all.php，可以看到页面的效果，如图 8-54 所示。打开"绑定"面板，单击该面板上的加号按钮，在弹出的菜单中选择"记录集（查询）"选项，弹出"记录集"对话框，设置如图 8-55 所示。

图 8-54

图 8-55

02 单击"确定"按钮，创建记录集，将页面左侧的"分类名称 1"文字替换为记录集中的 type_name 字段，如图 8-56 所示。选中插入页面中的 type_name 字段，设置其链接到摄影作品分类列表页面 photo-type.php，并且为该链接设置 URL 传递参数，完整的链接地址为 photo-type.php?type_id=<?php echo $row_rstype['type_id']; ?>，如图 8-57 所示。

图 8-56

```
<div id="type-list">
  <ul>
    <li><a href="#">全部摄影作品</a></li>
    <li><a href="photo-type.php?type_id=<?php echo
$row_rstype['type_id']; ?>"><?php echo $row_rstype[
'type_name']; ?></a></li>
  </ul>
</div>
```

图 8-57

03 单击标签选择器中的 <li> 标签，选中要设置为重复显示记录的区域，如图 8-58 所示。单击"服务器行为"面板上的加号按钮，在弹出的菜单中选择"重复区域"选项，弹出"重复区域"对话框，设置如图 8-59 所示。

04 单击"确定"按钮，将页面中被选中的区域设置为重复区域，如图 8-60 所示。选中页面中的"全部摄影作品"文字，设置其链接到全部摄影作品列表页面 photo-all.php，如图 8-61 所示。

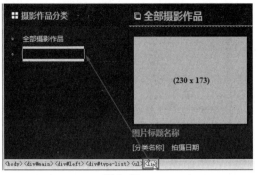

图 8-58

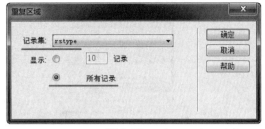

图 8-59

图 8-60

```
<div id="type-list">
  <ul>
    <li><a href="photo-all.php">全部摄影作品</a></li>
    <?php do { ?>
      <li><a href="photo-type.php?type_id=<?php echo
$row_rstype['type_id']; ?>"><?php echo $row_rstype[
'type_name']; ?></a></li>
      <?php } while ($row_rstype = mysql_fetch_assoc
($rstype)); ?>
  </ul>
</div>
```

图 8-61

05 单击 "绑定" 面板上的加号按钮，在弹出的菜单中选择 "记录集 (查询)" 选项，弹出 "记录集" 对话框，设置如图 8-62 所示。单击 "高级" 按钮，切换到 "高级" 设置界面，对 SQL 语句进行修改，如图 8-63 所示。

图 8-62

图 8-63

> **提示**
>
> 因为在该页面中需要显示每个作品的分类名类，而在 photo_pic 数据表中只存储了作品分类名称的 ID，而没有作品分类的名称，所以此处需要两个数据表中相关联的记录集。需要对 SQL 语句进行修改，修改后的 SQL 语句如下。
> ```
> SELECT *
> FROM photo_pic inner join photo_type on photo_pic.type_id=photo_type.type_id
> ORDER BY photo_id DESC
> ```

06 单击 "确定" 按钮，创建记录集，在 "绑定" 面板中可以看到刚创建的记录集，如图 8-64 所示。将页面中的 "图片标题名称" 和 "拍摄日期" 文字分别替换为 rspic 记录集中的 photo_name 和 photo_date 字段，如图 8-65 所示。

图 8-64

图 8-65

07 将页面中的"分类名称"文字替换为 rspic 记录集中的 type_name 字段，将图片的 src 属性设置为 upload/<?php echo $row_rspic['photo_src']; ?>，如图 8-66 所示。选中作品图片，设置其链接到查看摄影作品页面 photo-show.php，并且为该链接设置 URL 传递参数，完整的链接地址为 photo-show.php?photo_id=<?php echo $row_rspic['photo_id']; ?>，如图 8-67 所示。

图 8-66

```
<div id="pic-work">
    <div class="work1"><a href="photo-show.php?photo_id=
<?php echo $row_rspic['photo_id']; ?>" target="_blank"><img
src="upload/<?php echo $row_rspic['photo_src']; ?>" alt=""
width="230" height="173"></a><br>
        <span class="font02"><?php echo $row_rspic[
'photo_name']; ?></span><br>
        [<?php echo $row_rspic['type_name']; ?>]  <?php echo
$row_rspic['photo_date']; ?></div>
    </div>
```

图 8-67

> **提示**
>
> 此处要特别注意将"分类名称"文字替换为 rspic 记录集中的 type_name 字段。因为该页面中创建的两个记录集中都有 type_name 字段，其中，rstype 记录集中的 type_name 字段是为了制作左侧的作品分类列表的，而 rspic 记录集中的 type_name 字段才是该作品的分类名称。

08 选中页面中设置为重复显示记录的区域，这里选择 class 名称为 work1 的 Div，如图 8-68 所示。单击"服务器行为"面板上的加号按钮，在弹出的菜单中选择"重复区域"命令，弹出"重复区域"对话框，设置"记录集"为 rspic，"显示"为 9 记录，如图 8-69 所示。

图 8-68

图 8-69

09 单击"确定"按钮，完成重复区域的创建，效果如图 8-70 所示。单击刚创建的重复区域左上角的"重复"标签，将该区域设置为记录集有数据时显示的内容。单击"服务器行为"面板上的加号按钮，在弹出的菜单中选择"显示区域" > "如果记录集不为空则显示"选项，在弹出的对话框中设置如图 8-71 所示。

图 8-70　　　　　　　　　　　　　　　　　　　　图 8-71

10 单击"确定"按钮，完成如果记录集不为空则显示区域的创建，如图 8-72 所示。将"共有 0 个作品"文字之间的 0 删除，定位光标位置，如图 8-73 所示。

图 8-72　　　　　　　　　　　　　　　　　　　　图 8-73

11 单击"服务器行为"面板上的加号按钮，在弹出的菜单中选择"显示记录计数"＞"显示总记录数"选项，弹出"显示总记录数"对话框，设置如图 8-74 所示。单击"确定"按钮，完成"显示总记录数"对话框的设置，在光标所在位置显示变量名称，如图 8-75 所示。

图 8-74　　　　　　　　　　　　　　　　　　　　图 8-75

12 使用相同的制作方法，在"当前显示第 0 个至第 0 个"文字中将 0 依次替换为"显示起始记录编号"和"显示结束记录编号"服务器行为，如图 8-76 所示。

图 8-76

13 选中页面中的"第一页"文字，单击"服务器行为"面板中的加号按钮，在弹出的菜单中选择"记录集分页"＞"移至第一页"选项，弹出"移至第一页"对话框，设置如图 8-77 所示。单击"确定"按钮，为"第一页"文字添加"移至第一页"服务器行为，如图 8-78 所示。

14 使用相同的制作方法，为"上一页""下一页"和"最后一页"文字分别添加"移至前一页""移至下一页"和"移至最后一页"的服务器行为，如图 8-79 所示。完成全部摄影作品列表页面 photo-all.php 的制作，如图 8-80 所示。

图 8-77

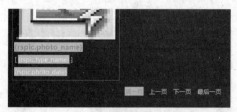

图 8-78

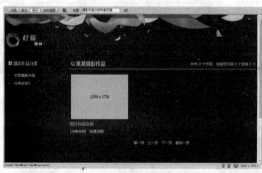

图 8-79

图 8-80

8.3.4 摄影作品分类列表页面

在摄影作品分类列表页面 photo-type.php 中接收 URL 参数，通过 URL 参数对查询的记录集结果进行筛选，筛选出与该参数相同的数据记录，从而实现在网页中只显示某一种类型的作品。

实战 制作摄影作品分类列表页面

最终文件：最终文件 \ 第 8 章 \chapter8 \ photo-type.php　视频：视频 \ 第 8 章 \8-3-4.mp4

01 打开站点中的摄影作品分类列表页面 photo-type.php，可以看到页面的效果，如图 8-81 所示。打开"绑定"面板，单击该面板上的加号按钮，在弹出的菜单中选择"记录集（查询）"选项，弹出"记录集"对话框，设置如图 8-82 所示。

图 8-81

图 8-82

02 单击"确定"按钮，创建记录集。根据全部摄影作品页面 photo-all.php 左侧"摄影作品分类"栏目相同的制作方法，完成该页面中左侧"摄影作品分类"栏目的制作，如图 8-83 所示。单击"绑定"面板上的加号按钮，在弹出的菜单中选择"记录集（查询）"选项，弹出"记录集"对话框，设置如图 8-84 所示。

> **提示**
>
> 此处创建的名为 rstype2 的记录集，通过接收的 URL 参数查询名为 photo_type 的数据表，确定当前页面中显示的是哪种分类的摄影作品。

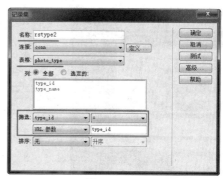

图 8-83　　　　　　　　　　　　　　　　图 8-84

03 单击"确定"按钮，创建记录集，在"绑定"面板中可以看到刚创建的记录集，如图 8-85 所示。将页面中的"某某"文字替换为 rstype2 记录集中的 type_name 字段，如图 8-86 所示。

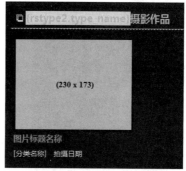

图 8-85　　　　　　　　　　　　　　　　图 8-86

04 单击"绑定"面板上的加号按钮，在弹出的菜单中选择"记录集(查询)"选项，弹出"记录集"对话框，设置如图 8-87 所示。单击"确定"按钮，创建记录集，在"绑定"面板中可以看到刚创建的记录集，如图 8-88 所示。

图 8-87　　　　　　　　　　　　　　　　图 8-88

　　此处创建的名为 rspic 的记录集，通过接收的 URL 参数查询名为 photo_pic 的数据表，查询指定类型的图片，并且设置排序按 photo_id 字段的降序进行排列，使得最新添加的该类型图片显示在前面。

05 将页面中"图片标题名称"文字替换为 rspic 记录集中的 photo_name 字段，将"拍摄日期"文字替换为 photo_date，将图片的 src 属性设置为 upload/<?php echo $row_rspic['photo_src']; ?>，如图 8-89 所示。选中作品图片，为其设置超链接并传递 URL 参数，如图 8-90 所示。

图 8-89

```
<div id="pic-work">
    <div class="work1"><a href="photo-show.php?photo_id=
<?php echo $row_rspic['photo_id']; ?>" target="_blank">
<img src="upload/<?php echo $row_rspic['photo_src']; ?>"
alt="" width="230" height="173"></a><br>
        <span class="font02"><?php echo $row_rspic[
'photo_name']; ?></span><br>
        <?php echo $row_rspic['photo_date']; ?></div>
    </div>
```

图 8-90

06 根据全部摄影作品页面 photo-all.php 中作品列表相同的制作方法，完成该页面中重复区域的创建和如果记录集不空则显示区域的创建，如图 8-91 所示。使用相同的制作方法，在页面中插入相应的"显示记录计数"服务器为，如图 8-92 所示。

图 8-91

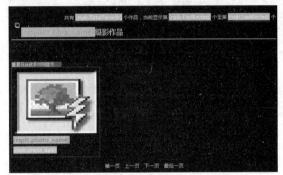

图 8-92

07 使用相同的制作方法，为页面中的翻页文字分别添加相应的"记录集分页"服务器行为，如图 8-93 所示。完成摄影作品分类列表页面 photo-type.php 的制作，效果如图 8-94 所示。

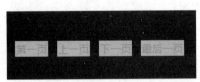

图 8-93

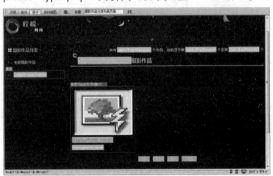

图 8-94

8.3.5 查看摄影作品页面

查看摄影作品页面 photo-show.php 接收 URL 参数，通过该 URL 参数在 photo_pic 数据表中查找指定的唯一数据记录，将该数据记录的相关内容显示在页面中。

实战 制作查看摄影作品页面

最终文件：最终文件 \ 第 8 章 \chapter8\photo-show.php 视频：视频 \ 第 8 章 \8-3-5.mp4

01 打开站点中的查看摄影作品页面 photo-show.php，可以看到页面的效果，如图 8-95 所示。单击"绑定"面板上的加号按钮，在弹出的菜单中选择"记录集（查询）"选项，弹出"记录集"对话框，设置如图 8-96 所示。

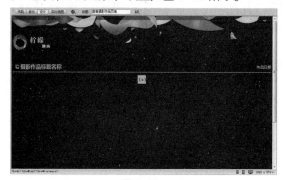

图 8-95　　　　　　　　　　　　　　　　　　图 8-96

提示

此处创建的名为 rs1 的记录集，查询名为 photo_pic 的数据表，并通过接收的 URL 参数 photo_id，确定在当前页面中需要显示的是哪个图片的信息。

02 单击"确定"按钮，创建记录集。将页面中的"摄影作品标题名称"文字替换为记录集中的 photo_name 字段，如图 8-97 所示。在页面中"作品日期"文字之后插入记录集中的 photo_date 字段，如图 8-98 所示。

图 8-97　　　　　　　　　　　　　　　　图 8-98

03 选中页面中的作品图片，转换到代码视图中，将图片的 src 属性设置为 upload/<?php echo $row_rs1['photo_src']; ?>，并将图片的 width 和 height 属性删除，如图 8-99 所示。完成查看摄影作品页面 work-show.php 的制作，效果如图 8-100 所示。

```
<div id="work-box">
  <div id="title"><span class="font01">作品日期: <?php
echo $row_rs1['photo_date']; ?></span><?php echo
$row_rs1['photo_name']; ?></div>
    <div id="work-show"><img src="upload/<?php echo
$row_rs1['photo_src']; ?>"></div>
  </div>
```

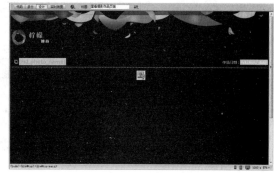

图 8-99　　　　　　　　　　　　　　　　图 8-100

技巧

此处不设置作品的宽度和高度，则图片在网页中显示为其原始的尺寸大小。为了不使图片过大导致页面变形，我们在 CSS 样式中通过 max-width 属性控制该图片的最大显示宽度值。

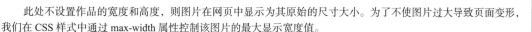

8.4 开发后台图片管理功能

在网站图片管理系统中，浏览者可以浏览作品的相关内容，网站管理者可以登录系统的后台管理，在后台管理系统中可以添加图片、修改和删除图片等相关操作，使网站的信息随时保持更新。

8.4.1 管理登录页面

在网站图片管理系统中，管理员可以对系统中的作品进行添加、修改和删除等管理操作，由于管理页面是不允许普通浏览者进入的，所以必须受到限权管理。可以使用登录账号与密码来判断是否有适当的权限进入管理页面。

实战　制作管理登录页面

最终文件：最终文件 \ 第 8 章 \ chapter8 \ admin \ login.php　视频：视频 \ 第 8 章 \ 8-4-1.mp4

01 在站点中打开管理登录页面 login.php，可以看到页面的效果，如图 8-101 所示。按快捷键 F12，在测试服务器中预览页面，如图 8-102 所示。

图 8-101

图 8-102

02 单击"服务器行为"面板上的加号按钮，在弹出的菜单中选择"用户身份验证" > "登录用户"命令，弹出"登录用户"对话框，设置如图 8-103 所示。单击"确定"按钮，完成"登录用户"对话框的设置，效果如图 8-104 所示，完成管理登录页面 login.php 的制作。

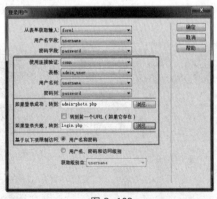
图 8-103

图 8-104

> **提示**
>
> 在"登录用户"对话框中将"用户名"和"密码"文本域中的值与 admin_user 数据中的 username 和 password 两个字段的值进行比较，判断用户是否登录成功。如果登录成功，则跳转到图片管理页面 admin-photo.php；如果登录失败，则跳转到管理登录页面 login.php。

8.4.2 图片管理

图片管理页面 admin-photo.php 与前台的全部摄影作品列表页面 photo-all.php 非常相似，不同的是，在图片管理页面 admin-photo.php 中，每个图片的下方都提供了"修改"和"删除"超链接，通过这两个链接可以对该图片进行修改和删除操作。

实战　制作图片管理页面

最终文件：最终文件\第 8 章\chapter8\admin\admin-photo.php
视频：视频\第 8 章\8-4-2.mp4

01 在站点中打开图片管理页面 admin-photo.php，可以看到页面的效果，如图 8-105 所示。单击"绑定"面板上的加号按钮，在弹出的菜单中选择"记录集（查询）"选项，在弹出的"记录集"对话框中进行设置，如图 8-106 所示。

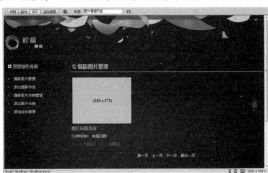

图 8-105　　　　　　　　　　　　　　　　图 8-106

02 单击"高级"按钮，切换到"高级"设置界面，对 SQL 语句进行修改，如图 8-107 所示。单击"确定"按钮，创建记录集，在"绑定"面板中可以看到刚创建的记录集，如图 8-108 所示。

图 8-107　　　　　　　　　　　　　　　　图 8-108

> **提示**
>
> 　　因为在该页面中需要显示每个图片的分类名类，所以此处需要两个数据表中相关联的记录集。需要对 SQL 语句进行修改，修改后的 SQL 语句如下。
> ```
> SELECT *
> FROM photo_pic inner join photo_type on photo_pic.type_id=photo_type.type_id
> ORDER BY photo_id DESC
> ```

03 将页面中的"图片标题名称"文字替换为记录集中的 photo_name 字段，"分类名称"替换为记录集中的 type_name 字段，"拍摄日期"替换为记录集中的 photo_date 字段，如图 8-109 所示。将图片的 src 属性设置为 ../upload/<?php echo $row_rspic['photo_src']; ?>，如图 8-110 所示。

图 8-109

```
<div id="pic-work">
    <div class="work1"><img src="../upload/<?php echo
$row_rspic['photo_src']; ?>" alt="" width="230" height="173"><br>
        <span class="font02"><?php echo $row_rspic['photo_name'];
?></span><br>
        [<?php echo $row_rspic['type_name']; ?>]  <?php echo
$row_rspic['photo_date']; ?>
        <div class="manage">【<a href="#">修改</a>】  |  【<a href
="#">删除</a>】</div>
    </div>
```

图 8-110

04 选中"修改"文字，设置其链接到修改图片页面 photo-updata.php，并且为该链接设置 URL 传递参数，完整的链接地址为 photo-updata.php?photo_id=<?php echo $row_rspic['photo_id']; ?>，如图 8-111 所示。

```
<div id="pic-work">
    <div class="work1"><img src="../upload/<?php echo $row_rspic['photo_src']; ?>" alt="" width="230" height="173">
<br>
        <span class="font02"><?php echo $row_rspic['photo_name']; ?></span><br>
        [<?php echo $row_rspic['type_name']; ?>]  <?php echo $row_rspic['photo_date']; ?>
        <div class="manage">【<a href="photo-updata.php?photo_id=<?php echo $row_rspic['photo_id']; ?>">修改</a>】
 | 【<a href="#">删除</a>】</div>
    </div>
    </div>
```

图 8-111

05 选中"删除"文字，设置其链接到删除图片页面 photo-del.php，并且为该链接设置 URL 传递参数，完整的链接地址为 photo-del.php?photo_id=<?php echo $row_rspic['photo_id']; ?>，如图 8-112 所示。

```
<div id="pic-work">
        <div class="work1"><img src="../upload/<?php echo $row_rspic['photo_src']; ?>" alt="" width="230" height="173">
<br>
            <span class="font02"><?php echo $row_rspic['photo_name']; ?></span><br>
            [<?php echo $row_rspic['type_name']; ?>]  <?php echo $row_rspic['photo_date']; ?>
            <div class="manage">【<a href="photo-updata.php?photo_id=<?php echo $row_rspic['photo_id']; ?>">修改</a>】  |
【<a href="photo-del.php?photo_id=<?php echo $row_rspic['photo_id']; ?>">删除</a>】</div>
        </div>
    </div>
```

图 8-112

06 根据全部摄影作品列表页面 photo-all.php 中作品列表相同的制作方法，完成该页面中重复区域的创建和如果记录集不为空则显示区域的创建，如图 8-113 所示。使用相同的制作方法，为页面中的翻页文字分别添加相应的"记录集分页"服务器行为，如图 8-114 所示。

图 8-113

图 8-114

07 为页面左侧的"摄影图片管理""添加摄影作品""摄影图片分类管理"和"添加图片分类"文字分别设置超链接，如图 8-115 所示。选择"退出后台管理"文字，单击"服务器行为"面板上的加号按钮，在弹出的菜单中选择"用户身份验证">"注销用户"选项，弹出"注销用户"对话框，设置如图 8−116 所示。

```
<div id="type-list">
  <ul>
    <li><a href="admin-photo.php">摄影图片管理</a></li>
    <li><a href="photo-add.php">添加摄影作品</a></li>
    <li><a href="admin-type.php">摄影图片分类管理</a></li>
    <li><a href="type-add.php">添加图片分类</a></li>
    <li><a href="#">退出后台管理</a></li>
  </ul>
</div>
```

图 8−115　　　　　　　　　　　　　　　　　　　　　　图 8−116

提示

　　将"摄影图片管理"文字链接到图片管理页面 admin-photo.php，将"添加摄影作品"文字链接到添加图片页面 photo-add.php，将"摄影图片分类管理"文字链接到图片分类管理页面 admin-type.php，将"添加图片分类"文字链接接到添加图片分类管理页面 type-add.php。

08 单击"确定"按钮，添加"注销用户"服务器行为，如图 8−117 所示。单击"服务器行为"面板上的加号按钮，在弹出的菜单中选择"用户身份验证" > "限制对页的访问"选项，弹出"限制对页的访问"对话框，设置如图 8−118 所示。单击"确定"按钮，添加"限制对页的访问"服务器行为。

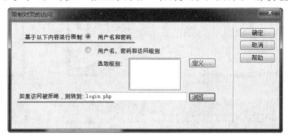

图 8−117　　　　　　　　　　　　　　　　　　　　图 8−118

09 完成图片管理页面 admin−photo.php 的制作。

8.4.3　添加图片

　　添加图片页面 photo−add.php 是一个表单页面，在该页面中可以输入上传图片的相关信息内容，单击"上传图片"按钮，选择上传的图片，将图片上传到服务器指定的文件夹中，单击"确认添加"按钮，通过"插入记录"服务器行为将输入的表单内容插入 photo_pic 数据表中。

实　战　制作添加图片页面

最终文件：最终文件 \ 第 8 章 \ chapter8 \ admin \ photo−add.php
视频：视频 \ 第 8 章 \ 8−4−3.mp4

01 在站点中打开添加图片页面 photo−add.php，可以看到页面的效果，如图 8−119 所示。按快捷键 F12，在测试服务器中预览页面，如图 8−120 所示。

02 单击"绑定"面板上的加号按钮，在弹出的菜单中选择"记录集（查询）"选项，在弹出的"记录集"对话框中进行设置，如图 8−121 所示。单击"确定"按钮，创建记录集。选择"作品分类"文字后面的下拉列表元素，单击"服务器行为"面板上的加号按钮，在弹出的菜单中选择"动态表单元素" > "动态列表 / 菜单"选项，弹出"动态列表 / 菜单"对话框，如图 8−122 所示。

03 单击"选取值等于"选项后面的"绑定动态源"按钮，在弹出的"动态数据"对话框中选择绑定 rstype 记录集中的 type_id 字段，如图 8−123 所示。单击"确定"按钮，返回"动态列表 / 菜单"对话框中，对相关选项进行设置，如图 8−124 所示。单击"确定"按钮，添加"动态列表 / 菜单"服务器行为。

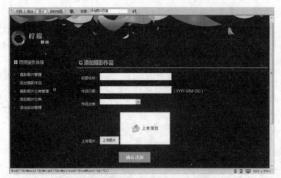

图 8-119   图 8-120

图 8-121

图 8-122

图 8-123

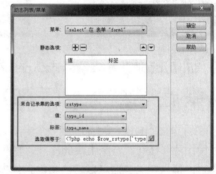

图 8-124

04 单击"上传图片"按钮，转换到代码视图中，在"上传图片"按钮代码中添加相应的脚本代码，如图 8-125 所示。

```
<li>上传图片：
    <input type="button" name="button1" id="button1" value="上传图片" onclick=
"window.open('fupload.php?useForm=form1&amp;prevImg=showImg&amp;upUrl=../upload&amp;reItem=rePic','fileUpload','width
=400,height=180')">
        <img src="../images/pic.jpg" alt="这是显示上传预览图片的位置" width="195" height="122" id="showImg"/></li>
    <li>
```

图 8-125

此处添加的脚本代码为 onclick="window.open('fupload.php?useForm=form1&prevImg=showImg&upUrl=../upload&reItem=rePic','fileUpload','width=400,height=180')"。作用是单击该按钮，打开上传图片页面 fupload.php 并向该页面传递相应的参数。

在 Dreamweaver CC 中没有提供图片上传功能的可视化操作方案，在该页面中通过已经编写好的文件实现图片上传功能，包括 fupload.php 和 fupaction.php 文件，由于代码较多，在书稿中并没有给出全部代码，读者可以在附赠资源中找到上传图像的这两个文件进行查看。

05 返回 Dreamweaver 设计视图，将光标移至"上传图片"按钮后，插入隐藏域，设置该隐藏域的 Name 属性为 rePic，如图 8-126 所示。选中"上传预览"图像，在"属性"面板中设置其 ID 属性为 showImg，如图 8-127 所示。

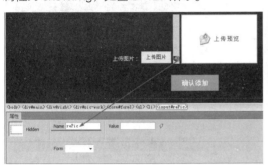

图 8-126

图 8-127

当图像上传成功后，上传的图像在服务器上会存放在某一个目录中。此处插入的隐藏域用于接收上传图像的服务器地址。

06 选中"上传预览"图像，切换到代码视图，在该图像标签中添加相应的 JavaScript 脚本，如图 8-128 所示。

```
<li>上传图片：
    <input type="button" name="button1" id="button1" value="上传图片" onclick=
"window.open('fupload.php?useForm=form1&amp;prevImg=showImg&amp;upUrl=../upload&amp;reItem=rePic','fileUpload
','width=400,height=180")">
    <input type="hidden" name="rePic" id="rePic">
    <img src="../images/pic.jpg" alt="这是显示上传预览图片的位置" width="195" height="122" id="showImg"
onclick='javascript:alert(&quot;这是显示上传预览图片的位置&quot;);'></li>
    <li>
```

图 8-128

此处添加的脚本为 JavaScript 脚本，主要实现在页面中单击该图片时会弹出提示对话框，并显示相应的提示文字内容。

07 单击"服务器行为"面板上的加号按钮，在弹出的菜单中选择"插入记录"选项，弹出"插入记录"对话框，设置如图 8-129 所示。单击"确定"按钮，完成"插入记录"对话框的设置，效果如图 8-130 所示。

在"插入记录"对话框中设置将数据内容插入 photo_pic 数据表中，其中 photo_id 字段为 photo_pic 数据表中的主键，其值为自动递增，并不需要写入，其他各字段需要与页面中各表单元素一一对应，type_id 字段从 id 名称为 select 的下拉列表获取值，photo_src 字段从 id 名称为 rePic 的隐藏域获取值。

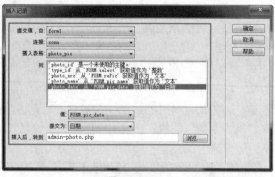

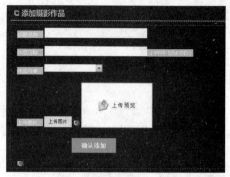

图 8-129   图 8-130

08 为页面左侧的"摄影图片管理""添加摄影作品""摄影图片分类管理"和"添加图片分类"文字分别设置超链接，如图 8-131 所示。选择"退出后台管理"文字，单击"服务器行为"面板上的加号按钮，在弹出的菜单中选择"用户身份验证" > "注销用户"选项，弹出"注销用户"对话框，设置如图 8-132 所示。

```
<div id="type-list">
  <ul>
    <li><a href="admin-photo.php">摄影图片管理</a></li>
    <li><a href="photo-add.php">添加摄影作品</a></li>
    <li><a href="admin-type.php">摄影图片分类管理</a></li>
    <li><a href="type-add.php">添加图片分类</a></li>
    <li><a href="#">退出后台管理</a></li>
  </ul>
</div>
```

图 8-131   图 8-132

09 单击"确定"按钮，添加"注销用户"服务器行为，如图 8-133 所示。单击"服务器行为"面板上的加号按钮，在弹出的菜单中选择"用户身份验证" > "限制对页的访问"选项，弹出"限制对页的访问"对话框，设置如图 8-134 所示。

图 8-133   图 8-134

10 单击"确定"按钮，添加"限制对页的访问"服务器行为。完成添加图片页面 photo-add.php 的制作。

8.4.4 修改图片

修改图片页面 photo-updata.php 与添加图片页面 photo-add.php 相似，在修改图片页面 photo-updata.php 中接收 URL 参数，并通过该参数查询 photo_pic 数据表，找到相应的数据记录，并将其相关信息显示在页面的表单元素中，用户可以对该图片的相关信息内容进行修改，通过"更新记录"行为可以更新数据表中的该条数据记录内容。

实 战 制作修改图片页面

最终文件：最终文件 \ 第 8 章 \ chapter8 \ admin \ photo-updata.php
视频：视频 \ 第 8 章 \ 8-4-4.mp4

01 在站点中打开修改图片页面 photo-updata.php，可以看到页面的效果，如图 8-135 所示。单击"绑定"面板上的加号按钮，在弹出的菜单中选择"记录集（查询）"选项，在弹出的"记录集"对话框中进行设置，如图 8-136 所示。

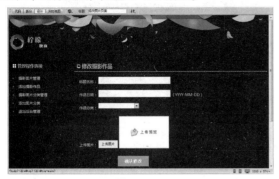

图 8-135　　　　　　　　　　　　　　　　图 8-136

02 单击"确定"按钮，创建记录集。单击"绑定"面板上的加号按钮，在弹出的菜单中选择"记录集（查询）"选项，在弹出的"记录集"对话框中进行设置，如图 8-137 所示。单击"高级"按钮，切换到"高级"设置界面，对 SQL 语句进行修改，如图 8-138 所示。

图 8-137　　　　　　　　　　　　　　　　图 8-138

提示

此处需要创建两个记录集，名称为 rstype 的记录集查询 photo_type 数据表，用于在"作品分类"下拉列表中显示所有图片分类名称。名称为 rspic 的记录集根据接收的 URL 参数查询 photo_pic 数据表，找到指定的数据记录。

提示

修改后的 SQL 语句如下。

```
SELECT *
FROM photo_pic inner join photo_type on photo_pic.type_id=photo_type.type_id
WHERE photo_id = colname
```

---

03 单击"确定"按钮，创建记录集，在"绑定"面板中显示刚创建的两个记录集，如图 8-139 所示。将 photo_name 拖入页面中"标题名称"后面的文本域中，将 photo_date 字段拖入"拍摄日期"后面的文本域中，如图 8-140 所示。

图 8-139

图 8-140

04 选择"作品分类"文字后面的下拉列表元素，单击"服务器行为"面板上的加号按钮，在弹出的菜单中选择"动态表单元素">"动态列表/菜单"选项，弹出"动态列表/菜单"对话框，单击"选取值等于"选项后面的"绑定动态源"按钮，在弹出的"动态数据"对话框中选择绑定 rspic 记录集中的 type_name 字段，如图 8-141 所示。单击"确定"按钮，返回"动态列表/菜单"对话框中，对相关选项进行设置，如图 8-142 所示。

图 8-141

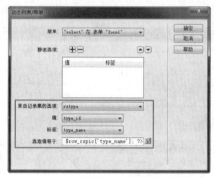

图 8-142

> **提示**
>
> 因为在添加图片时已经设置了该图片的分类，此处应该设置"选取值等于"选项的值为 rspic 记录集中的 type_name 字段。但是在该下拉列表中需要列出所有分类，便于用户修改该图片的分类，所以在"来自记录集的选项"下拉列表中选择 rstype 记录集。

05 根据添加作品页面 add-work.php 相同的制作方法，为"上传图片："文字后的"上传图片"按钮和"上传预览"图片添加相同的代码，如图 8-143 所示。

```
<li>上传图片：
    <input type="button" name="button1" id="button1" value="上传图片" onclick=
"window.open('fupload.php?useForm=form1&amp;prevImg=showImg&amp;upUrl=../upload&amp;reItem=rePic','fileUpload'
,'width=400,height=180')">
        <img src="../upload/<?php echo $row_rspic['photo_src']; ?>" alt="这是显示上传预览图片的位置" width=
"195" height="122" id="showImg" onclick='javascript:alert(&quot;这是显示上传预览图片的位置&quot;);'></li>
    <li>
```

图 8-143

06 在"上传图片"按钮之后插入一个隐藏域，设置其 Name 属性为 rePic，如图 8-144 所示。单击 Value 选项后面的"绑定动态源"按钮，弹出"动态数据"对话框，设置如图 8-145 所示，单击"确定"按钮。

07 在表单域中的任意位置插入一个隐藏域，设置其 Name 属性为 photo_id，如图 8-146 所示。单击 Value 选项后面的"绑定动态源"按钮，弹出"动态数据"对话框，设置如图 8-147 所示，单击"确定"按钮。

图 8-144

图 8-145

图 8-146

图 8-147

08 单击"服务器行为"面板上的加号按钮，在弹出的菜单中选择"更新记录"选项，弹出"更新记录"对话框，设置如图 8-148 所示。单击"确定"按钮，完成"更新记录"对话框的设置，为页面左侧的文字设置相应的超链接，并为"退出后台管理"文字添加"注销登录"服务器行为，完成修改图片页面 photo-updata.php 的制作，效果如图 8-149 所示。

图 8-148

图 8-149

> **技巧**
>
> "更新记录"与"插入记录"对话框的设置选项基本上相同，需要注意的是，选择正确的提交数据表单和数据表，最重要的是在"列"列表中将数据库中的字段与页面中表单元素相对应，正确设置将某个表单中的值提交到数据表中的某个字段。

8.4.5 删除图片

删除图片页面 photo-del.php 接收 URL 参数，在 photo_pic 数据表中查询指定的数据记录，并将记录的相关内容显示在页面中，单击"确认删除"按钮，通过"删除记录"服务器行为将数据表中指定的数据记录删除并返回图片管理页面 admin–photo.php 中。

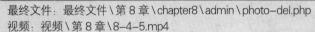

实 战 制作删除图片页面

最终文件：最终文件\第 8 章\chapter8\admin\photo–del.php
视频：视频\第 8 章\8-4-5.mp4

01 在站点中打开删除图片页面 photo–del.php，可以看到页面的效果，如图
8–150 所示。单击"绑定"面板上的加号按钮，在弹出的菜单中选择"记录集 (查询)"选项，在弹出的"记录集"对话框中进行设置，如图 8–151 所示。

图 8–150

图 8–151

02 单击"高级"按钮，切换到"高级"设置界面，对 SQL 语句进行修改，如图 8–152 所示。将页面中相应的文字和图片替换为记录集中相应的字段，如图 8–153 所示。

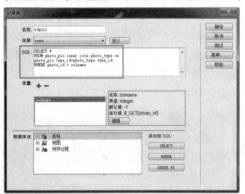

图 8–152

图 8–153

提示

修改后的 SQL 语句如下。

```
SELECT *
FROM photo_pic inner join photo_type on photo_pic.type_id=photo_type.type_id
WHERE photo_id = colname
```

03 在表单域中的任意位置插入一个隐藏域，设置其 Name 属性为 photo_id，如图 8–154 所示。单击 Value 选项后面的"绑定动态源"按钮，弹出"动态数据"对话框，设置如图 8–155 所示，单击"确定"按钮。

04 单击"服务器行为"面板上的加号按钮，在弹出的菜单中选择"删除记录"选项，弹出"删除记录"对话框，设置如图 8–156 所示。单击"确定"按钮，完成"删除记录"对话框的设置，为页面左侧的文字设置相应的超链接，并为"退出后台管理"文字添加"注销登录"服务器行为，完成删除图片页面 photo–del.php 的制作，效果如图 8–157 所示。

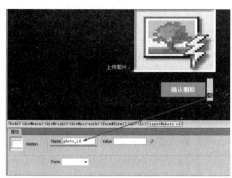

图 8-154

图 8-155

图 8-156

图 8-157

> **提示**
>
> 　　在"删除记录"对话框中，"主键列"与"主键值"设置的是删除记录的依据，这里的依据是指在"DELETE FROM 数据表 WHERE 条件"中的条件，假如条件是 WHERE photo_id=5，相应的可以看到 WHERE 主键列 = 主键值。

8.5　开发后台图片分类管理功能

　　完成了图片管理功能的开发后，图片分类管理相对比较简单，主要对摄影图片的分类进行添加、修改和删除操作。

8.5.1　图片分类管理

　　在图片分类管理页面 admin-type.php 中查询 photo_type 数据表中的所有记录内容，并将其显示在页面中，并且每个图片分类名称的右侧都提供了"修改"和"删除"超链接，用于链接到修改分类和删除分类页面，并传递 URL 参数。

实战　制作图片分类管理页面

最终文件：最终文件 \ 第 8 章 \chapter8 \ admin \ admin-type.php
视频：视频 \ 第 8 章 \8-5-1.mp4

　　01 在站点中打开图片分类管理页面 admin-type.php，可以看到页面的效果，如图 8-158 所示。单击"绑定"面板上的加号按钮，在弹出的菜单中选择"记录集（查询）"选项，在弹出的"记录集"对话框中进行设置，如图 8-159 所示。

　　02 单击"确定"按钮，创建记录集，将页面中的"分类名称"文字替换为记录集中的 type_name 字段，如图 8-160 所示。选中"修改"文字，设置其链接到修改图片分类页面 type-updata.php，并且为该链接设置 URL 传递参数，完整的链接地址为 type-updata.php?type_id=<?php echo $row_rstype['type_id']; ?>，如图 8-161 所示。

图 8-158 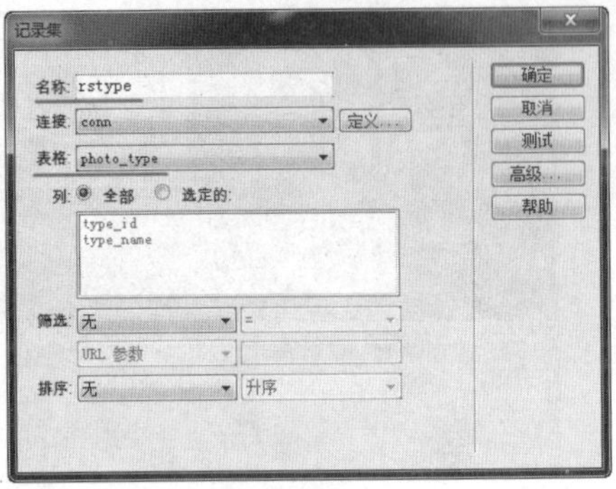   图 8-159

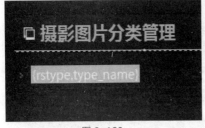

图 8-160

```
<div id="pic-work">
  <dl>
    <dt><?php echo $row_rstype['type_name']; ?></dt>
    <dd>【<a href="type-updata.php?type_id=<?php echo
$row_rstype['type_id']; ?>" class="link01">修改</a>】  |
    【<a href="#" class="link01">删除</a>】 </dd>
  </dl>
</div>
```

图 8-161

03 选中"删除"文字，设置其链接到删除图片分类页面 type-del.php，并且为该链接设置 URL 传递参数，完整的链接地址为 type-del.php?type_id=<?php echo $row_rstype['type_id']; ?>，如图 8-162 所示。单击标签选择器中的 <dl> 标签，选中要设置为重复显示记录的区域，如图 8-163 所示。

```
<div id="pic-work">
  <dl>
    <dt><?php echo $row_rstype['type_name']; ?></dt>
    <dd>【<a href="type-updata.php?type_id=<?php echo
$row_rstype['type_id']; ?>" class="link01">修改</a>】  |
    【<a href="type-del.php?type_id=<?php echo $row_rstype[
'type_id']; ?>" class="link01">删除</a>】 </dd>
  </dl>
</div>
```

图 8-162

图 8-163

04 单击"服务器行为"面板上的加号按钮，在弹出的菜单中选择"重复区域"选项，弹出"重复区域"对话框，设置如图 8-164 所示。单击"确定"按钮，完成重复区域的创建，效果如图 8-165 所示。

图 8-164

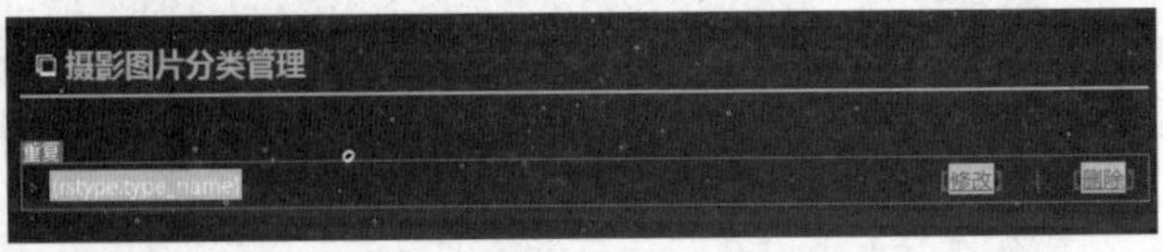

图 8-165

05 选中页面中 id 名为 pic-work 的 Div，将该区域设置为记录集有数据时显示的内容，如图 8-166 所示。单击"服务器行为"面板上的加号按钮，在弹出的菜单中选择"显示区域" > "如果记录集不为空则显示"选项，在弹出的对话框中进行设置，如图 8-167 所示。

06 单击"确定"按钮，完成如果记录集不为空则显示区域的创建，如图 8-168 所示。为页面左侧的文字设置相应的超链接，并为"退出后台管理"文字添加"注销登录"服务器行为，完成图片分类管理页面 admin-type.php 的制作，效果如图 8-169 所示。

图 8-166　　　　　　　　　　　　　　　　图 8-167

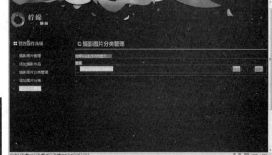

图 8-168　　　　　　　　　　　　　　　　图 8-169

8.5.2　添加图片分类

添加图片分类页面 type-add.php 主要是通过"插入记录"服务器行为将在该页面中所填写的分类名称插入 photo_type 数据表中，插入完成后将跳转到图片分类管理页面 admin-type.php 中。

实战　制作添加图片分类页面

最终文件：最终文件\第 8 章\chapter8\admin\type-add.php
视频：视频\第 8 章\8-5-2.mp4

01 在站点中打开添加图片分类页面 type-add.php，可以看到页面的效果，如图 8-170 所示。单击"服务器行为"面板上的加号按钮，在弹出的菜单中选择"插入记录"选项，弹出"插入记录"对话框，设置如图 8-171 所示。

图 8-170　　　　　　　　　　　　　　　　图 8-171

> **提示**
>
> 在"插入记录"对话框中设置将数据内容插入 photo_type 数据表中，其中 type_id 字段为 photo_type 数据表中的主键，其值为自动递增，并不需要写入，type_name 字段从 id 名称为 type_name 的文本域中获取值，插入数据成功后跳转到图片分类管理页面 admin-type.php。

02 单击"确定"按钮，完成"插入记录"对话框的设置，效果如图 8-172 所示。为页面左侧的文字设置相应的超链接，并为"退出后台管理"文字添加"注销登录"服务器行为，完成添加图片分类页面 type-add.php 的制作，效果如图 8-173 所示。

图 8-172

图 8-173

8.5.3　修改和删除图片分类

　　修改和删除图片分类页面 type-del.php 与修改和删除图片页面很相似，修改图片分类页面 type-updata.php，通过接收的 URL 参数查询数据库，添加 "更新记录" 服务器行为对数据记录进行更新操作。删除图片分类页面 type-del.php，通过接收 URL 参数查询数据库，添加 "删除记录" 行为删除数据库中对应的记录。

　　根据前面页面相同的制作方法，完成修改图片分类页面 type-updata.php 和删除图片分类页面 type-del.php 的制作，效果如图 8-174 所示。

图 8-174

8.6　测试网站图片管理系统

　　通过前面几节的操作，已经完成了网站图片管理系统的开发，接下来对该系统的所有功能和页面进行测试。目前数据库中没有任何的数据内容，所以我们的测试将从后台管理开始，先向数据库中添加数据再对其他功能进行测试。

实战　测试网站图片管理系统

最终文件：无　视频：视频\第 8 章\8-6.mp4

　　01　在 Dreamweaver CC 中打开管理登录页面 login.php，按快捷键 F12，在测试服务器中测试该页面，效果如图 8-175 所示。输入管理账号和密码，单击 "登录" 按钮，进入图片管理页面 admin-photo.php，因为目前数据库中还没有任何的数据内容，所以该页面中无显示内容，效果如图 8-176 所示。

　　02　单击页面左侧的 "添加分类" 超链接，跳转到添加图片分类页面 type-add.php，在表单中输入新闻分类名称，如图 8-177 所示。单击 "确定" 按钮，添加图片分类，返回图片分类管理页面 admin-type.php，可以看到刚添加的图片分类，如图 8-178 所示。

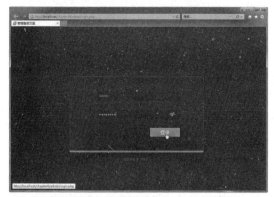

图 8-175

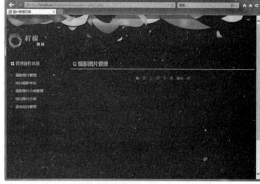

图 8-176

图 8-177

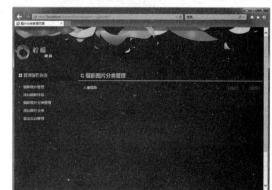

图 8-178

03 使用相同的操作方法，可以添加多个图片分类，如图 8-179 所示。单击页面左侧的"添加摄影作品"超链接，跳转到添加图片页面 photo-add.php，单击页面中的"上传图片"按钮，在弹出的上传页面中选择本地计算机中需要上传的图片，如图 8-180 所示。

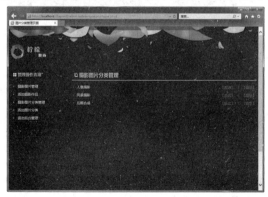

图 8-179

图 8-180

04 单击"开始上传"按钮，图片上传成功并返回添加图片页面 photo-add.php，显示上传的图片预览图，在表单元素中填充相关内容，如图 8-181 所示。单击"确认添加"按钮，即可将内容插入数据表中并返回图片管理页面 admin-photo.php，可以看到刚上传的作品，如图 8-182 所示。

05 单击作品下方的"修改"超链接，跳转到修改图片页面 photo-updata.php，在该页面中可以对作品信息进行修改，如图 8-183 所示。单击作品下方的"删除"超链接，跳转到删除图片页面 photo-del.php，在该页面中显示作品信息，如图 8-184 所示。单击"确认删除"按钮，从数据库中删除该作品记录。

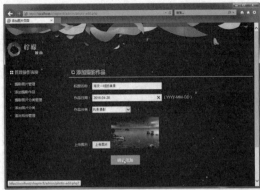

图 8-181

图 8-182

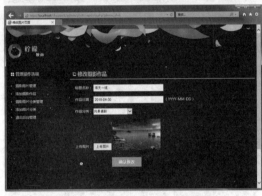

图 8-183

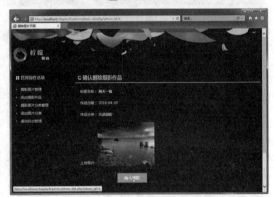

图 8-184

06 使用相同的制作方法，在后台添加不同类型的图片，如图 8-185 所示。单击左侧的"退出后台管理"超链接，退出后台管理，跳转到摄影作品首页面 index.php，如图 8-186 所示。

图 8-185

图 8-186

07 单击某个分类栏目标题右侧的"更多"超链接，跳转到该分类的摄影作品分类列表页面 photo-type.php，只显示该分类中的作品，如图 8-187 所示。单击左侧的"全部摄影作品"超链接，跳转到全部摄影作品列表页面 photo-all.php，显示所有作品列表，如图 8-188 所示。

08 无论是在摄影作品首页面 index.php、摄影作品分类列表页面 photo-type.php，还是在全部摄影作品列表页面 photo-all.php 中单击某个图片的缩略图，都可打开查看摄影作品页面 photo-show.php，显示该作品详情，如图 8-189 和图 8-190 所示。

图 8-187

图 8-188

图 8-189

图 8-190

第 9 章 个人博客系统

随着计算机网络的快速发展，写网络日志成了很多网民的爱好。博客作为一种写网络日志必不可少的工具，为用户之间进行简单有效的在线交流提供了网络平台，通过其可以结交更多的朋友，表达更多的想法，它随时可以发布日志，方便快捷。本章以一个简单的个人博客系统为例讲解个人博客系统的具体实现方法。

本章知识点：

➢ 理解个人博客系统的规划
➢ 掌握系统动态站点和 MySQL 数据库的创建
➢ 掌握前台博客内容显示相关功能的实现方法
➢ 掌握后台博客的添加、修改和删除功能的实现方法

9.1 个人博客系统规划

在建立博客时，除了可以使用现有的服务外（如新浪博客等），还有许多 PHP 应用程序可供架设（如 WordPress、LifeType 等）。用户可以以网络日志的形式简易迅速地发布自己的心得，及时有效地与他人进行交流，再加上丰富多彩的个性展示，就形成了博客。

9.1.1 个人博客系统结构规划

实现个人博客系统与留言板系统比较类似，主要是对数据库进行读、写、更新、删除操作。根据需求分析，分为以下两个部分加以说明。

用户访问博客主页面，博客主页面将读取数据库中的所有博客日志记录并进行分页显示，如果数据库中没有任何的日志记录将显示相关的提示文字。

博客管理可以通过单击页面右下角的"管理登录"超链接，跳转到博客管理登录页面，输入用户名和密码，登录博客管理主页面，在博客管理主页面中同样会显示数据库中所有的日记。单击"添加博客"超链接，跳转到添加博客页面，添加新的博客内容，在添加博客页面中可以为博客文章添加图片，单击"编辑"和"删除"超链接，修改或删除数据库中的某条博客内容记录。单击"退出管理"超链接，退出博客管理主页面，返回个人博客首页面。其总体构架如图 9-1 所示。

9.1.2 个人博客系统相关页面说明

在上一节中已经对个人博客系统的功能和运行流程进行了分析，在本章开发的个人博客系统中主要包含 7 个页面，其中前台博客显示功能页面 2 个，页面说明如表 9-1 所示，后台博客管理功能页面 5 个，页面说明如表 9-2 所示。

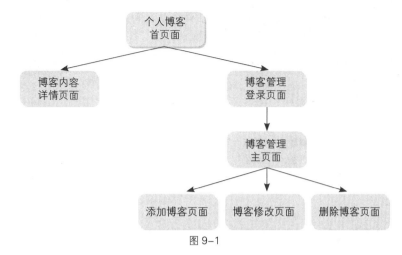

图 9-1

表 9-1　个人博客系统前台博客显示页面说明

页面	说明
index.php	个人博客首页面，显示最新发布的博客信息内容，用户可以单击感兴趣的博客信息跳转到博客内容详情页面 show.php 进行查看
show.php	博客内容详情页面，在个人博客首页面 index.php 中单击某条博客，即可跳转到博客内容详情页面 show.php，通过超链接传递相应的 URL 参数，在数据库中查询对应的博客数据记录，并在该页面中显示该条博客的相关具体内容。

表 9-2　个人博客系统后台博客管理页面说明

页面	说明
login.php	博客管理登录页面，在该页面中填写管理员账号和密码，登录成功跳转到博客管理主页面 admin.php 中
admin.php	博客管理主页面，该页面中显示数据库中所有博客的标题，并且在每个博客标题的右侧都提供"修改"和"删除"超链接
blog-add.php	添加博客页面，在该页面的表单元素中添加相应的博客信息，并且还可以为博客添加图片，单击"确认添加"按钮，将表单中所填写的信息内容写入数据库中，并返回博客管理主页面 admin.php
blog-updata.php	博客修改页面，该页面接收 URL 传递的参数，在数据库中查询对应的数据记录，在该页面中显示该博客的相关内容，并且可以对其进行修改，修改后直接更新数据库中的该条记录
blog-del.php	删除博客页面，该页面接收 URL 传递的参数，在数据库中查询对应的数据记录，并在数据库中将该条记录删除

9.2　创建系统站点和 MySQL 数据库

完成了系统结构的规划分析，基本上了解了该系统中相关的页面以及所需要实现的功能，接下来创建该系统的动态站点并根据系统功能规划来创建 MySQL 数据库。

9.2.1　创建系统站点

个人博客系统站点中包括个人博客系统中的所有网站页面以及相关的文件和素材，从全局上控制站点结构，管理站点中的各种文档，并完成文档的编辑和制作。

实　战　创建个人博客系统站点

最终文件：无　视频：视频\第 9 章\9-2-1.mp4

 01　在"源文件\第 9 章\chapter9"文件夹中已经制作好了个人博客系统中相

关的静态页面，如图 9-2 所示。直接将 chapter9 文件复制到 Apache 服务器默认的网站根目录 (C：\
AppServ\www) 中，如图 9-3 所示。

图 9-2

图 9-3

02 打开 Dreamweaver CC，执行 "站点" > "新建站点" 命令，弹出 "站点设置对象" 对话框，
对相关选项进行设置，如图 9-4 所示。切换到 "服务器" 选项设置界面，单击 "添加服务器" 按
钮 ，打开 "服务器设置" 窗口，对相关选项进行设置，如图 9-5 所示。

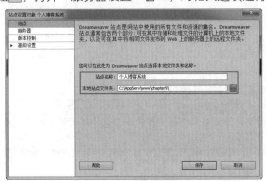

图 9-4

图 9-5

03 切换到 "高级" 选项卡中，在 "服务器模型" 下拉列表中选择 PHP MySQL 选项，如图 9-6 所示。
单击 "保存" 按钮，保存服务器选项设置，返回 "站点设置对象" 对话框，选中 "测试" 复选框，
如图 9-7 所示，单击 "保存" 按钮，完成站点的定义。

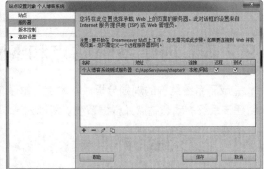

图 9-6

图 9-7

9.2.2 创建 MySQL 数据库

在创建数据库之前仔细分析在博客中需要实现哪些功能，都需要显示哪些内容，根据详细的分
析来设计数据库。在本章制作的个人博客系统中主要显示的选项有博客标题、内容、图片、天气、
类型和时间。

实战 创建个人博客系统数据库

最终文件：无 视频：视频\第9章\9-2-2.mp4

01 打开浏览器窗口，在地址栏中输入 http://localhost/phpMyAdmin，访问 MySQL 数据库管理界面，输入 MySQL 数据库的用户名和密码，如图 9-8 所示，单击"确定"按钮，登录 phpMyAdmin，显示 phpMyAdmin 管理主界面，如图 9-9 所示。

图 9-8

图 9-9

02 单击页面顶部的"数据库"选项卡，在"新建数据库"文本框中输入数据库名称 blog，单击"创建"按钮，如图 9-10 所示。即可创建一个新的数据库，进入该数据库的操作界面，创建名为 admin_user 的数据表，该数据表中包含 2 个字段，如图 9-11 所示。

图 9-10

图 9-11

03 单击"执行"按钮，进入该数据表字段设置界面，对各字段名称和字段类型进行设置，如图 9-12 所示。

名字	类型	长度/值	默认	排序规则	属性	空	索引	A_I	注释
username	VARCHAR	20	无			☐	---	☐	
password	VARCHAR	20	无			☐	---	☐	

图 9-12

> **提示**
>
> admin_user 数据表中 username 字段的类型为 VARCHAR(字符型)，用于存储管理员账号；password 字段的类型为 VARCHAR(字符型)，用于存储管理员密码，在该数据表中没有设置主键。

04 单击"保存"按钮，完成该数据表的创建并完成数据表中各字段属性的设置，显示数据表的结构，如图 9-13 所示。单击页面顶部的"插入"选项卡，切换至"插入"选项卡中，输入相应的值，单击"执行"按钮，直接在该数据表中插入一条记录，如图 9-14 所示。

图 9-13

图 9-14

> **提示**
>
> admin_user 数据表用于存储图片管理系统的管理账户和密码，此处直接在该数据表中插入管理员账号和密码数据。

05 完成 admin_user 数据表的创建，接下来创建 blog_data 数据表。在 phpMyAdmin 管理平台左侧单击 blog 数据库，在右侧下方的"新建数据表"选项区中设置"名字"为 blog_data，"字段数"为 7，如图 9-15 所示。单击"执行"按钮，进入该数据表字段设置界面，对各字段名称和字段类型进行设置，如图 9-16 所示。

图 9-15

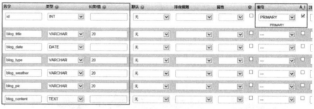

图 9-16

06 单击"保存"按钮，完成 blog_data 数据表的创建并完成数据表中各字段属性的设置，显示数据表的结构，如图 9-17 所示。在 phpMyAdmin 管理平台左侧可以看到所创建的名称为 blog 的数据库以及该数据库中包含的 2 个数据表，如图 9-18 所示。

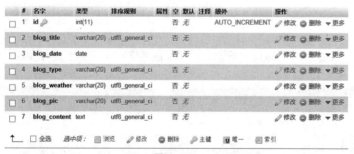

图 9-17

图 9-18

blog 数据库中的 blog_data 数据表用于存储博客相关数据内容，blog_data 数据表中各字段的说明如表 9-3 所示。

表 9-3　blog_data 数据表字段说明

字段名称	字段类型	说明
id	int(整数型)	用于存储记录编号，该字段为主键，并且数值自动递增，不需要用户提交数据
blog_title	varchar(字符型)	用于存储博客文章的标题名称
blog_date	date(日期型)	用于存储博客文章的上传日期
blog_type	varchar(字符型)	用于存储博客文章的类型
blog_weather	varchar(字符型)	用于存储博客文章上传当日的天气信息
bolg_pic	varchar(字符型)	用于存储博客文章上传图片的名称
blog_content	text(文本型)	用于存储博客文章的详细内容

9.2.3　创建 MySQL 数据库连接

完成了个人博客系统站点的创建，并且完成了该系统 MySQL 数据库的创建后，接下来为个人博客系统统创建 MySQL 数据库连接，只有成功与所创建的 MySQL 数据库连接，才能在 Dreamweaver 中通过程序对 MySQL 数据库进行操作。

实战　创建个人博客系统数据库连接

最终文件：无　视频：视频 \ 第 9 章 \9-2-3.mp4

01 在 Dreamweaver CC 中打开该系统站点中的任意一个页面，执行 "窗口" > "数据库" 命令，打开 "数据库" 面板，如图 9-19 所示。单击加号按钮，在弹出的菜单中选择 "MySQL 连接" 选项，如图 9-20 所示。

图 9-19

图 9-20

02 弹出 "MySQL 连接" 对话框，对相关选项进行设置，如图 9-21 所示。单击 "确定" 按钮，即可创建网站投票管理系统 MySQL 数据库的连接，如图 9-22 所示。

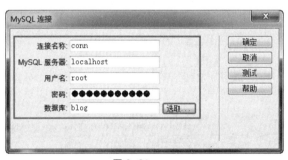

图 9-21

图 9-22

9.3　开发博客内容显示功能

前面已经分析过个人博客系统分为前台的用户界面和后台管理部分。在前台用户界面中用户可以浏览博客内容，其中在个人博客首页面中将显示所有博客内容，单击某条博客进入博客内容详情页面，查看该博客的详细内容。在本节中将带领读者一起来开发前台博客内容显示的相关页面功能。

9.3.1　个人博客首页面

在个人博客首页面 index.php 中将读取 blog_data 数据表中的所有数据内容，在页面中显示出每条博客的标题、类型、图片以及一部分正文内容，并且在首页中进行分页显示，浏览者通过单击每条博客的 "查看详细" 超链接进入博客内容详情页面。

实战 制作个人博客首页面

最终文件：最终文件 \ 第 9 章 \chapter9\index.php　视频：视频 \ 第 9 章 \9-3-1.mp4

01 打开站点中的个人博客首页面 index.php，可以看到页面的效果，如图 9-23
所示。按快捷键 F12，在测试服务器中预览页面，效果如图 9-24 所示。

图 9-23　　　　　　　　　　　　　　　　图 9-24

02 打开"绑定"面板，单击该面板上的加号按钮，在弹出的菜单中选择"记录集（查询）"选项，
弹出"记录集"对话框，对相关选项进行设置，如图 9-25 所示。将页面中"这里是博客标题"文字
替换为 blog_title 字段，将"这里是日期"文字替换为 blog_date 字段，将博客内容文字替换为 blog_
content 字段，如图 9-26 所示。

图 9-25　　　　　　　　　　　　　　　　图 9-26

03 选中博客标题字段前的博客类型图标，如图 9-27 所示。转换到代码视图中，将其与记录
集中的 blog_type 字段绑定，如图 9-28 所示。

图 9-27　　　　　　　　　　　　　　　　图 9-28

04 将表示天气的图标与记录集中的 blog_weather 字段绑定，如图 9-29 所示。选择博客图片，
将其与记录集中的 blog_pic 字段绑定，如图 9-30 所示。

 提示

在本实例制作的个人博客首页面中，博客的类型和天气情况都是通过图标的形式来表现的，blog_data 数据表中
的 blog_type 和 blog_weather 字段中分别存储博客类型和天气情况的图片名称，所以此处在绑定字段时需要指定图标
的路径。

```
            <div id="content-top">
            <div id="content-title"><img src="images/
<?php echo $row_rs1['blog_type']; ?>" width="19" height=
"20" alt=""><?php echo $row_rs1['blog_title']; ?></div>
            <div id="content-tian"><img src="images/<?php
 echo $row_rs1['blog_weather']; ?>" width="16" height=
"16" alt=""></div>
            <div id="content-date"><?php echo $row_rs1[
'blog_date']; ?></div>
            </div>
```

图 9-29

```
            <div id="content-top">
            <div id="content-title"><img src="images/
<?php echo $row_rs1['blog_type']; ?>" width="19" height=
"20" alt=""><?php echo $row_rs1['blog_title']; ?></div>
            <div id="content-tian"><img src="images/<?php
 echo $row_rs1['blog_weather']; ?>" width="16" height=
"16" alt=""></div>
            <div id="content-date"><?php echo $row_rs1[
'blog_date']; ?></div>
            </div>
            <div id="content-text"><img src="upload/<?php
 echo $row_rs1['blog_pic']; ?>" width="550" height="80"
alt=""><br>
            <?php echo $row_rs1['blog_content']; ?></div>
```

图 9-30

提示

　　博客文章中的图片是通过程序上传得到的，上传的图片会存储在站点根目录中名为 upload 的文件夹中，所以博客图片绑定的地址为 upload/<?php echo $row_rs1['blog_pic']; ?>。

05 在 blog_content 字段存储的是博客的详细内容，我们在首页中只需要读取第 1 条博客的一部分内容，转换到代码视图中，对相应的字段代码进行修改，如图 9-31 所示。

```
        <div id="content-bg">
        <div id="content-top">
            <div id="content-title"><img src="images/<?php echo $row_rs1['blog_type']; ?>" width="19" height="20"
alt=""><?php echo $row_rs1['blog_title']; ?></div>
            <div id="content-tian"><img src="images/<?php echo $row_rs1['blog_weather']; ?>" width="16" height="16"
alt=""></div>
            <div id="content-date"><?php echo $row_rs1['blog_date']; ?></div>
        </div>
            <div id="content-text"><img src="upload/<?php echo $row_rs1['blog_pic']; ?>" width="550" height="80" alt=
""><br>
            <?php echo substr($row_rs1['blog_content'],0,260);echo("..."); ?></div>
            <div id="content-more"><a href="#" target="_blank"><img src="images/index07.gif" width="13" height="10"
alt=""> 查看详情</a></div>
        </div>
```

图 9-31

技巧

　　substr() 函数用于指定从字符串中返回指定部分内容，substr($row_rs1['blog_content'],0,260) 表示从 rs1 记录集的 blog_content 字段的 0 字符开始，返回 260 个字符内容，通过该方法，从而实现只读取该字段内容中的前 260 个字符，大约 130 个汉字内容。

06 为 "查看详情" 文字设置超链接，将其链接到博客内容详情页面 show.php，并且为该链接设置 URL 传递参数，完整的链接地址为 show.php?id=<?php echo $row_rs1['id']; ?>，如图 9-32 所示。

```
        <div id="content-bg">
        <div id="content-top">
            <div id="content-title"><img src="images/<?php echo $row_rs1['blog_type']; ?>" width="19" height="20"
alt=""><?php echo $row_rs1['blog_title']; ?></div>
            <div id="content-tian"><img src="images/<?php echo $row_rs1['blog_weather']; ?>" width="16" height="16"
alt=""></div>
            <div id="content-date"><?php echo $row_rs1['blog_date']; ?></div>
        </div>
            <div id="content-text"><img src="upload/<?php echo $row_rs1['blog_pic']; ?>" width="550" height="80" alt=
""><br>
            <?php echo substr($row_rs1['blog_content'],0,260);echo("..."); ?></div>
            <div id="content-more"><a href="show.php?id=<?php echo $row_rs1['id']; ?>" target="_blank"><img src=
"images/index07.gif" width="13" height="10" alt=""> 查看详情</a></div>
        </div>
```

图 9-32

07 选择页面中要重复的区域，在这里选择页面中 id 名称为 content-bg 的 Div，如图 9-33 所示。单击 "服务器行为" 面板上的加号按钮，在弹出的菜单中选择 "重复区域" 选项，在弹出的对话框中进行设置，如图 9-34 所示。

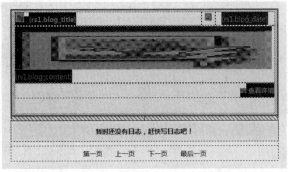 

图 9-33　　　　　　　　　　　　　　　　　　　　　图 9-34

08 单击"确定"按钮，完成"重复区域"对话框的设置，将选中的区域设置为重复区域，如图 9-35 所示。单击重复区域左上角的"重复"标签，选中该重复区域，单击"服务器行为"面板上的加号按钮，在弹出的菜单中选择"显示区域" > "如果记录集不为空则显示"选项，在弹出的对话框中进行设置，如图 9-36 所示。

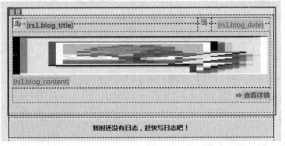

图 9-35　　　　　　　　　　　　　　　　　　　　　图 9-36

09 单击"确定"按钮，将选中的区域设置为记录集有数据时所显示的区域，如图 9-37 所示。在页面中选择如果记录集中没有数据时需要显示的内容，这里选中 id 名称为 no-content 的 Div，如图 9-38 所示。

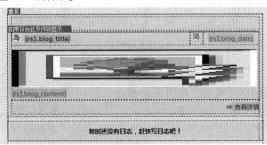 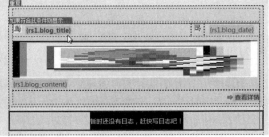

图 9-37　　　　　　　　　　　　　　　　　　　　　图 9-38

10 单击"服务器行为"面板上的加号按钮，在弹出的菜单中选择"显示区域" > "如果记录集为空则显示"选项，在弹出的对话框中进行设置，如图 9-39 所示。单击"确定"按钮，将选中的区域设置为记录集没有数据时所显示的区域，如图 9-40 所示。

11 选中页面中的"第一页"文字，单击"服务器行为"面板中的加号按钮，在弹出的菜单中选择"记录集分页" > "移至第一页"选项，弹出"移至第一页"对话框，设置如图 9-41 所示。单击"确定"按钮，为"第一页"文字添加"移至第一页"服务器行为，如图 9-42 所示。

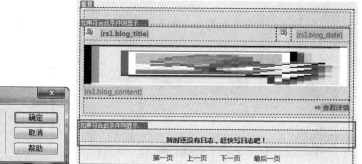

图 9-40

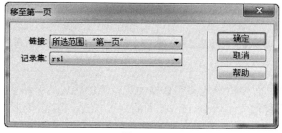

图 9-39

图 9-42

图 9-41

12 使用相同的制作方法，为"上一页""下一页"和"最后一页"文字分别添加"移至前一页""移至下一页"和"移至最后一页"的服务器行为，如图 9-43 所示。选择页面右下角的"管理登录"文字，设置其链接到博客管理登录页面 admin 文件夹中的 login.php，如图 9-44 所示。完成个人博客首页面 index.php 的制作。

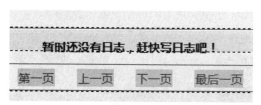

图 9-43

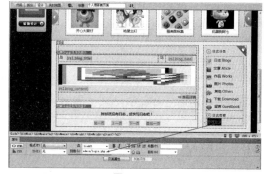

图 9-44

9.3.2　内容详情页面

博客内容详情页面 show.php 接收 URL 参数，通过该 URL 参数可以在 blog_data 数据表中查找指定的唯一数据记录，将该数据记录的相关内容显示在页面中。

实战　制作博客内容详情页面

最终文件：最终文件 \ 第 9 章 \ chapter9 \ show.php　视频：视频 \ 第 9 章 \9-3-2.mp4

01 打开站点中的博客内容详情页面 show.php，可以看到页面的效果，如图 9-45 所示。单击"绑定"面板上的加号按钮，在弹出的菜单中选择"记录集（查询）"选项，弹出"记录集"对话框，对相关选项进行设置，如图 9-46 所示。

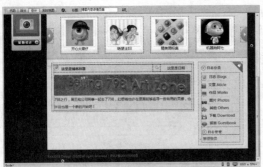

图 9-45　　　　　　　　　　　　　　　　　　　　图 9-46

> **提示**
>
> 此处创建的名为 rs1 的记录集，查询名为 blog_data 的数据表，并通过接收的 URL 参数 id，确定在当前页面中需要显示的是哪条博客的详细内容。

02 单击"确定"按钮，创建记录集。将页面中相应的文字替换为记录集中相应的字段，如图 9-47 所示。转换到代码视图中，根据个人博客首页面 index.php 相同的制作方法，将相应的图片与记录集中相应的字段绑定，如图 9-48 所示。

```
<div id="content-top">
    <div id="content-title"><img src="images/<?php echo
$row_rs1['blog_type']; ?>" width="19" height="20" alt=""><?php echo
$row_rs1['blog_title']; ?></div>
    <div id="content-tian"><img src="images/<?php echo
$row_rs1['blog_weather']; ?>" width="16" height="16" alt=""></div>
    <div id="content-date"><?php echo $row_rs1['blog_date']
; ?></div>
</div>
    <div id="content-text"><img src="upload/<?php echo
$row_rs1['blog_pic']; ?>" width="558" height="80" alt=""><br>
    <?php echo $row_rs1['blog_content']; ?></div>
</div>
```

图 9-47　　　　　　　　　　　　　　　　　　图 9-48

03 返回 Dreamweaver 设计视图中，可以看到页面的效果，如图 9-49 所示。选择页面右下角的"管理登录"文字，设置其链接到博客管理登录页面 admin 文件夹中的 login.php，如图 9-50 所示。完成博客内容详情页面 show.php 的制作。

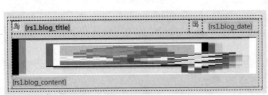

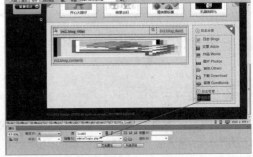

图 9-49　　　　　　　　　　　　　　　　　图 9-50

9.4　开发博客管理功能 🔍

前面已经完成了个人博客内容详情页面的制作及其相应功能的实现，接下来要制作的是个人博客系统的管理页面。该部分所包含的页面有：博客管理登录页面 login.php、博客管理主页面 admin.php、添加博客页面 blog-add.php、博客修改页面 blog-updata.php 和删除博客页面 blog-del.php。

9.4.1　博客管理登录页面

在博客管理登录页面 login.php 中需要用户输入用户名和密码进行验证，只有输入的用户名和密码与 admin_user 数据表中的用户名和密码完全相同时，才能登录成功。

实 战　制作博客管理登录页面

最终文件：最终文件\第9章\chapter9\admin\login.php　视频：视频\第9章\9-4-1.mp4

01 在站点中打开博客管理登录页面 login.php，可以看到页面的效果，如图 9-51 所示。按快捷键 F12，在测试服务器中预览页面，如图 9-52 所示。

图 9-51　　　　　　　　　　　　　　　　图 9-52

02 单击"服务器行为"面板上的加号按钮，在弹出的菜单中选择"用户身份验证">"登录用户"命令，弹出"登录用户"对话框，设置如图 9-53 所示。单击"确定"按钮，完成"登录用户"对话框的设置，效果如图 9-54 所示，完成博客管理登录页面 login.php 的制作。

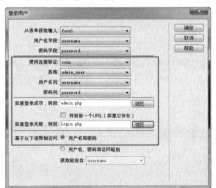

图 9-53　　　　　　　　　　　　　　　　图 9-54

> **提示**
>
> 在"登录用户"对话框中将"用户名"和"密码"文本域中的值与 admin_user 数据中的 username 和 password 两个字段的值进行比较，判断用户是否登录成功。如果登录成功，则跳转到博客管理主页面 admin.php；如果登录失败，则跳转到博客管理登录页面 login.php。

9.4.2　博客管理主页面

在博客管理登录页面 login.php 输入正确的用户名和密码之后，即可进入博客管理主页面 admin.php，在该页面中读取 blog_data 数据表中的所有数据，并在页面中显示所有博客的标题，每个博客标题都有"编辑"和"删除"超链接，在该页面中还可以链接到其他的一些管理功能页面。

实 战 制作博客管理主页面

最终文件：最终文件\第 9 章\chapter9\admin\admin.php　　视频：视频\第 9 章\9-4-2.mp4

01 在站点中打开博客管理主页面 admin.php，可以看到页面的效果，如图 9-55 所示。单击"绑定"面板上的加号按钮，在弹出的菜单中选择"记录集（查询）"选项，弹出"记录集"对话框，对相关选项进行设置，如图 9-56 所示。

图 9-55　　　　　　　　　　　　　　　　　　　图 9-56

02 单击"确定"按钮，创建记录集。将"这里是博客标题"文字替换为记录集中的 blog_title 字段，将"日期"文字替换为记录集中的 blog_date 字段，如图 9-57 所示。

标题名称	发布日期	操作
{rs1.blog_title}	{rs1.blog_date}	编辑 | 删除

暂时还没有日志，赶快写日志吧！

第一页　　上一页　　下一页 最后一页

图 9-57

03 选择"编辑"文字，设置其链接到博客修改页面 blog-updata.php，并且为该链接设置 URL 传递参数，完整的链接地址为 blog-updata.php?id=<?php echo $row_rs1['id']; ?>，如图 9-58 所示。

```
<div id="admin-list">
    <dl>
        <dt><?php echo $row_rs1['blog_title']; ?></dt>
        <dd><?php echo $row_rs1['blog_date']; ?></dd><dd><a href="blog-updata.php?id=<?php echo $row_rs1['id'];
?>" class="link02">编辑</a> | <a href="#" class="link02">删除</a></dd>
    </dl>
</div>
```

图 9-58

04 选择"删除"文字，设置其链接到删除博客页面 blog-del.php，并且为该链接设置 URL 传递参数，完整的链接地址为 blog-del.php?id=<?php echo $row_rs1['id']; ?>，如图 9-59 所示。

```
<div id="admin-list">
    <dl>
        <dt><?php echo $row_rs1['blog_title']; ?></dt>
        <dd><?php echo $row_rs1['blog_date']; ?></dd><dd><a href="blog-updata.php?id=<?php echo $row_rs1['id'];
?>" class="link02">编辑</a> | <a href="blog-del.php?id=<?php echo $row_rs1['id']; ?>" class="link02">删除</a></dd>
    </dl>
</div>
```

图 9-59

05 选择页面中要重复的区域，这里单击 <dl> 标签，选择该部分为重复区域，如图 9-60 所示。单击"服务器行为"面板上的加号按钮，在弹出的菜单中选择"重复区域"选项，在弹出的对话框中进行设置，如图 9-61 所示。

| 图 9-60 | 图 9-61 |

06 单击"确定"按钮，将选中的区域设置为重复区域，如图 9-62 所示。选择页面中 id 名称为 admin-list 的 Div，将该 Div 设置为如果记录集不为空则显示的区域，如图 9-63 所示。

| 图 9-62 | 图 9-63 |

07 单击"服务器行为"面板上的加号按钮，在弹出的菜单中选择"显示区域 > 如果记录集不为空则显示"选项，在弹出的对话框中进行设置，如图 9-64 所示。单击"确定"按钮，完成记录集不为空则显示区域的设置，如图 9-65 所示。

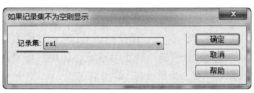

| 图 9-64 | 图 9-65 |

08 在页面中选择如果记录集为空需要显示的区域，这里选择 id 名称为 admin-no 的 Div，如图 9-66 所示。单击"服务器行为"面板上的加号按钮，在弹出的菜单中选择"显示区域" > "如果记录集为空则显示"选项，在弹出的对话框中进行设置，如图 9-67 所示。

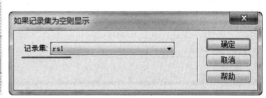

| 图 9-66 | 图 9-67 |

09 单击"确定"按钮，完成记录集为空则显示区域的设置，如图 9-68 所示。选择页面中"第一页"文字，单击"服务器行为"面板上的加号按钮，在弹出的菜单中选择"记录集分页" > "移至第一页"选项，在弹出的对话框中进行设置，如图 9-69 所示。

| 图 9-68 | 图 9-69 |

10 单击 "确定" 按钮，即可为选中的文字应用 "移至第一页" 的服务器行为，效果如图 9-70 所示。使用相同的制作方法，分别为 "上一页" "下一页" "最后一页" 文字添加相应的服务器行为，如图 9-71 所示。

图 9-70   图 9-71

11 选择页面中的 "管理博客" 文字，设置其链接到博客管理主页面 admin.php，选择 "添加博客" 文字，设置其链接到添加博客页面 blog-add.php，如图 9-72 所示。选择 "退出管理" 文字，单击 "服务器行为" 面板上的加号按钮，在弹出的菜单中选择 "用户身份验证" > "注销用户" 选项，弹出 "注销用户" 对话框，设置如图 9-73 所示。

```html
<div id="right-gltext">
  <ul>
    <li><a href="admin.php" class="link01">管理博客</a></li>
    <li><a href="blog-add.php" class="link01">添加博客</a></li>
    <li>退出管理</li>
  </ul>
</div>
```

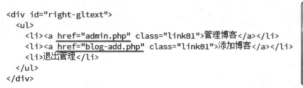

图 9-72   图 9-73

12 单击 "服务器行为" 面板上的加号按钮，在弹出的菜单中选择 "用户身份验证" > "限制对页的访问" 选项，在弹出的对话框中进行设置，如图 9-74 所示。单击 "确定" 按钮，应用 "限制对页的访问" 服务器行为，完成博客管理主页面 admin.php 的制作，效果如图 9-75 所示。

图 9-74

图 9-75

9.4.3   添加博客页面

在个人博客系统的后台管理中可以添加新的博客内容，填写完整的表单信息后，提交表单信息，便可通过程序将页面中所填写的内容插入数据库中。

> **实战**   制作添加博客页面
>
> 最终文件：最终文件 \ 第 9 章 \ chapter9 \ admin \ blog-add.php
> 视频：视频 \ 第 9 章 \ 9-4-3.mp4

01 在站点中打开添加博客页面 blog-add.php，可以看到页面的效果，如图 9-76 所示。按快捷键 F12，在测试服务器中预览页面，可以看到 "博客内容" 文字后面的多行文本域的默认显示效果，如图 9-77 所示。

图 9-76

图 9-77

02 根据第 7 章介绍的 UEditor 编辑器的使用方法，将页面中的多行文本域替换为 UEditor 编辑器。首先，将 UEditor 编辑器的文件夹放置到站点中的 admin 文件夹中，如图 9-78 所示。在页面头部的 `<head>` 与 `</head>` 标签之间，添加相应的脚本代码，链接刚下载的 UEditor 编辑器的相关 JavaScript 脚本文件，如图 9-79 所示。

图 9-78

```
<head>
<meta charset="utf-8">
<title>添加博客页面</title>
<link href="../style/style.css" rel="stylesheet" type="text/css">
<script type="text/javascript" src="ueditor/ueditor.config.js"></script>
<script type="text/javascript" src="ueditor/ueditor.all.min.js"></script>
<script type="text/javascript" src="ueditor/lang/zh-cn/zh-cn.js"></script>
</head>
```
图 9-79

03 选中页面插入的多行文本区域，在代码视图中可以看到该多行文本区域的 id 名称，如图 9-80 所示。在页面代码的结束位置添加获取 UEditor 编辑器的 JavaScript 脚本代码，如图 9-81 所示。

```
<li>博客内容：
    <textarea name="blog_text" class="input02" id="blog_text" placeholder="请输入内容"></textarea>
</li>
```
图 9-80

```
</html>
<script type="text/javascript">
    UE.getEditor('blog_text',{initialFrameWidth:570,initialFrameHeight:200})
</script>
```
图 9-81

04 保存该页面，按快捷键 F12，在测试服务器中预览该页面，可以看到页面中文本区域已经替换为 UEditor 编辑器的效果，如图 9-82 所示。单击"上传图片"按钮，转换到代码视图中，在"上传图片"按钮代码中添加相应的脚本代码，如图 9-83 所示。

图 9-82

```
<li>上传图片：
    <input type="button" name="sc" id="sc" value="上传图
片" onclick=
"window.open('fupload.php?useForm=form1&amp;prevImg=showImg&amp;upUrl=
../upload&amp;reItem=rePic','fileUpload','width=400,height=180')">
<img src="../images/1572.gif" alt="这是显示上传预览图片的位置" id=
"showImg" width="275" height="40"></li>
```

图 9-83

05 返回 Dreamweaver 设计视图，将光标移至"上传图片"按钮后，插入隐藏域，设置该隐藏域的 Name 属性为 rePic，如图 9-84 所示。选中"上传预览"图像，在"属性"面板中设置其 ID 属性为 showImg，如图 9-85 所示。

图 9-84

图 9-85

> **提示**
>
> 当图像上传成功后，上传的图像在服务器上会存放在指定的目录中，在本实例中会将上传的图片存放在站点根目录中的 upload 文件夹中，此处插入的隐藏域用于接收上传的图像的服务器地址。

06 页面表单中"博客类型"选项区中的单选按钮的制作方法比较特殊，选中一个单选按钮，在"属性"面板中设置其 Name 属性为 b_type，设置其 Value 属性为该图片的名称，如图 9-86 所示。使用相同的制作方法，为该部分的单选按钮分别进行设置，如图 9-87 所示。

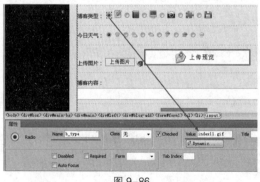

图 9-86

```
<li>博客类型：
    <input name="b_type" type="radio" value="index11.gif"
checked="checked"> <img src="../images/index11.gif" width="19" height=
"20" title="日志" alt="">    <input type="radio" name="b_type" value="index12.gif">
    <img src="../images/index12.gif" width="17" height="18" title="文章" alt
="">
    <input type="radio" name="b_type" value="index13.gif">
    <img src="../images/index13.gif" width="19" height="19" title="Flog" alt
="">
    <input type="radio" name="b_type" value="index14.gif">
    <img src="../images/index14.gif" width="20" height="17" title="图片" alt
="">
    <input type="radio" name="b_type" value="index15.gif">
    <img src="../images/index15.gif" width="21" height="18" title="其他" alt
="">
    <input type="radio" name="b_type" value="index16.gif">
    <img src="../images/index16.gif" width="19" height="17" title="下载" alt
="">
</li>
```

图 9-87

07 选中"今日天气"选项后面的一个单选按钮，在"属性"面板上设置其 Name 为 b_weather，设置其 Value 属性为该图片的名称，如图 9-88 所示。使用相同的制作方法，为该部分的单选按钮分别进行设置，如图 9-89 所示。

图 9-88

```
<li>今日天气:
        <input name="b_weather" type="radio" value="weather_sun.gif"
checked="checked"> <img src="../images/weather_sun.gif" width="16" height="16"
alt="">
        <input type="radio" name="b_weather" value="weather_cloudy.gif"
> <img src="../images/weather_cloudy.gif" width="16" height="16" alt="">
        <input type="radio" name="b_weather" value="weather_clouds.gif"
> <img src="../images/weather_clouds.gif" width="16" height="16" alt="">
        <input type="radio" name="b_weather" value=
"weather_lightning.gif"> <img src="../images/weather_lightning.gif" width="16"
height="16" alt="">
        <input type="radio" name="b_weather" value="weather_rain.gif">
<img src="../images/weather_rain.gif" width="16" height="16" alt="">
        <input type="radio" name="b_weather" value="weather_snow.gif">
<img src="../images/weather_snow.gif" width="16" height="16" alt="">
        </li>
```

图 9-89

08 单击 "服务器行为" 面板上的加号按钮, 在弹出的菜单中选择 "插入记录" 选项, 弹出 "插入记录" 对话框, 设置如图 9-90 所示。单击 "确定" 按钮, 完成 "插入记录" 对话框的设置, 效果如图 9-91 所示。

图 9-90

图 9-91

提示

在 "插入记录" 对话框中将数据内容插入 blog_data 数据表中, 其中 id 字段为 blog_data 数据表中的主键, 其值为自动增加, 并不需要写入, 其他各字段需要与页面中各表单元素一一对应, blog_pic 字段从 id 名称为 rePic 的隐藏域获取值。

09 选择页面中的 "管理博客" 文字, 设置其链接到博客管理主页面 admin.php, 选择 "添加博客" 文字, 设置其链接到添加博客页面 blog-add.php, 如图 9-92 所示。选择 "退出管理" 文字, 单击 "服务器行为" 面板上的加号按钮, 在弹出的菜单中选择 "用户身份验证" > "注销用户" 选项, 弹出 "注销用户" 对话框, 设置如图 9-93 所示。

```
<div id="right-gltext">
  <ul>
    <li><a href="admin.php" class="link01">管理博客</a></li>
    <li><a href="blog-add.php" class="link01">添加博客</a></li>
    <li><a href="#" class="link01">退出管理</a></li>
  </ul>
</div>
```

图 9-92

图 9-93

10 单击 "确定" 按钮, 添加 "注销用户" 服务器行为, 如图 9-94 所示。单击 "服务器行为" 面板上的加号按钮, 在弹出的菜单中选择 "用户身份验证" > "限制对页的访问" 选项, 弹出 "限制对页的访问" 对话框, 设置如图 9-95 所示。

11 单击 "确定" 按钮, 添加 "限制对页的访问" 服务器行为。完成添加博客页面 blog-add.php 的制作。

图 9-94

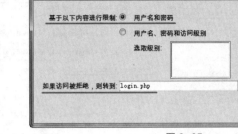

图 9-95

9.4.4　博客修改页面

博客修改页面 blog-updata.php 与添加博客页面 blog-add.php 相似，在博客修改页面 blog-updata.php 中会接收 URL 参数，并通过该参数查询 blog_data 数据表，找到相应的数据记录，并将其相关信息显示在页面的表单元素中，用户可以对该篇博客的相关信息内容进行修改，通过"更新记录"行为更新数据表中的该条数据记录内容。

实战　制作博客修改页面

最终文件：最终文件\第9章\chapter9\admin\blog-updata.php
视频：视频\第9章\9-4-4.mp4

01 在站点中打开博客修改页面 blog-updata.php，可以看到页面的效果，如图 9-96 所示。根据前面介绍的方法，可以将页面中的多行文本域替换为 UEditor 编辑器，按快捷键 F12，在测试服务器中预览页面，如图 9-97 所示。

图 9-96

图 9-97

02 单击"绑定"面板上的加号按钮，在弹出的菜单中选择"记录集（查询）"选项，在弹出的"记录集"对话框中进行设置，如图 9-98 所示。单击"确定"按钮，创建记录集。将"博客标题"文字后面的文本域与 blog_title 字段绑定，将"发表日期"文字后面的文本域与 blog_date 字段绑定，将"博客内容"后面的多行文本域与 blog_content 字段绑定，如图 9-99 所示。

03 选中"博客类型"选项区中的任意一个单选按钮，单击"服务器行为"面板上的加号按钮，在弹出的菜单中选择"动态表单元素">"动态单选按钮组"选项，弹出"动态单选按钮组"对话框，如图 9-100 所示。单击"选取值等于"选项后面的"动态数据"按钮，弹出"动态数据"对话框，选择 blog_type 字段，如图 9-101 所示。

04 单击"确定"按钮，完成"动态数据"对话框的设置，如图 9-102 所示。单击"确定"按钮，完成"动态单选按钮组"对话框的设置。使用相同的制作方法，选中"今日天气"选项区中的任意一个单选按钮，添加"动态单选按钮组"服务器行为，如图 9-103 所示。

图 9-98　　　　　　　　　　　　　　　　　　图 9-99

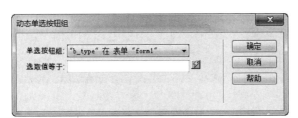

图 9-100　　　　　　　　　　　　　　　　　图 9-101

图 9-102　　　　　　　　　　　　　　　　　图 9-103

> **提示**
>
> 　　通过添加"动态单选按钮组"服务器行为，将 blog_type 字段与"博客类型"选项区中的单选按钮组进行绑定，将 blog_weather 字段与"今日天气"选项区中的单选按钮组进行绑定。

05 在"博客标题"文字后面的文本域之后插入一个隐藏域，在"属性"面板上设置其 Name 属性为 id，如图 9-104 所示。单击 Value 属性后面的"绑定到动态源"按钮，在弹出的对话框中选择记录集中的 id 字段，单击"确定"按钮，如图 9-105 所示。

图 9-104　　　　　　　　　　　　　　　　　图 9-105

06 根据添加博客页面 blog-add.php 相同的制作方法，为"上传图片"文字后面的"上传图片"

按钮和"上传预览"图片添加代码，如图 9-106 所示。

```
<li>上传图片：
    <input type="button" name="sc" id="sc" value="上传图片" onclick=
"window.open('fupload.php?useForm=form1&amp;prevImg=showImg&amp;upUrl=../upload&amp;reItem=rePic','fileUpload','wid
th=400,height=180')"> <img src="../upload/<?php echo $row_rsl['blog_pic']; ?>" alt="这是显示上传预览图片的位置" id=
"showImg" width="275" height="40"></li>
```

图 9-106

07 在"上传图片"按钮之后插入一个隐藏域，设置其 Name 属性为 rePic，如图 9-107 所示。单击 Value 选项后面的"绑定动态源"按钮，弹出"动态数据"对话框，设置如图 9-108 所示，单击"确定"按钮。

图 9-107

图 9-108

08 单击"服务器行为"面板上的加号按钮，在弹出的菜单中选择"更新记录"选项，弹出"更新记录"对话框，设置如图 9-109 所示。单击"确定"按钮，完成"更新记录"对话框的设置，为页面右侧的文字设置相应的超链接，并为"退出管理"文字添加"注销登录"服务器行为，完成博客修改页面 blog-updata.php 的制作，效果如图 9-110 所示。

图 9-109

图 9-110

9.4.5 删除博客页面

删除博客页面 blog-del.php 接收 URL 参数，在 blog_data 数据表中查询指定的数据记录，并将记录的相关内容显示在页面中，单击"确认删除"按钮，通过"删除记录"服务器行为将数据表中指定的数据记录删除并返回博客管理主页面 admin.php 中。

实战 制作删除博客页面

最终文件：最终文件 \ 第 9 章 \chapter9 \admin \blog-del.php
视频：视频 \ 第 9 章 \9-4-5.mp4

01 在站点中打开删除博客页面 blog-del.php，可以看到页面的效果，如图 9-111 所示。单击"绑定"面板上的加号按钮，在弹出的菜单中选择"记录集（查询）"选项，在弹出的"记录集"对话框中进行设置，如图 9-112 所示。

图 9-111　　　　　　　　　　　　图 9-112

02 单击"确定"按钮，创建记录集。将页面中相应的内容分别替换为记录集中相应的字段，如图 9-113 所示。在页面表单域中的任意位置插入一个隐藏域，在"属性"面板上设置其 Name 属性为 id，如图 9-114 所示。

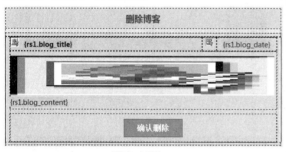

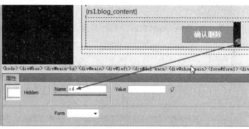

图 9-113　　　　　　　　　　　　图 9-114

03 单击 Value 属性后面的"绑定到动态源"按钮，在弹出的对话框中选择记录集中的 id 字段，单击"确定"按钮，如图 9-115 所示。单击"服务器行为"面板上的加号按钮，在弹出的菜单中选择"删除记录"选项，弹出"删除记录"对话框，设置如图 9-116 所示。单击"确定"按钮，完成"删除记录"对话框的设置。

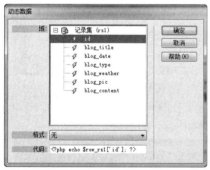

图 9-115　　　　　　　　　　　　图 9-116

04 为页面右侧的文字设置相应的超链接，并为"退出管理"文字添加"注销登录"服务器行为，完成删除博客页面 blog-del.php 的制作。

9.5　测试个人博客系统 🔍

完成了个人博客网站页面的制作，并且实现了个人博客系统的相关功能，接下来对网站功能进行测试，从而发现功能的缺陷和不足，并能够及时做出修改和调整。目前个人博客系统数据库中没有任何的博客数据，所以先登录博客管理系统，在后台添加相应的博客内容，分别对功能进行测试。

实战 测试个人博客系统

最终文件：无　视频：视频\第 9 章\9-5.mp4

01 打开个人博客首页面 index.php，按快捷键 F12，在浏览器中预览博客首页面，效果如图 9-117 所示。目前博客中没有任何文章内容，单击页面右下角的"管理登录"超链接，跳转到博客管理登录页面 login.php，如图 9-118 所示。

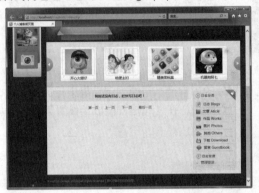

图 9-117　　　　　　　　　　　　　　　　图 9-118

02 在博客管理登录页面 login.php 输入管理账号和密码，单击"登录"按钮，登录博客管理主页面 admin.php，如图 9-119 所示。单击"添加博客"超链接，跳转到添加博客页面 blog-add.php，填写相关的选项，如图 9-120 所示。

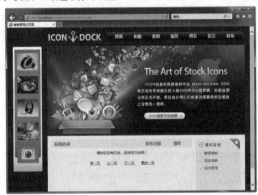

图 9-119　　　　　　　　　　　　　　　　图 9-120

03 单击"确认添加"按钮，将填写的博客内容写入数据库并跳转到博客管理主页面 admin.php，如图 9-121 所示。使用相同的操作方法，可以添加多篇博客内容，如图 9-122 所示。

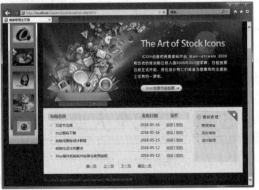

图 9-121　　　　　　　　　　　　　　　　图 9-122

如果单击某条博客右侧的"编辑"超链接，跳转到博客修改页面 blog-updata.php，可以对该博客的内容进行修改，如图 9-123 所示。如果单击某条博客右侧的"删除"超链接，将跳转到删除博客页面 blog-del.php，单击"确认删除"按钮，可以将该条记录删除，如图 9-124 所示。

图 9-123

图 9-124

单击"退出管理"超链接，退出博客管理，返回个人博客首页面 index.php，可以看到添加的日志，如图 9-125 所示。单击某条博客的"查看详情"超链接，跳转到博客内容详情页面 show.php，在该页面中显示该博客的详细内容，如图 9-126 所示。

图 9-125

图 9-126

第 10 章 商城购物车系统

对于购物车系统的制作，最常遇到的问题就是不知道如何存储用户每次选择加入购物车里的商品。一般来说有两种实现方法，一种方法是将它添加到数据库中，另一种方法就是将其记录到 SESSION 或 Cookie 数组中。在本章中将向读者详细介绍一个简单、实用的在线商城购物车系统的开发。

本章知识点：
> 理解在线商城购物车系统的规划
> 掌握系统动态站点和 MySQL 数据库的创建
> 掌握前台商品显示与搜索功能的实现方法
> 掌握购买商品与购物车功能的实现方法
> 掌握后台商品与商品分类管理功能的实现方法

10.1 商城购物车系统规划

在线商城是一个庞大的系统，其中包括许多功能模块，除了商城购物网站之外，还涉及商品管理、会员管员、购物车管理、用户登录注册和后台管理等功能模块。要制作一个功能完善的在线商城系统，不只是控制数据库的存取，还涉及完整的物流作业和安全机制等。由于篇幅所限，本章重点介绍在线商城购物车系统以及商城后台管理系统的实现。

10.1.1 商城购物车系统结构规划

本章开发的网站购物车系统主要分为三大功能，即前台商品显示功能、购买商品和购物车功能、后台管理功能。前台商品显示功能主要实现的是普通用户可以在网站上浏览并挑选需要购买的商品。购买商品和购物车功能是指当用户购买商品时必须先登录网站才可以将商品加入购物车中，加入购物车中的商品还可以在购物车中进行修改和删除操作。后台管理功能是指网站管理员可以对商品和商品分类进行添加、删除和修改等操作。

网站购物车系统总体构架如图 10-1 所示。

10.1.2 商城购物车系统相关页面说明

在上一节中已经对在线商城购物车系统的功能和运行流程进行了分析，本章开发的在线商城购物车系统中主要包含 21 个页面，其中前台商品显示功能包含 4 个页面，页面说明如表 10-1 所示。购买商品和购物车功能包含 6 个页面，页面说明如表 10-2 所示。后台管理功能包含 11 个页面，页面说明如表 10-3 所示。

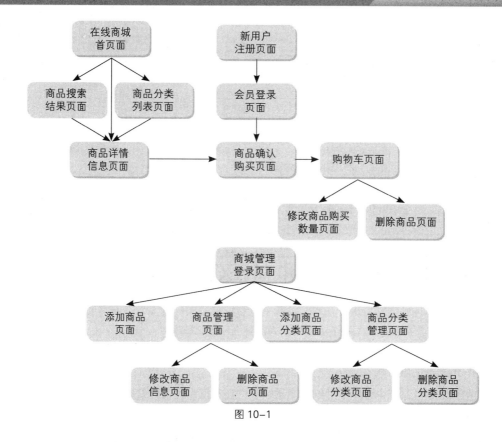

图 10-1

表 10-1　商城购物车系统前台商品显示页面说明

页面	说明
index.php	在线商城首页面，在该页面中显示所有商品，并且显示商品分类列表
prod-find.php	商品搜索结果页面，在商城首页的"商品搜索"文本框中输入关键字，单击"搜索"按钮，将跳转到该页面显示商品搜索结果
prod-type.php	商品分类列表页面，在该页面中显示某种分类中的所有商品
prod-show.php	商品详情信息页面，在该页面中显示某一个商品的详细信息

表 10-2　商城购物车系统购买商品和购物车功能页面说明

页面	说明
login.php	会员登录页面，在该页面中输入会员账号和密码，可以登录网站
reg.php	新用户注册页面，如果没有会员账号和密码，可以在该页面中注册成为网站会员
prod-addcar.php	商品确认购买页面，会员登录成功后可以在该页面中选择购物商品的数量，购买商品
car.php	购物车页面，购买商品后跳转到该页面，显示购物车中购买的商品信息
car-updata.php	修改商品购买数量页面，在该页面中可以对购物车中某种商品的购买数量进行修改
car-del.php	购物车商品删除页面，该页面可以删除购物车中的某种购买商品

表 10-3　商城购物车系统后台商品管理页面说明

页面	说明
admin-login.php	商城管理登录页面，在该页面中输入管理员账号和密码，登录成功跳转到商品管理页面中
prod-manage.php	商品管理页面，在该页面中显示数据库中所有的商品，并且在每个商品的下方都提供"修改"和"删除"超链接
prod-add.php	添加商品页面，在该页面的表单元素中添加相应的作品信息，单击"上传图片"按钮，打开上传图片页面
fupload.php	上传图片页面，在该页面中选择需要上传的图片，并且对选择的图片进行判断，单击"开始上传"按钮，即可将选择的图片信息传送到上传处理页面中进行处理

（续表）

页面	说明
fupaction.php	图片上传处理页面，在该页面中接收从上传图片页面 fupload.php 中传送过来的数据内容，对选择的图片进行上传处理，将图片成功上传到服务器指定的文件夹中，并将相关信息返回添加商品页面 prod-add.php 中
prod-updata.php	修改商品信息页面，在该页面中可以修改已上传商品的详细信息
prod-del.php	删除商品页面，在该页面中可以在数据库中删除指定的商品信息，并返回商品管理页面 prod-manage.php 中
type-manage.php	商品分类管理页面，在该页面中显示所有商品的分类名称，并且在每个分类名称的右侧都提供"修改"和"删除"超链接
type-add.php	添加商品分类页面，在该页面中可以输入商品分类名称，将商品分类写入数据库中
type-updata.php	修改商品分类页面，在该页面中可以修改已有的商品分类名称
type-del.php	删除商品分类页面，在该页面中可以在数据库中删除指定的商品分类信息，并返回商品分类管理页面 type-manage.php 中

10.2　创建系统站点和 MySQL 数据库

完成了系统结构的规划分析，基本上了解了该系统中相关的页面以及所需要实现的功能，接下来创建该系统的动态站点并根据系统功能规划来创建 MySQL 数据库。

10.2.1　创建系统站点

商城购物车系统站点中包括商城购物车系统中的所有网站页面以及相关的文件和素材，从全局上控制站点结构，管理站点中的各种文档，并完成文档的编辑和制作。

实战　创建在线商城购物车系统站点

最终文件：无　视频：视频\第 10 章\10-2-1.mp4

01 在"源文件\第 10 章\chapter10"文件夹中已经制作好了商城购物车系统中相关的静态页面，如图 10-2 所示。直接将 chapter10 文件复制到 Apache 服务器默认的网站根目录（C：\AppServ\www）中，如图 10-3 所示。

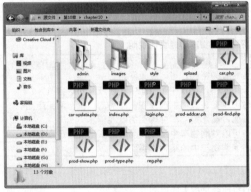

图 10-2

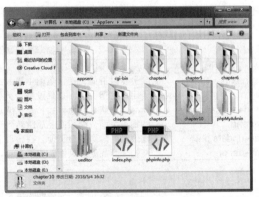

图 10-3

02 打开 Dreamweaver CC，执行"站点">"新建站点"命令，弹出"站点设置对象"对话框，对相关选项进行设置，如图 10-4 所示。切换到"服务器"选项设置界面，单击"添加服务器"按钮，打开"服务器设置"窗口，对相关选项进行设置，如图 10-5 所示。

03 切换到"高级"选项卡中，在"服务器模型"下拉列表中选择 PHP MySQL 选项，如图 10-6 所示。单击"保存"按钮，保存服务器选项设置，返回"站点设置对象"对话框，选中"测试"复选框，如图 10-7 所示，单击"保存"按钮，完成站点的定义。

图 10-4

图 10-5

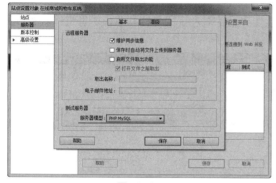

图 10-6

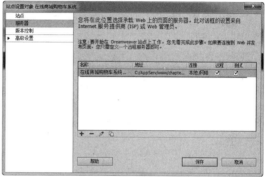

图 10-7

10.2.2 创建 MySQL 数据库

本章开发的在线商城购物车系统中，数据库用于存储商品分类、商品信息、购物车信息、用户信息等数据内容，在本系统中需要使用 5 个数据表，分别是用于存储管理账号的 shop_admin 数据表、用于存储普通用户注册信息的 shop_member 数据表、用于存储商品分类的 shop_type 数据表、用于存储商品信息的 shop_prod 数据表和用于存储购物车信息的 shop_car 数据表。

实 战　创建在线商城购物车系统数据库

最终文件：无　视频：视频 \ 第 10 章 \10-2-2.mp4

01 打开浏览器窗口，在地址栏中输入 http://localhost/phpMyAdmin，访问 MySQL 数据库管理界面，输入 MySQL 数据库的用户名和密码，如图 10-8 所示，单击"确定"按钮，登录 phpMyAdmin，显示 phpMyAdmin 管理主界面，如图 10-9 所示。

图 10-8

图 10-9

02 单击页面顶部的"数据库"选项卡，在"新建数据库"文本框中输入数据库名称 shop，单击"创建"按钮，如图 10-10 所示。即可创建一个新的数据库，进入该数据库的操作界面，创建名为 shop_admin 的数据表，该数据表中包含 2 个字段，如图 10-11 所示。

图 10-10　　　　　　　　　　　　　　　　　　图 10-11

03 单击"执行"按钮，进入该数据表字段设置界面，对各字段名称和字段类型进行设置，如图 10-12 所示。

图 10-12

> **提示**
>
> admin_user 数据表中的 username 字段的类型为 VARCHAR(字符型)，用于存储管理员账号；password 字段的类型为 VARCHAR(字符型)，用于存储管理员密码，在该数据表中没有设置主键。

04 单击"保存"按钮，完成该数据表的创建并完成数据表中各字段属性的设置，显示数据表的结构，如图 10-13 所示。单击页面顶部的"插入"选项卡，切换至"插入"选项卡中，输入相应的值，单击"执行"按钮，直接在该数据表中插入一条记录，如图 10-14 所示。

图 10-13　　　　　　　　　　　　　　　　　　图 10-14

> **提示**
>
> shop_admin 数据表用于存储网站购物车系统的管理账户和密码，此处直接在该数据表中插入管理员账号和密码数据。

05 完成 shop_admin 数据表的创建，接下来创建 shop_member 数据表。在 phpMyAdmin 管理平台左侧单击 shop 数据库，在右侧下方的"新建数据表"选项区中设置"名字"为 shop_member，"字段数"为 7，如图 10-15 所示。单击"执行"按钮，进入该数据表字段设置界面，对各字段名称和字段类型进行设置，如图 10-16 所示。

图 10-15　　　　　　　　　　　　　　　　　图 10-16

06 单击"保存"按钮，完成 shop_member 数据表的创建并完成数据表中各字段属性的设置，显示数据表的结构，如图 10-17 所示。

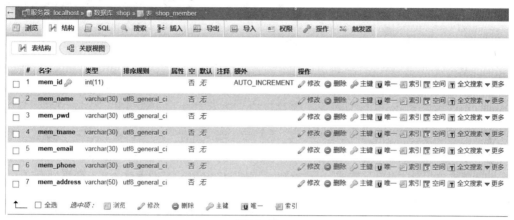

图 10-17

07 完成 shop_member 数据表的创建，接下来创建 shop_type 数据表。在 phpMyAdmin 管理平台左侧单击 shop 数据库，在右侧下方的"新建数据表"选项区中设置"名字"为 shop_type，"字段数"为 2，如图 10-18 所示。单击"执行"按钮，进入该数据表字段设置界面，对各字段名称和字段类型进行设置，如图 10-19 所示。

图 10-18　　　　　　　　　　　　　　　　图 10-19

08 单击"保存"按钮，完成 shop_type 数据表的创建并完成数据表中各字段属性的设置，显示数据表的结构，如图 10-20 所示。

图 10-20

> **提示**
>
> shop_type 数据表用于存储商品分类的名称，数据表中的 type_id 字段类型为 INT（整数型），设置该字段为主键并且数值自动递增；type_name 字段的类型为 VARCHAR（字符型），用于存储商品分类名称。

09 完成 shop_type 数据表的创建，接下来创建 shop_prod 数据表。在 phpMyAdmin 管理平台左侧单击 shop 数据库，在右侧下方的"新建数据表"选项区中设置"名字"为 shop_prod，"字段数"为 7，如图 10-21 所示。单击"执行"按钮，进入该数据表字段设置界面，对各字段名称和字段类型进行设置，如图 10-22 所示。

图 10-21

图 10-22

10 单击"保存"按钮，完成 shop_prod 数据表的创建并完成数据表中各字段属性的设置，显示数据表的结构，如图 10-23 所示。

图 10-23

11 完成 shop_prod 数据表的创建，接下来创建 shop_car 数据表。在 phpMyAdmin 管理平台左侧单击 shop 数据库，在右侧下方的"新建数据表"选项区中设置"名字"为 shop_car，"字段数"为 9，如图 10-24 所示。单击"执行"按钮，进入该数据表字段设置界面，对各字段名称和字段类型进行设置，如图 10-25 所示。

图 10-24

图 10-25

12 单击"保存"按钮，完成 shop_car 数据表的创建并完成数据表中各字段属性的设置，显示数据表的结构，如图 10-26 所示。在 phpMyAdmin 管理平台左侧可以看到刚创建的名称为 shop 的数据库以及该数据库中包含的 5 个数据表，如图 10-27 所示。

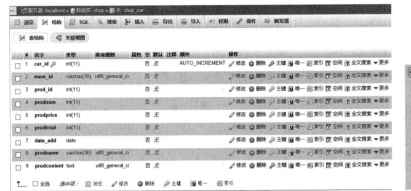

图 10-26　　　　　　　　　　　　　　　　　图 10-27

shop 数据库中的 shop_member 数据表用于存储网站会员相关信息，shop_member 数据表中各字段的说明如表 10-4 所示。

表 10-4　shop_member 数据表字段说明

字段名称	字段类型	说明
mem_id	int(整数型)	用于存储会员记录编号，该字段为主键，并且数值自动递增，不需要用户提交数据
mem_name	varchar(字符型)	用于存储会员注册用户名称
mem_pwd	varchar(字符型)	用于存储会员注册用户密码
mem_tname	varchar(字符型)	用于存储会员的真实姓名
mem_email	varchar(字符型)	用于存储会员的电子邮箱地址
mem_phone	varchar(字符型)	用于存储会员的电话号码
mem_address	varchar(字符型)	用于存储会员的联系地址

shop 数据库中的 shop_prod 数据表用于存储网站商品的相关信息，shop_prod 数据表中各字段的说明如表 10-5 所示。

表 10-5　shop_prod 数据表字段说明

字段名称	字段类型	说明
prod_id	int(整数型)	用于存储商品记录编号，该字段为主键，并且数值自动递增，不需要用户提交数据
type_id	int(整数型)	用于存储商品分类 ID 编号，该字段与 shop_type 数据表中的 type_id 字段为关联字段
prod_name	varchar(字符型)	用于存储商品名称
prod_img	varchar(字符型)	用于存储商品图片名称
prod_price	int(整数型)	用于存储商品价格
prod_discount	int(整数型)	用于存储商品折扣价格
prod_content	text(文本型)	用于存储商品简介内容

shop 数据库中的 shop_car 数据表用于存储购物车的相关信息，shop_car 数据表中各字段的说明如表 10-6 所示。

表 10-6　shop_car 数据表字段说明

字段名称	字段类型	说明
car_id	int(整数型)	用于存储购物车记录编号，该字段为主键，并且数值自动递增，不需要用户提交数据
mem_id	varchar(字符型)	用于存储购买商品的会员名称，该字段与 shop_member 数据表中的 mem_id 字段不同

（续表）

字段名称	字段类型	说明
prod_id	int(整数型)	用于存储商品 ID 编号，该字段与 shop_prod 数据表中的 prod_id 字段为关联字段
prodnum	int(整数型)	用于存储商品的订购数量
prodprice	int(整数型)	用于存储商品的单价
prodtotal	int(整数型)	用于存储商品订购的总价
date_add	date(日期型)	用于存储将商品加入购物车的时间
prodname	varchar(字符型)	用于存储商品名称
prodcontent	text(文本型)	用于存储商品简介内容

10.2.3 创建 MySQL 数据库连接

完成了网站购物车系统站点的创建，并且完成了该系统 MySQL 数据库的创建后，接下来为网站购物车系统创建 MySQL 数据库连接，只有成功与所创建的 MySQL 数据库连接，才能够在 Dreamweaver 中通过程序对 MySQL 数据库进行操作。

实战 创建在线商城购物车系统数据库连接

最终文件：无　视频：视频\第 10 章\10-2-3.mp4

01 在 Dreamweaver CC 中打开该系统站点中的任意一个页面，执行"窗口"＞"数据库"命令，打开"数据库"面板，如图 10-28 所示。单击加号按钮，在弹出的菜单中选择"MySQL 连接"选项，如图 10-29 所示。

图 10-28

图 10-29

02 弹出"MySQL 连接"对话框，对相关选项进行设置，如图 10-30 所示。单击"确定"按钮，即可创建网站投票管理系统 MySQL 数据库的连接，如图 10-31 所示。

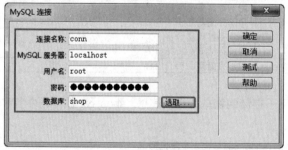

图 10-30

图 10-31

10.3　开发前台商品显示与搜索功能

在线商城购物车系统前台部分是所有浏览者都能够对商品信息进行浏览的，该部分包含的页面主要有在线商城首页面 index.php、商品搜索结果页面 prod-find.php、商品分类列表页面 prod-type.php 和商品详情信息页面 prod-show.php。

10.3.1　在线商城首页面

　　在线商城首页面中显示 shop_prod 数据表中所有的商品信息，并且按照添加商品的先后顺序，将最新添加的商品排列在前面。在该页面的制作过程中，重点是商品信息在页面中的显示，商品的重复显示，以及页面中记录集为空和不为空情况下显示区域的设置。

实战　制作在线商城首页面

最终文件：最终文件 \ 第 10 章 \ chapter10 \ index.php　视频：视频 \ 第 10 章 \ 10-3-1.mp4

　　01 在站点中打开在线商城首页面 index.php，可以看到页面的效果，如图 10-32 所示。按快捷键 F12，在测试服务器中预览页面，如图 10-33 所示。

图 10-32　　　　　　　　　　　　　　　　　图 10-33

　　02 单击"绑定"面板上的加号按钮，在弹出的菜单中选择"记录集（查询）"选项，弹出"记录集"对话框，设置如图 10-34 所示。单击"确定"按钮，创建记录集，将页面左侧的"商品类别"文字替换为记录集中的 type_name 字段，如图 10-35 所示。

图 10-34　　　　　　　　　　　　　　　　　图 10-35

　　03 选中插入页面中的 type_name 字段，设置其链接到商品分类列表页面 prod-type.php，并且为该链接设置 URL 传递参数，完整的链接地址为 prod-type.php?type_id=<?php echo $row_rstype['type_id']; ?>，如图 10-36 所示。

```
<ul>
  <li><a href="#">在线商城主页面</a></li>
  <li><a href="prod-type.php?type_id=<?php echo $row_rstype['type_id']; ?>">
<?php echo $row_rstype['type_name']; ?></a></li>
</ul>
```

图 10-36

04 单击标签选择器中的 <li> 标签，选中要设置为重复显示记录的区域，如图 10-37 所示。单击 "服务器行为" 面板上的加号按钮，在弹出的菜单中选择 "重复区域" 选项，弹出 "重复区域" 对话框，设置如图 10-38 所示。

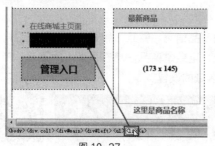

图 10-37

图 10-38

05 单击 "确定" 按钮，完成 "重复区域" 对话框的设置，将页面中被选中的区域设置为重复区域，如图 10-39 所示。单击 "绑定" 面板上的加号按钮，在弹出的菜单中选择 "记录集（查询）" 选项，弹出 "记录集" 对话框，设置如图 10-40 所示。

图 10-39

图 10-40

06 单击 "确定" 按钮，创建记录集，在 "绑定" 面板中可以看到刚创建的记录集，如图 10-41 所示。将页面中的 "这里是商品名称" 文字替换为 prod_name 字段，将原价和折扣价分别替换为 prod_price 和 prod_discount，如图 10-42 所示。

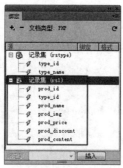

图 10-41

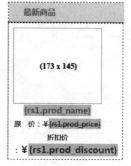

图 10-42

07 选中图片，转换到代码视图中，设置图片的 src 属性为 upload/<?php echo $row_rs1['prod_img']; ?>，如图 10-43 所示。选中商品图片，设置其链接到商品详情信息页面 prod-show.php，并且为该链接设置 URL 传递参数，完整的链接地址为 prod-show.php?prod_id=<?php echo $row_rs1['prod_id']; ?>，如图 10-44 所示。

提示

因为上传的作品图片存储在站点根目录的 upload 文件夹中，所以此处的图片 src 属性需要在图片名称前设置其相对路径的位置，否则无法正常显示上传的图片。

```
<div id="p-list">
  <div class="pro"><img src="upload/<?php echo $row_rs1['prod_img']; ?>" width="173" height="145" alt="">
    <h1><?php echo $row_rs1['prod_name']; ?></h1>
    原　价：<span class="font02">￥<?php echo $row_rs1['prod_price']; ?></span><br>
    折扣价：<span class="redfont">￥<?php echo $row_rs1['prod_discount']; ?></span>
  </div>
</div>
```

图 10-43

```
      <div id="p-list">
          <div class="pro"><a href="prod-show.php?prod_id=<?php echo $row_rs1['prod_id']; ?>"><img src=
"upload/<?php echo $row_rs1['prod_img']; ?>" width="173" height="145" alt=""></a>
              <h1><?php echo $row_rs1['prod_name']; ?></h1>
              原　价：<span class="font02">￥<?php echo $row_rs1['prod_price']; ?></span><br>
              折扣价：<span class="redfont">￥<?php echo $row_rs1['prod_discount']; ?></span>
          </div>
      </div>
```

图 10-44

08 返回 Dreamweaver 设计视图中，选中页面中要设置为重复显示记录的区域，这里选择 class 名称为 pro 的 Div，如图 10-45 所示。单击"服务器行为"面板上的加号按钮，在弹出的菜单中选择"重复区域"命令，弹出"重复区域"对话框，设置如图 10-46 所示。

图 10-45

图 10-46

09 单击"确定"按钮，完成重复区域的创建，效果如图 10-47 所示。选中设置为记录集有数据时显示的区域，此处选中 id 名称为 p-list 的 Div，如图 10-48 所示。

图 10-47

图 10-48

10 单击"服务器行为"面板上的加号按钮，在弹出的菜单中选择"显示区域">"如果记录集不为空则显示"选项，在弹出的对话框中进行设置，如图 10-49 所示。单击"确定"按钮，如果记录集不为空则显示区域的创建，如图 10-50 所示。

11 选中设置为记录集没有数据时显示的区域，此处选中 id 名称为 no-pro 的 Div，如图 10-51 所示。单击"服务器行为"面板上的加号按钮，在弹出的菜单中选择"显示区域">"如果记录集为空则显示"选项，在弹出的对话框中进行设置，如图 10-52 所示。

图 10-49

图 10-50

图 10-51

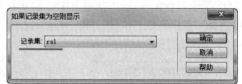

图 10-52

12 单击"确定"按钮，如果记录集为空则显示区域的创建，如图 10-53 所示。选中页面中的"第一页"文字，单击"服务器行为"面板中的加号按钮，在弹出的菜单中选择"记录集分页">"移至第一页"选项，弹出"移至第一页"对话框，设置如图 10-54 所示。

图 10-53

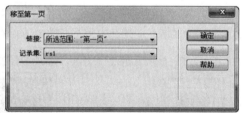

图 10-54

13 单击"确定"按钮，为"第一页"文字添加"移至第一页"服务器行为，如图 10-55 所示。使用相同的制作方法，为"上一页""下一页"和"最后一页"文字分别添加"移至前一页""移至下一页"和"移至最后一页"的服务器行为，效果如图 10-56 所示。

图 10-55

图 10-56

14 将页面左上角的"登录"文字设置链接到会员登录页面 login.php，将"注册"文字链接到新用户注册页面 reg.php，如图 10-57 所示。单击"绑定"面板上的加号按钮，在弹出的菜单中选择"阶段变量"选项，在弹出的对话框中进行设置，如图 10-58 所示。

```
<div id="top1">
  <a href="login.php">登录</a>  |  <a href="reg.php">注册</a>
</div>
```

图 10-57　　　　　　　　　　　　　　　　　　　图 10-58

15 单击"确定"按钮，创建阶段变量。转换到代码视图，在所有 PHP 程序代码之前添加代码 session_start(); 来启用 Session 功能，如图 10-59 所示。在页面左上角"登录"和"注册"链接文字的位置添加相应的 PHP 代码，如图 10-60 所示。

```
<?php require_once('Connections/conn.php'); ?>
<?php
session_start();
if (!function_exists("GetSQLValueString")) {
```

图 10-59

```
<div id="top1">
<?php if(isset($_SESSION['MM_Username'])) {
  echo $_SESSION['MM_Username'];
?>
<?php }
  else {
?>
  <a href="login.php">登录</a>  |  <a href="reg.php">注册</a>
<?php } ?>
</div>
```

图 10-60

> **技巧**
>
> 此处添加的 PHP 代码主要是判断名为 MM_Username 的 Session 变量是否为空，如果不为空，则输出 MM_Username 变量的值，也就是当会员登录后在此处显示会员名称，否则输出"登录"和"注册"文字链接。

16 选中页面中的商品搜索表单域，在"属性"面板中设置其 Action 属性为 prod-find.php，如图 10-61 所示，也就是把商品搜索表中的数据提交到商品搜索结果页面 prod-find.php 中进行处理。完成在线商城首页面 index.php 的制作，效果如图 10-62 所示。

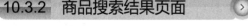

图 10-61　　　　　　　　　　　　　　　　　　　图 10-62

10.3.2　商品搜索结果页面

在在线商城首页面 index.php 的商品搜索表单域中输入搜索关键字，单击"搜索"按钮，将输入的搜索关键字提交到商品搜索结果页面 prod-find.php 中，在该页面中根据传递过来的表单变量对 shop_prod 数据表中的商品名称进行查找，将查找到的记录显示在页面中。

> **实 战　制作商品搜索结果页面**
>
> 最终文件：最终文件\第 10 章\chapter10\prod-find.php
> 视频：视频\第 10 章\10-3-2.mp4

01 在站点中打开商品搜索结果页面 prod-find.php，可以看到页面的效果，如图

10-63 所示。单击"绑定"面板上的加号按钮，在弹出的菜单中选择"记录集（查询）"选项，弹出"记录集"对话框，设置如图 10-64 所示。

| 图 10-63 | 图 10-64 |

提示

此处查询 shop_prod 数据表，筛选条件设置为 prod_name 字段包含表单变量 search-name，其中 search-name 是在线商城首页面的商品搜索表单中文本域的 id 名称。并将查询结果按照 prod_id 字段的降序排列，使最新的商品显示在前面。

02 单击 "确定" 按钮，创建记录集。转换到代码视图中，将页面中的 "关键字" 文字替换为 `<?php echo $_POST['search-name'];?>`，如图 10-65 所示。

```
<div class="title1">在线商城</div>
  <div id="news-search">
      您输入的搜索关键字为：<span class="redfont"><?php echo $_POST['search-name'];?></span>
  </div>

  <div id="no-pro">没有符合【关键字：<?php echo $_POST['search-name'];?>】的商品</div>
```

图 10-65

技巧

$_POST 是 PHP 程序中的预定义变量，用于收集来自 method ="post" 表单中的值。从带有 POST 方法的表单发送的信息，对任何人都是不可见的（不会显示在浏览器的地址栏），并且对发送信息的量也没有限制。

03 返回设计视图中，根据在线商城首页面 index.php 相同的制作方法，将页面中商品的相关信息替换为相应的记录集字段，如图 10-66 所示。选中商品图片，为其设置链接并传递 URL 参数，如图 10-67 所示。

```
<div id="title">搜索结果</div>
    <div id="p-list">
        <div class="pro"><a href="prod-show.php?prod_id=<?php echo $row_rs1['prod_id']; ?>">
<img src="upload/<?php echo $row_rs1['prod_img']; ?>" width="173" height="145" alt=""></a>
            <h1><?php echo $row_rs1['prod_name']; ?></h1>
            原　价：<span class="font02">￥<?php echo $row_rs1['prod_price']; ?></span><br>
            折扣价：<span class="redfont">￥<?php echo $row_rs1['prod_discount']; ?></span>
        </div>
    </div>
```

| 图 10-66 | 图 10-67 |

04 选中页面中要设置为重复显示记录的区域，这里选择 class 名称为 pro 的 Div，如图 10-68 所示。单击"服务器行为"面板上的加号按钮，在弹出的菜单中选择"重复区域"命令，弹出"重

复区域"对话框,设置如图 10-69 所示。

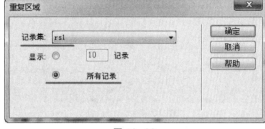

图 10-68   图 10-69

05 单击"确定"按钮,完成重复区域的创建。选中设置为记录集有数据时显示的区域,此处选中 id 名称为 p-list 的 Div,如图 10-70 所示。单击"服务器行为"面板上的加号按钮,在弹出的菜单中选择"显示区域">"如果记录集不为空则显示"选项,在弹出的对话框中进行设置,如图 10-71 所示。

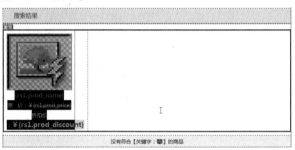
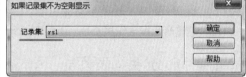

图 10-70   图 10-71

06 单击"确定"按钮,如果记录集不为空则显示区域的创建。选中设置为记录集没有数据时显示的区域,此处选中 id 名称为 no-pro 的 Div,如图 10-72 所示。单击"服务器行为"面板上的加号按钮,在弹出的菜单中选择"显示区域">"如果记录集为空则显示"选项,在弹出的对话框中进行设置,如图 10-73 所示。

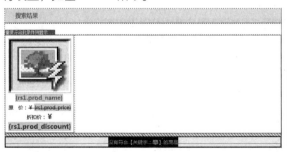
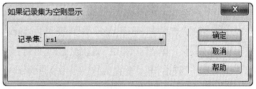

图 10-72   图 10-73

07 单击"确定"按钮,如果记录集为空则显示区域的创建。单击"绑定"面板上的加号按钮,在弹出的菜单中选择"记录集(查询)"选项,弹出"记录集"对话框,设置如图 10-74 所示。单击"确定"按钮,创建记录集,在"绑定"面板中可以看到刚创建的记录集,如图 10-75 所示。

08 根据在线商城首页面 index.php 相同的制作方法,完成页面左侧商品分类列表的制作,如图 10-76 所示。使用相同的制作方法,完成页面右上角"登录"和"注册"文字部分内容的制作,如图 10-77 所示。

图 10-74

图 10-75

图 10-76

```
<div id="top1">
<?php if(isset($_SESSION['MM_Username'])) {
    echo $_SESSION['MM_Username'];
?>
<?php }
    else {
?>
    <a href="login.php">登录</a>  |  <a href="reg.php">注册</a>
<?php } ?>
</div>
```

图 10-77

09 完成商品搜索结果页面 prod-find.php 的制作。

10.3.3 商品分类列表页面

在在线商城首页面 index.php 左侧的商品类别栏目中单击某个商品分类名称，即可跳转到商品分类列表页面 prod-type.php，在该页面中只显示所选择分类中的商品而不显示其他分类中的商品。

商品分类列表页面 prod-type.php 与在线商城首页面 index.php 的制作基本相同，需要注意的是，在设置商品分类名称的链接时需要传递相应的 URL 参数，在商品分类列表页面 prod-type.php 中接收所传递的 URL 参数，在 shop_prod 数据表中查找该分类的商品。

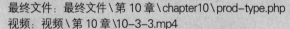

实战 **制作商品分类列表页面**

最终文件：最终文件 \ 第 10 章 \chapter10\ prod-type.php
视频：视频 \ 第 10 章 \10-3-3.mp4

01 在站点中打开商品分类列表页面 prod-type.php，可以看到页面的效果，如图 10-78 所示。单击"绑定"面板上的加号按钮，在弹出的菜单中选择"记录集（查询）"选项，弹出"记录集"对话框，设置如图 10-79 所示。

图 10-78

图 10-79

提示

　　此处创建的名为 rs1 的记录集，通过传递过来的 URL 参数 type_id，在 shop_prod 数据表中查询相应的数据记录，并且设置按照 prod_id 字段的降序对查询结果进行排序，使新添加的商品显示在前面。

　　02 单击"确定"按钮，创建记录集。根据在线商城首页面 index.php 相同的制作方法，将页面中商品的相关信息替换为相应的记录集字段，如图 10-80 所示。选中商品图片，为其设置链接并传递 URL 参数，如图 10-81 所示。

图 10-80

```
<div id="p-list">
    <div class="pro"><a href="prod-show.php?prod_id=<?php echo $row_rs1['prod_id']; ?>">
    <img src="upload/<?php echo $row_rs1['prod_img']; ?>" width="173" height="145" alt=""></a>
        <h1><?php echo $row_rs1['prod_name']; ?></h1>
        原　价：<span class="font02">￥<?php echo $row_rs1['prod_price']; ?></span><br>
        折扣价：<span class="redfont">￥<?php echo $row_rs1['prod_discount']; ?></span>
    </div>
</div>
```

图 10-81

　　03 根据在线商城首页面 index.php 相同的制作方法，完成页面中重复区域、如果记录集不为空则显示区域、如果记录集为空则显示区域的创建，并且为翻页文字分别添加相应的"记录集分页"服务器行为，效果如图 10-82 所示。

　　04 单击"绑定"面板上的加号按钮，在弹出的菜单中选择"记录集（查询）"

图 10-82

选项，弹出"记录集"对话框，设置如图 10-83 所示。单击"确定"按钮，创建记录集。根据在线商城首页面 index.php 相同的制作方法，完成页面左侧商品分类列表的制作，如图 10-84 所示。

图 10-83

图 10-84

　　05 单击"绑定"面板上的加号按钮，在弹出的菜单中选择"记录集（查询）"选项，弹出"记录集"对话框，设置如图 10-85 所示。单击"确定"按钮，创建记录集，在"绑定"面板中可以看到刚创建的记录集，如图 10-86 所示。

图 10-85

图 10-86

> **提示**
>
> 　　此处创建的名为 rstype2 的记录集，通过传递过来的 URL 参数 type_id，在 shop_type 数据表中查询指定的商品分类名称，将该分类名称显示在页面中相应的位置。

　　06 将页面中的"类别名称"文字替换为刚创建的 rstype2 记录集中的 type_name 字段，如图 10-87 所示。使用相同的制作方法，完成页面右上角"登录"和"注册"文字部分内容的制作，如图 10-88 所示。

图 10-87

```
<div id="top1">
<?php if(isset($_SESSION['MM_Username'])) {
    echo $_SESSION['MM_Username'];
?>
<?php }
    else {
?>
    <a href="login.php">登录</a>  |  <a href="reg.php">注册</a>
<?php } ?>
</div>
```

图 10-88

　　07 完成商品分类列表页面 prod-type.php 的制作。

10.3.4　商品详情信息页面

　　在在线商城首页 index.php、商品分类列表页面 prod-type.php 或商品搜索结果页面 prod-find.php 中单击商品图片即可跳转到商品详情信息页面 prod-show.php，并向该页面传递 URL 参数 prod_id，在商品详情信息页面 prod-show.php 中通过接收的 URL 参数对 shop-prod 数据表进行查询，从而找到指定的商品数据记录，并将该商品的相关信息显示到页面中。

> **实　战**　制作商品详情信息页面
>
> 最终文件：最终文件 \ 第 10 章 \ chapter10 \ prod-show.php
> 视频：视频 \ 第 10 章 \ 10-3-4.mp4

　　01 在站点中打开商品详情信息页面 prod-show.php，可以看到页面的效果，如图 10-89 所示。单击"绑定"面板上的加号按钮，在弹出的菜单中选择"记录集（查询）"选项，弹出"记录集"对话框，设置如图 10-90 所示。

> **提示**
>
> 　　此处创建的名为 rs1 的记录集，通过接收的 URL 参数 prod_id，对名为 shop_prod 的数据表进行查询，从而查询到指定的商品数据记录。

图 10-89

图 10-90

02 单击"确定"按钮，创建记录集。根据在线商城首页面 index.php 相同的制作方法，将页面中商品的相关信息替换为相应的记录集字段，如图 10-91 所示。转换到代码视图中，设置商品图片的 src 属性为 upload/<?php echo $row_rs1['prod_img']; ?>，如图 10-92 所示。

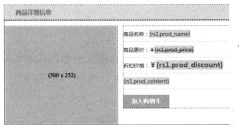

图 10-91

```
<div id="p-list1">
  <form id="form1" name="form1" method="post">
    <div id="pro-pic"><img src="upload/<?php echo $row_rs1['prod_img']; ?>" width="300" height="252" alt=""></div>
    <div id="pro-content">
      <ul>
        <li>商品名称：<?php echo $row_rs1['prod_name']; ?></li>
        <li>商品原价：<span class="font02">￥<?php echo $row_rs1['prod_price']; ?></span></li>
        <li>折扣价格：<span class="redfont">￥<?php echo $row_rs1['prod_discount']; ?></span></li>
        <li><?php echo $row_rs1['prod_content']; ?></li>
      </ul>
      <input name="add-btn1" type="submit" class="btn1" id="add-btn1" value="加入购物车">
    </div>
  </form>
</div>
```

图 10-92

03 选中页面中的 form1 表单域，在"属性"面板中设置 Action 属性为 prod-addcar.php?prod_id=<?php echo $row_rs1['prod_id']; ?>，如图 10-93 所示。单击"绑定"面板上的加号按钮，在弹出的菜单中选择"记录集（查询）"选项，弹出"记录集"对话框，设置如图 10-94 所示。

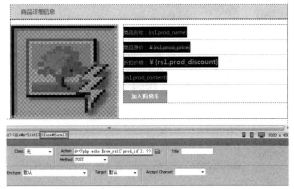

图 10-93

图 10-94

> **提示**
>
> 当用户单击页面中的"加入购物车"按钮时，该页面 id 名为 form1 的表单将提交到商品确认购买页面 prod-addcar.php，并且为该链接传递 URL 参数 prod_id，该 URL 参数的值为 rs1 记录集中 prod_id 字段的值。

04 单击"确定"按钮，创建记录集。根据在线商城首页面 index.php 相同的制作方法，完成页面左侧商品分类列表的制作，如图 10-95 所示。使用相同的制作方法，完成页面右上角"登录"和"注册"文字部分内容的制作，如图 10-96 所示。

05 完成商品详情信息页面 prod-show.php 的制作。

图 10-95

```
<div id="top1">
<?php if(isset($_SESSION['MM_Username'])) {
  echo $_SESSION['MM_Username'];
?>
<?php }
  else {
?>
  <a href="login.php">登录</a>  |  <a href="reg.php">注册</a>
<?php } ?>
</div>
```

图 10-96

10.4 开发购买商品和购物车功能

在本章开发的在线商城购物车系统中，如果需要购买商品和将商品添加到购物车，则必须要求用户以会员身份登录到网站才能够进行购买操作，接下来在本节中将开发有关用户购买商品和使用购物车的相关功能和页面。

10.4.1 会员登录

普通浏览者在未登录的状态下只能够对网站中的商品信息进行浏览，如果将商品加入购物车或者购买商品，则需要浏览者使用注册的会员账号登录，在成功登录的状态下才能够进行商品的购买操作。

实 战 制作会员登录页面

最终文件：最终文件\第 10 章\chapter10\login.php 视频：视频\第 10 章\10-4-1.mp4

01 在站点中打开会员登录页面 login.php，可以看到页面的效果，如图 10-97 所示。按快捷键 F12，在测试服务器中测试该页面，效果如图 10-98 所示。

图 10-97

图 10-98

02 单击"服务器行为"面板上的加号按钮，在弹出的菜单中选择"用户身份验证">"登录用户"选项，弹出"登录用户"对话框，设置如图 10-99 所示。单击"确定"按钮，添加"登录用户"服务器行为，完成会员登录页面 login.php 的制作，效果如图 10-100 所示。

图 10-99

图 10-100

10.4.2　新用户注册

如果浏览者不是网站的会员，那么只有注册成为网站的会员，并使用会员身份成功登录网站之后，才能够进行商品的购买操作。

实战　制作新用户注册页面

最终文件：最终文件\第 10 章\chapter10\reg.php　视频：视频\第 10 章\10-4-2.mp4

01 在站点中打开新用户注册页面 reg.php，可以看到页面的效果，如图 10-101所示。单击"服务器行为"面板上的加号按钮，在弹出的菜单中选择"插入记录"选项，弹出"插入记录"对话框，设置如图 10-102 所示。

图 10-101　　　　　　　　　图 10-102

02 单击"确定"按钮，添加"插入记录"服务器行为。单击"服务器行为"面板上的加号按钮，在弹出的菜单中选择"用户身份验证">"检查新用户名"选项，弹出"检查新用户名"对话框，设置如图 10-103 所示。单击"确定"按钮，添加"检查新用户名"服务器行为，完成新用户注册页面 reg.php 的制作，效果如图 10-104 所示。

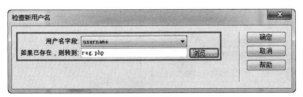

图 10-103　　　　　　　　　图 10-104

10.4.3　购买商品

当用户在商品详情信息页面 prod-show.php 中单击"加入购物车"按钮时，将跳转到商品确认购买页面 prod-addcar.php，并向该页面传递相应的 URL 参数。但是本章开发的商城购物系统中必须是网站会员登录才可以购买商品，所以在商品确认购买页面中首先需要对用户是否登录进行判断，如果未登录，则跳转到会员登录页面 login.php；如果已登录，则在该页面中正常显示相应的内容。

在商品确认购买页面 prod-addcar.php 中用户可以选择商品的购买数量，并通过 JavaScript 脚本代码计算出商品的总价，当用户单击"确认购买"按钮时，将通过"插入记录"服务器行为将购买商品的相关信息插入 shop_car 数据表中，插入数据成功后跳转到购物车页面 car.php，并向该页面传递 URL 参数。

实 战 制作商品确认购买页面

最终文件：最终文件\第 10 章\chapter10\prod-addcar.php
视频：视频\第 10 章\10-4-3.mp4

01 在站点中打开商品确认购买页面 prod-addcar.php，可以看到页面的效果，
如图 10-105 所示。单击"服务器行为"面板上的加号按钮，在弹出的菜单中选择"用户身份验证">"限
制对页的访问"选项，弹出"限制对页的访问"对话框，设置如图 10-106 所示。

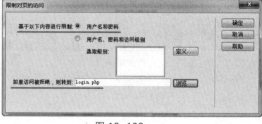

图 10-105　　　　　　　　　　　　　　　　　　图 10-106

提示

此处添加"限制对页的访问"服务器行为是为了验证用户是否已经登录，如果没有登录，则不能进行购买操作，
将跳转到会员登录页面 login.php，只有成功登录后才可以将商品加入购物车中。

02 单击"确定"按钮，添加"限制对页的访问"服务器行为。单击"绑定"面板上的加号按钮，
在弹出的菜单中选择"记录集（查询）"选项，弹出"记录集"对话框，设置如图 10-107 所示。单击"确
定"按钮，创建记录集，将记录集中的字段分别拖入页面中合适的表单元素中，如图 10-108 所示。

图 10-107　　　　　　　　　　　　　　　　　　图 10-108

03 转换到代码视图中，在页面头部的 <head> 与 </head> 标签之间添加相应的如下 JavaScript
脚本代码。

```
<script language="javascript">
function RefreshTotal() {
    num1 = document.all.prodnum.value;
    discount = document.all.prod_discount.value;
    document.all.prodtotal.value = eval(discount) * eval(num1);
}
</script>
```

04 选中"购买数量"文字后面的下拉列表元素，如图 10-109 所示。转换到代码视图中，在
该表单元素的 <select> 标签中添加 onchange="RefreshTotal()"，调用刚添加的 JavaScript 脚本，如

图 10-110 所示。

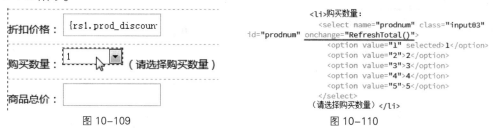

图 10-109

图 10-110

提示

在"购买数量"下拉列表中添加的代码是为了调用相应的 JavaScript 脚本，通过该段 JavaScript 脚本计算出所购买商品的总价是多少，并将计算出的总价赋予页面中 id 名称为 prodtotal 的文本域，id 名称为 prodtotal 的文本域为"商品总价"后面的文本域。

05 返回 Dreamweaver 设计视图，将下拉列表以外的文本域表单元素都选中 Read Only 复选框，将这些表单元素设置为只读，如图 10-111 所示。在表单域中任意位置插入隐藏域，设置该隐藏域的 Name 属性为 date_add，如图 10-112 所示。

图 10-111

图 10-112

技巧

选中 Read Only 复选框，将该文本域设置为只读，也就是浏览者只能看到该文本域中的内容，而无法对该文本域中的内容进行修改。

06 选中刚插入的隐藏域，设置其 Value 属性值为获取当前系统时间的代码，如图 10-113 所示。

```
<li>商品总价：
    <input name="prodtotal" type="text" class="input02" id="prodtotal" readonly>
    <input type="hidden" name="date_add" id="date_add" value="<?php
    date_default_timezone_set('Asia/Shanghai');
    echo date('Y-m-d H:i:s');?>">
</li>
```

图 10-113

07 再插入一个隐藏域，设置该隐藏域的 Name 属性为 mem_id，如图 10-114 所示。选中刚插入的隐藏域，单击 Value 选项后面的"绑定到动态源"按钮，在弹出的对话框中选择绑定 Session 对象，如图 10-115 所示。

08 再插入一个隐藏域，设置该隐藏域的 Name 属性为 prod_id，如图 10-116 所示。选中刚插入的隐藏域，单击 Value 选项后面的"绑定到动态源"按钮，在弹出的对话框中选择绑定到 prod_id 字段，如图 10-117 所示。

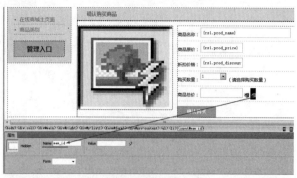

图 10-114

图 10-115

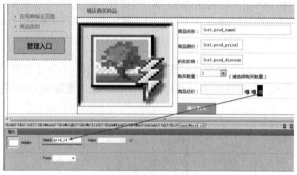

图 10-116

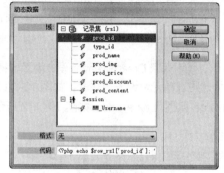

图 10-117

09 再插入一个隐藏域，设置该隐藏域的 Name 属性为 prod_content，如图 10-118 所示。选中刚插入的隐藏域，单击 Value 选项后面的"绑定到动态源"按钮，在弹出的对话框中选择绑定到 prod_content 字段，如图 10-119 所示。

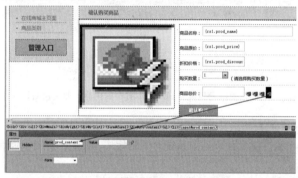

图 10-118

图 10-119

10 单击"服务器行为"面板上的加号按钮，在弹出的菜单中选择"插入记录"选项，弹出"插入记录"对话框，设置如图 10-120 所示。单击"确定"按钮，完成"插入记录"服务器行为的添加。单击"绑定"面板上的加号按钮，在弹出的菜单中选择"记录集（查询）"选项，弹出"记录集"对话框，设置如图 10-121 所示。

> **提示**
>
> 在"插入记录"对话框中，将页面中的表单数据内容插入 shop_car 数据表中，其中 car_id 是 shop_car 数据表的主键，该字段值会自动递增，其他各字段与页面中的表单元素一一对应。插入成功后跳转到购物车页面 car.php，并向该页面传递 URL 参数 username，该参数值等于 Session 变量值，完整的跳转语句如下。
>
> car.php?username=" . $_SESSION['MM_Username'] . "

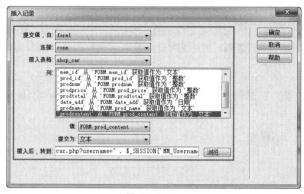
图 10-120

图 10-121

11 单击 "确定" 按钮，创建记录集。根据在线商城首页面 index.php 相同的制作方法，完成页面左侧商品分类列表的制作，如图 10-122 所示。使用相同的制作方法，完成页面右上角 "登录" 和 "注册" 文字部分内容的制作，如图 10-123 所示。

图 10-122

```php
<div id="top1">
<?php if(isset($_SESSION['MM_Username'])) {
    echo $_SESSION['MM_Username'];
?>
<?php }
    else {
?>
    <a href="login.php">登录</a>  |  <a href="reg.php">注册</a>
<?php } ?>
</div>
```
图 10-123

12 完成商品确认购买页面 prod_addcar.php 的制作。

10.4.4　在购物车中显示商品

在购物车页面 car.php 中，接收从商品确认购买页面 prod-addcar.php 传递过来的 URL 参数 username，通过该参数查询 shop_car 数据表，将查询的相关商品购买信息显示在页面，并为每条商品购买信息提供 "编辑" 和 "删除" 超链接，方便用户对购物车中的商品信息进行操作。

实战　制作购物车页面

最终文件：最终文件 \ 第 10 章 \chapter10\car.php　视频：视频 \ 第 10 章 \10-4-4.mp4

01 在站点中打开购物车页面 car.php，可以看到页面的效果，如图 10-124 所示。单击 "绑定" 面板上的加号按钮，在弹出的菜单中选择 "记录集 (查询)" 选项，弹出 "记录集" 对话框，设置如图 10-125 所示。

图 10-124

图 10-125

> **提示**
> 此处所创建的名为 rs1 的记录集对 shop_car 数据表进行查询，筛选条件设置为 mem_id 字段等于 URL 参数 username，并设置按照 car_id 的降序对记录集结果进行排序。

02 将页面中的"名称""价格""数量""总价"文字分别替换为记录集中相应的字段，如图 10-126 所示。

购物车

商品名称	商品价格	购买数量	商品总价	操作
{rs1.prodname}	{rs1.prodprice}	{rs1.prodnum}	{rs1.prodtotal}	【编辑】【删除】

填写订购单

当前购物车中没有任何商品

图 10-126

03 选中"编辑"文字，设置其链接到修改商品购买数量页面 car-updata.php，并且为该链接设置 URL 传递参数，完整的链接地址为 car-updata.php?prod_id=<?php echo $row_rs1['prod_id']; ?>，如图 10-127 所示。

```html
<div id="car-list">
  <dl>
    <dt><?php echo $row_rs1['prodname']; ?></dt><dd><?php echo $row_rs1['prodprice']; ?></dd>
<dd><?php echo $row_rs1['prodnum']; ?></dd><dd><?php echo $row_rs1['prodtotal']; ?></dd>
    <dd>【<a href="car-updata.php?prod_id=<?php echo $row_rs1['prod_id']; ?>">编辑</a>】【<a
href="#">删除</a>】</dd>
  </dl>
</div>
```

图 10-127

04 选中"删除"文字，设置其链接到购物车商品删除页面 car-del.php，并且为该链接设置 URL 传递参数，完整的链接地址为 car-del.php?prod_id=<?php echo $row_rs1['prod_id']; ?>，如图 10-128 所示。

```html
<div id="car-list">
  <dl>
    <dt><?php echo $row_rs1['prodname']; ?></dt><dd><?php echo $row_rs1['prodprice']; ?></dd>
<dd><?php echo $row_rs1['prodnum']; ?></dd><dd><?php echo $row_rs1['prodtotal']; ?></dd>
    <dd>【<a href="car-updata.php?prod_id=<?php echo $row_rs1['prod_id']; ?>">编辑</a>】【<a
href="car-del.php?prod_id=<?php echo $row_rs1['prod_id']; ?>">删除</a>】</dd>
  </dl>
</div>
```

图 10-128

05 单击标签选择器中的 <dl> 标签，选中要设置为重复显示记录的区域，如图 10-129 所示。单击"服务器行为"面板上的加号按钮，在弹出的菜单中选择"重复区域"选项，弹出"重复区域"对话框，设置如图 10-130 所示。

图 10-129　　　　　　　　　　　　　　　　图 10-130

06 单击"确定"按钮,创建重复区域,如图 10-131 所示。选中设置为记录集有数据时显示的区域,此处选中 id 名称为 pro-list 的 Div,如图 10-132 所示。

图 10-131 　　　　　　　　　　　　　　　　　　图 10-132

07 单击"服务器行为"面板上的加号按钮,在弹出的菜单中选择"显示区域">"如果记录集不为空则显示"选项,在弹出的对话框中进行设置,如图 10-133 所示。单击"确定"按钮,创建如果记录集不为空则显示区域。选中设置为记录集没有数据时显示的区域,此处选中 id 名称为 no-pro 的 Div,如图 10-134 所示。

图 10-133

图 10-134

08 单击"确定"按钮,创建如果记录集为空则显示区域,如图 10-135 所示。使用相同的制作方法,完成页面右上角"登录"和"注册"文字部分内容的制作,如图 10-136 所示。完成购物车页面 car.php 的制作。

图 10-135

```
<div id="top1">
<?php if(isset($_SESSION['MM_Username'])) {
  echo $_SESSION['MM_Username'];
?>
<?php }
  else {
?>
  <a href="login.php">登录</a>  |  <a href="reg.php">注册</a>
<?php } ?>
</div>
```

图 10-136

10.4.5 修改购物车商品

当用户在购物车页面 car.php 中单击某条商品购买信息后面的"编辑"超链接时,将跳转到修改商品购买数量页面 car-updata.php,并向该页面传递 URL 参数 pord_id,在该页面中接收 URL 参数,通过该 URL 参数分别对 shop_pord 数据表和 shop_car 数据表进行查询,从而将商品信息和购买信息显示在页面中。用户可以在该页面中修改购买的商品数量,修改完成后将通过"更新记录"服务器行为更新 shop_car 数据表中指定的记录,从而实现购物车商品的修改操作。

实 战 制作修改商品购买数量页面

最终文件:最终文件\第 10 章\chapter10\car-updata.php
视频:视频\第 10 章\10-4-5.mp4

01 在站点中打开修改商品购买数量页面 car-updata.php,可以看到页面的效果,如图 10-137 所示。单击"绑定"面板上的加号按钮,在弹出的菜单中选择"记录集(查询)"选项,弹出"记录集"对话框,设置如图 10-138 所示。

图 10-137 图 10-138

02 单击"确定"按钮，创建记录集。将记录集中的字段分别拖入页面中合适的表单元素中，如图 10-139 所示。单击"绑定"面板上的加号按钮，在弹出的菜单中选择"记录集（查询）"选项，弹出"记录集"对话框，设置如图 10-140 所示。

图 10-139 图 10-140

03 单击"确定"按钮，创建记录集。将 rs2 记录集中的 prodtotal 字段与"商品总价"后面的文本域绑定，如图 10-141 所示。选中"购买数量"文字后面的下拉列表元素，单击"服务器行为"面板上的加号按钮，在弹出的菜单中选择"动态表单元素">"动态列表 / 菜单"选项，弹出"动态列表 / 菜单"对话框，单击"选取值等于"选项后面的"绑定动态源"按钮，在弹出的对话框中选择需要绑定的字段，如图 10-142 所示。

图 10-141 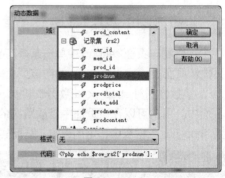 图 10-142

04 单击"确定"按钮，完成"动态数据"对话框的设置，"动态列表 / 菜单"对话框如图 10-143 所示。单击"确定"按钮，添加"动态列表 / 菜单"服务器行为。转换到代码视图中，在页面头部的 <head> 与 </head> 标签之间添加相应的 JavaScript 脚本代码，如图 10-144 所示。

05 在下拉列表的 <select> 标签中添加 onchange="RefreshTotal()"，调用刚添加的 JavaScript 脚本，如图 10-145 所示。在页面表单域中的任意位置插入 5 个隐藏域，分别对各隐藏域进行设置，如图 10-146 所示。

图 10-143

```
<head>
<meta charset="utf-8">
<title>修改商品购买数量页面</title>
<link href="style/style.css" rel="stylesheet" type="text/css">
<script language="javascript">
function RefreshTotal() {
    num1 = document.all.prodnum.value;
    discount = document.all.prod_discount.value;
    document.all.prodtotal.value = eval(discount) * eval(num1);
}
</script>
</head>
```

图 10-144

```
<li>购买数量:
    <select name="prodnum" class="input03" id="prodnum" onchange="RefreshTotal()">
        <option value="1" selected <?php if (!(strcmp(1, $row_rs2['prodnum']))) {echo
"selected=\"selected\"";} ?>>1</option>
        <option value="2" <?php if (!(strcmp(2, $row_rs2['prodnum']))) {echo "selected=\"selected\"";} ?>>2
</option>
        <option value="3" <?php if (!(strcmp(3, $row_rs2['prodnum']))) {echo "selected=\"selected\"";} ?>>3
</option>
        <option value="4" <?php if (!(strcmp(4, $row_rs2['prodnum']))) {echo "selected=\"selected\"";} ?>>4
</option>
        <option value="5" <?php if (!(strcmp(5, $row_rs2['prodnum']))) {echo "selected=\"selected\"";} ?>>5
</option>
    </select>
（请选择购买数量）</li>
```

图 10-145

```
<li>商品总价:
    <input name="prodtotal" type="text" class="input02" id="prodtotal" value="<?php echo $row_rs2[
'prodtotal']; ?>">
    <input type="hidden" name="date_add" id="date_add" value="<?php
date_default_timezone_set('Asia/Shanghai');
echo date('Y-m-d H:i:s');?>">
    <input name="mem_id" type="hidden" id="mem_id" value="<?php echo $_SESSION['MM_Username']; ?>">
    <input name="prod_id" type="hidden" id="prod_id" value="<?php echo $row_rs1['prod_id']; ?>">
    <input name="prod_content" type="hidden" id="prod_content" value="<?php echo $row_rs1['prod_content'];
?>">
    <input name="car_id" type="hidden" id="car_id" value="<?php echo $row_rs2['car_id']; ?>">
</li>
```

图 10-146

06 单击"服务器行为"面板上的加号按钮，在弹出的菜单中选择"更新记录"选项，弹出"更新记录"对话框，设置如图 10-147 所示。单击"确定"按钮，添加"更新记录"服务器行为。使用相同的制作方法，完成页面左侧商品分类和右上角"登录"和"注册"文字部分内容的制作，如图 10-148 所示。

图 10-147

图 10-148

提示

当数据表中的数据记录更新完成后，跳转到购物车页面 car.php，为了能够在购物页面 car.php 中看到相关的商品购买信息，同样需要传递 URL 参数，完整的跳转语句如下。

```
car.php?username=" . $_SESSION['MM_Username'] . "
```

07 完成修改商品购买数量页面 car-updata.php 的制作。

10.4.6 删除购物车商品

当用户在购物车页面 car.php 中单击某条商品购买信息后面的"删除"超链接时，将跳转到购物车商品删除页面 car-del.php，并向该页面传递 URL 参数 pord_id，在该页面中接收 URL 参数，通过"删除记录"服务器行为，从 shop_car 数据表中删除指定的商品数据后返回购物车页面 car.php 中。

实战 制作购物车商品删除页面

最终文件：最终文件 \ 第 10 章 \ chapter10 \ car-del.php   视频：视频 \ 第 10 章 \ 10-4-6.mp4

01 执行"文件" > "新建"命令，弹出"新建文档"对话框，新建一个 PHP 文档，将其保存为 car-del.php，如图 10-149 所示。单击"绑定"面板上的加号按钮，在弹出的菜单中选择"URL 变量"选项，弹出"URL 变量"对话框，设置名称为 username，如图 10-150 所示。

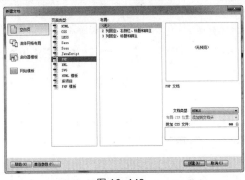

图 10-149   图 10-150

02 单击"服务器行为"面板上的加号按钮，在弹出的菜单中选择"删除记录"选项，弹出"删除记录"对话框，设置如图 10-151 所示。单击"确定"按钮，添加"删除记录"服务器行为。转换到代码视图中，在所有 PHP 代码之前添加代码 session_start();，来启动 Session，如图 10-152 所示。

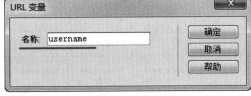

```php
<?php require_once('Connections/conn.php'); ?>
<?php
session_start();
if (!function_exists("GetSQLValueString")) {
```

图 10-151   图 10-152

03 完成购物车商品删除页面 car-del.php 的制作。

10.5 开发商城后台管理功能 🔍

在前面几节中已经完成了在线商城购物车系统的前台商品显示和会员购买操作的所有功能，接下来在本节中将开发后台商城管理功能。在后台商城管理中，管理员可以对网站中的商品分类和商品进行添加、删除和修改等操作。

10.5.1 后台管理登录 ›

在本章开发的网站购物车系统中，将网站普通会员与网站管理登录进行了区别，这样可以有效地便于读者的区别和操作。在后台管理登录页面，主要是通过"登录用户"服务器行为对输入的管理员账号和密码与 shop_admin 数据表存储的账号和密码进行比较的，如果一致，则成功登录网站后台管理。

　　在站点中打开商城管理登录页面 admin-login.php，可以看到页面的效果，如图 10-153 所示。单击"服务器行为"面板上的加号按钮，在弹出的菜单中选择"用户身份验证">"登录用户"命令，弹出"登录用户"对话框，设置如图 10-154 所示。单击"确定"按钮，完成"登录用户"对话框的设置，完成商城管理登录页面 admin-login.php 的制作。

图 10-153

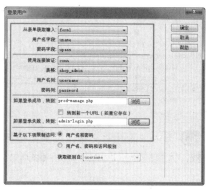

图 10-154

> **提示**
>
> 　　在"登录用户"对话框中将"用户名"和"密码"文本域中的值与 shop_admin 数据中的 username 和 password 两个字段的值进行比较，判断用户是否登录成功。如果登录成功，则跳转到商品管理页面 prod-manage.php；如果登录失败，则跳转到商城管理登录页面 admin-login.php。

10.5.2　商品管理

　　商品管理页面 prod-manage.php 与前台的在线商城首页面 index.php 非常相似，不同的是，在每个商品信息的下方提供了"修改"和"删除"超链接，从而方便管理员对该商品进行修改和删除操作。

实战　制作商品管理页面

最终文件：最终文件 \ 第 10 章 \ chapter10 \ admin \ prod-manage.php
视频：视频 \ 第 10 章 \ 10-5-2.mp4

01 在站点中打开商品管理页面 prod-manage.php，可以看到页面的效果，如图 10-155 所示。单击"绑定"面板上的加号按钮，在弹出的菜单中选择"记录集（查询）"选项，弹出"记录集"对话框，设置如图 10-156 所示。

图 10-155

图 10-156

02 将页面中的"这里是商品名称"文字替换为记录集中的 prod_name 字段，将图片的 src 属性设置为 ../upload/<?php echo $row_rs1['prod_img']; ?>，如图 10–157 所示。选中"修改"文字，设置其链接到修改商品购买数量页面 prod–updata.php，并且为该链接设置 URL 传递参数，完整的链接地址为 prod–updata.php?prod_id=<?php echo $row_rs1['prod_id']; ?>，如图 10–158 所示。

```
<div id="p-list">
  <div class="pro"><img src="../upload/<?php echo $row_rs1['prod_img']; ?>" width="173" height="145" alt="">
    <h1><?php echo $row_rs1['prod_name']; ?></h1>
    【<a href="#" class="link01">修改</a>】【<a href="#" class="link01">删除</a>】
  </div>
</div>
```

图 10–157

```
<div id="p-list">
    <div class="pro"><img src="../upload/<?php echo $row_rs1['prod_img']; ?>" width="173" height="145" alt="">
      <h1><?php echo $row_rs1['prod_name']; ?></h1>
      【<a href="prod-updata.php?prod_id=<?php echo $row_rs1['prod_id']; ?>" class="link01">修改</a>】【<a
href="#" class="link01">删除</a>】
    </div>
```

图 10–158

03 选中"删除"文字，设置其链接到删除商品页面 prod–del.php，并且为该链接设置 URL 传递参数，完整的链接地址为 prod–del.php?prod_id=<?php echo $row_rs1['prod_id']; ?>，如图 10–159 所示。

```
<div id="p-list">
    <div class="pro"><img src="../upload/<?php echo $row_rs1['prod_img']; ?>" width="173" height="145" alt="">
      <h1><?php echo $row_rs1['prod_name']; ?></h1>
      【<a href="prod-updata.php?prod_id=<?php echo $row_rs1['prod_id']; ?>" class="link01">修改</a>】【<a
href="prod-del.php?prod_id=<?php echo $row_rs1['prod_id']; ?>" class="link01">删除</a>】
    </div>
```

图 10–159

04 根据在线商城首页面 index.php 中相同的制作方法，完成该页面中重复区域的创建、如果记录集不为空则显示区域和如果记录集为空则显示区域的创建，如图 10–160 所示。使用相同的制作方法，为页面中的翻页文字分别添加相应的"记录集分页"服务器行为，如图 10–161 所示。

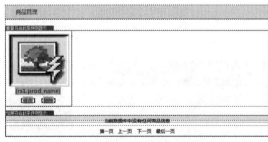

图 10–160

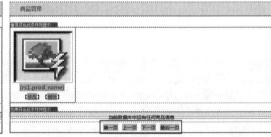

图 10–161

05 为页面左侧的"商品管理""添加商品""商品分类管理""添加商品分类"文字分别设置超链接，如图 10–162 所示。单击"服务器行为"面板上的加号按钮，在弹出的菜单中选择"用户身份验证" > "限制对页的访问"选项，弹出"限制对页的访问"对话框，设置如图 10–163 所示。

```
<div id="left">
  <ul>
    <li><a href="prod-manage.php">商品管理</a></li>
    <li><a href="prod-add.php">添加商品</a></li>
    <li><a href="type-manage.php">商品分类管理</a></li>
    <li><a href="type-add.php">添加商品分类</a></li>
  </ul>
  <div class="xwglbtn"><a href="../index.php">返回商城首页</a></div>
</div>
```

图 10–162

图 10–163

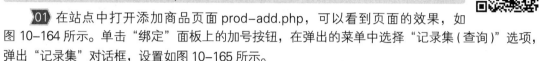

06 单击"确定"按钮，添加"限制对页的访问"服务器行为，完成商品管理页面 prod-manage.php 的制作。

10.5.3　添加商品

在添加商品页面 prod-add.php 中，管理员可以在各表单元素中填写商品信息，单击"上传图片"按钮来上传商品图片，单击"添加"按钮，将通过"插入记录"服务器行为将所填写的商品信息内容插入 shop_prod 数据表中，并跳转到商品管理页面 prod-manage.php。

实战　制作添加商品页面

最终文件：最终文件\第 10 章\chapter10\admin\prod-add.php
视频：视频\第 10 章\10-5-3.mp4

01 在站点中打开添加商品页面 prod-add.php，可以看到页面的效果，如图 10-164 所示。单击"绑定"面板上的加号按钮，在弹出的菜单中选择"记录集（查询）"选项，弹出"记录集"对话框，设置如图 10-165 所示。

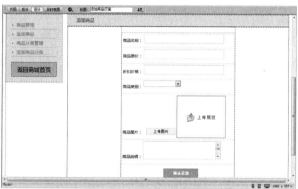

图 10-164　　　　　　　　　　　　　　　　图 10-165

02 单击"确定"按钮，创建记录集。选择"商品类别"文字后面的下拉列表元素，单击"服务器行为"面板上的加号按钮，在弹出的菜单中选择"动态表单元素" > "动态列表 / 菜单"选项，弹出"动态列表 / 菜单"对话框，如图 10-166 所示。单击"选取值等于"选项后面的"绑定动态源"按钮，在弹出的对话框中选择记录集中的 type_id 字段，如图 10-167 所示。

图 10-166　　　　　　　　　　　　　　　　图 10-167

03 单击"确定"按钮，返回"动态列表/菜单"对话框中，对相关选项进行设置，如图 10-168 所示。单击"确定"按钮，添加"动态列表 / 菜单"服务器行为。单击"上传图片"按钮，转换到代码视图中，在"上传图片"按钮代码中添加相应的脚本代码，如图 10-169 所示。

图 10-168

```
<li>商品图片：
    <input type="button" name="addpic_btn1" id="addpic_btn1" value="上传图片"
    onclick=
    "window.open('fupload.php?useForm=form1&amp;prevImg=showImg&amp;upUrl=../upload&amp;
    reItem=rePic','fileUpload','width=400,height=180')">
        <img src="../images/pic.jpg" alt="" width="173" height="145" class=
    "pic03"></li>
```

图 10-169

提示

在 Dreamweaver 中没有提供图片上传功能的可视化操作方案，此处使用与第 9 章相同的图片上传程序文件来上传图片，包括 fupload.php 和 fupaction.php 文件。此处添加的脚本代码为 onclick="window.open('fupload.php?useForm=form1&prevImg=showImg&upUrl=../upload&reItem=rePic','fileUpload','width=400,height=180')"。

---

04 返回 Dreamweaver 设计视图，将光标移至"上传图片"按钮后，插入隐藏域，设置该隐藏域的 Name 属性为 rePic，如图 10-170 所示。选中"上传预览"图像，在"属性"面板中设置其 ID 属性为 showImg，如图 10-171 所示。

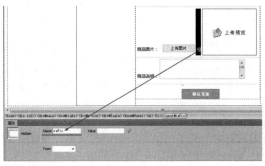

图 10-170

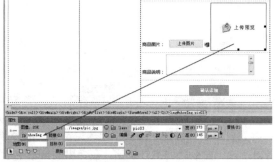

图 10-171

05 单击"服务器行为"面板上的加号按钮，在弹出的菜单中选择"插入记录"选项，弹出"插入记录"对话框，设置如图 10-172 所示。单击"确定"按钮，完成"插入记录"对话框的设置，效果如图 10-173 所示。

图 10-172

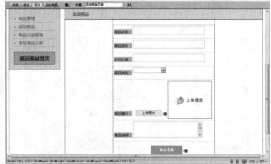

图 10-173

提示

　　在"插入记录"对话框中将数据内容插入 shop_prod 数据表中，其中 prod_id 字段为 shop_prod 数据表中的主键，其值为自动递增，不需要写入，其他各字段与页面中各表单元素一一对应，prod_img 字段从 id 名称为 rePic 的隐藏域获取值。

06 为页面左侧的相关文字分别设置超链接，如图 10-174 所示。单击"服务器行为"面板上的加号按钮，在弹出的菜单中选择"用户身份验证" > "限制对页的访问"选项，弹出"限制对页的访问"对话框，设置如图 10-175 所示。

```html
<div id="left">
  <ul>
    <li><a href="prod-manage.php">商品管理</a></li>
    <li><a href="prod-add.php">添加商品</a></li>
    <li><a href="type-manage.php">商品分类管理</a></li>
    <li><a href="type-add.php">添加商品分类</a></li>
  </ul>
  <div class="xwglbtn"><a href="../index.php">返回商城首页</a></div>
</div>
```

图 10-174

图 10-175

07 单击"确定"按钮，添加"限制对页的访问"服务器行为。完成添加商品页面 prod-add.php 的制作。

10.5.4　修改商品信息

　　在商品管理页面中单击某个商品下方的"修改"超链接，将跳转到修改商品信息页面 prod-updata.php，并向该页面传递 URL 参数 prod_id，在修改商品信息页面中通过接收的 URL 参数对 shop_prod 数据表进行查询，并将相关选项显示在页面的表单元素中，管理员可以对商品信息进行修改，单击"修改"按钮，通过"更新记录"服务器行为更新 shop_prod 数据表中指定的记录。

实　战　制作修改商品页面

最终文件：最终文件 \ 第 10 章 \ chapter10 \ admin \ prod-updata.php
视频：视频 \ 第 10 章 \ 10-5-4.mp4

01 在站点中打开修改商品信息页面 prod-updata.php，可以看到页面的效果，如图 10-176 所示。单击"绑定"面板上的加号按钮，在弹出的菜单中选择"记录集（查询）"选项，在弹出的"记录集"对话框中进行设置，如图 10-177 所示。

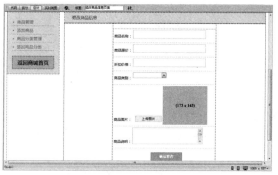

图 10-176

图 10-177

02 单击"确定"按钮，创建记录集。单击"绑定"面板上的加号按钮，在弹出的菜单中选择"记录集（查询）"选项，在弹出的"记录集"对话框中进行设置，如图 10-178 所示。单击"高级"按钮，切换到"高级"设置界面，对 SQL 语句进行修改，如图 10-179 所示。

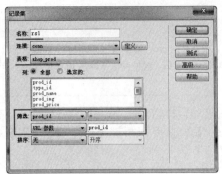

图 10-178

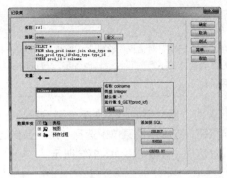

图 10-179

> **提示**
>
> 此处需要创建两个记录集，名称为 rstype 的记录集查询 shop_type 数据表，用于在"商品类别"下拉列表中显示所有商品分类名称。名称为 rs1 的记录集根据接收的 URL 参数查询 shop_prod 数据表，找到指定的商品数据记录。

> **提示**
>
> 修改后的 SQL 语句如下。
>
> ```
> SELECT *
> FROM shop_prod inner join shop_type on shop_prod.type_id=shop_type.type_id
> WHERE prod_id = colname
> ```

03 单击"确定"按钮，创建记录集。将 rs1 记录集中相应的字段与页面中相应的元素绑定，如图 10-180 所示。选择"商品类别"文字后面的下拉列表元素，单击"服务器行为"面板上的加号按钮，在弹出的菜单中选择"动态表单元素 > 动态列表 / 菜单"选项，弹出"动态列表 / 菜单"对话框，单击"选取值等于"选项后面的"绑定动态源"按钮，在弹出的对话框中选择绑定 rs1 记录集中的 type_name 字段，如图 10-181 所示。

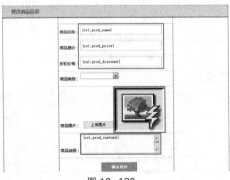

图 10-180

图 10-181

04 单击"确定"按钮，返回"动态列表/菜单"对话框中，对相关选项进行设置，如图 10-182 所示。使用和制作添加商品页面相同的方法，为"商品图片"文字后面的"上传图片"按钮和图片添加相应的代码，如图 10-183 所示。

05 在"上传图片"按钮之后插入一个隐藏域，设置其 Name 属性为 rePic，如图 10-184 所示。单击 Value 选项后面的"绑定动态源"按钮，弹出"动态数据"对话框，设置如图 10-185 所示，单击"确定"按钮。

图 10-182

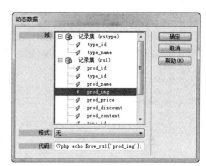

```
<li>商品图片:
    <input type="button" name="addpic_btn1" id="addpic_btn1" value="上传图片"
onclick=
"window.open('fupload.php?useForm=form1&amp;prevImg=showImg&amp;upUrl=../upload&amp;
reItem=rePic','fileUpload','width=400,height=180')">
        <img src="../upload/<?php echo $row_rs1['prod_img']; ?>" alt="" width=
"173" height="145" class="pic03" id="showImg"></li>
    <li>商品说明:
```

图 10-183

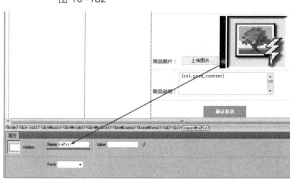

图 10-184

图 10-185

06 在表单域中的任意位置插入一个隐藏域,设置其 Name 属性为 prod_id,如图 10-186 所示。单击 Value 选项后面的"绑定动态源"按钮,弹出"动态数据"对话框,设置如图 10-187 所示,单击"确定"按钮。

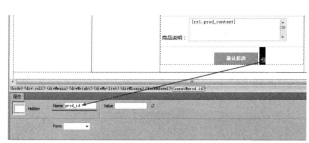

图 10-186

图 10-187

07 单击"服务器行为"面板上的加号按钮,在弹出的菜单中选择"更新记录"选项,弹出"更新记录"对话框,设置如图 10-188 所示。单击"确定"按钮,完成"更新记录"对话框的设置,为页面左侧的文字设置相应的超链接,完成修改商品信息页面 prod_updata.php 的制作,效果如图 10-189 所示。

图 10-188

图 10-189

10.5.5 删除商品

在商品管理页面中单击某个商品下方的"删除"超链接，将跳转到删除商品页面 prod-del.php，并向该页面传递 URL 参数 prod_id，在该页面中通过"删除记录"服务器行为在 shop_prod 数据表中找到指定的记录，并将其删除，该页面的执行速度非常快。

实战 制作删除商品页面

最终文件：最终文件 \ 第 10 章 \ chapter10 \ admin \ prod-del.php
视频：视频 \ 第 10 章 \ 10-5-5.mp4

01 执行"文件" > "新建"命令，弹出"新建文档"对话框，新建一个 PHP 文档，将其保存为 prod-del.php，如图 10-190 所示。单击"服务器行为"面板上的加号按钮，在弹出的菜单中选择"删除记录"选项，弹出"删除记录"对话框，设置如图 10-191 所示。

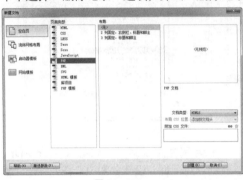

图 10-190　　　　　　　　　　　　　　　图 10-191

02 单击"确定"按钮，添加"删除记录"服务器行为，完成删除商品页面 prod-del.php 的制作。

10.5.6 商品分类管理

在商品分类管理页面 type-manage.php 中查询 shop_type 数据表中的所有数据记录，并将所有商品分类的名称显示在页面中，每个商品分类名称的右侧都提供了"编辑"和"删除"超链接，从而方便管理员对商品分类进行相应的管理操作。

实战 制作商品分类管理页面

最终文件：最终文件 \ 第 10 章 \ chapter10 \ admin \ type-manage.php
视频：视频 \ 第 10 章 \ 10-5-6.mp4

01 在站点中打开商品分类管理页面 type-manage.php，可以看到页面的效果，如图 10-192 所示。单击"绑定"面板上的加号按钮，在弹出的菜单中选择"记录集（查询）"选项，在弹出的"记录集"对话框中进行设置，如图 10-193 所示。

图 10-192　　　　　　　　　　　　　　　图 10-193

02 单击"确定"按钮，创建记录集，将页面中的"分类名称"文字替换为记录集中的 type_name 字段，如图 10-194 所示。选中"编辑"文字，设置其链接到修改商品分类页面 type-updata.php，并且为该链接设置 URL 传递参数，完整的链接地址为 type-updata.php?type_id=<?php echo $row_rstype['type_id']; ?>，如图 10-195 所示。

图 10-194　　　　　　　　　　　　　　　　图 10-195

03 选中"删除"文字，设置其链接到删除商品分类页面 type-del.php，并且为该链接设置 URL 传递参数，完整的链接地址为 type-del.php?type_id=<?php echo $row_rstype['type_id']; ?>，如图 10-196 所示。单击标签选择器中的 <dl> 标签，选中需要设置为重复显示记录的区域，如图 10-197 所示。

```
<div id="type-list2">
    <dl>
        <dt><?php echo $row_rstype['type_name']; ?></dt><dd>【 <a href="type-updata.php?type_id=<?php echo
$row_rstype['type_id']; ?>">编辑</a>】 【 <a href="type-del.php?type_id=<?php echo $row_rstype['type_id']; ?>">
删除</a>】 </dd>
    </dl>
</div>
```

图 10-196

图 10-197

04 单击"服务器行为"面板上的加号按钮，在弹出的菜单中选择"重复区域"选项，弹出"重复区域"对话框，设置如图 10-198 所示。单击"确定"按钮，完成重复区域的创建，效果如图 10-199 所示。

图 10-198

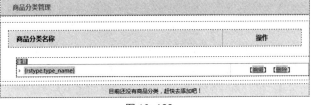

图 10-199

05 选中页面中 id 名为 type-list2 的 Div，将该区域设置为记录集有数据时显示的内容，如图 10-200 所示。单击"服务器行为"面板上的加号按钮，在弹出的菜单中选择"显示区域" > "如果记录集不为空则显示"选项，在弹出的对话框中进行设置，如图 10-201 所示。

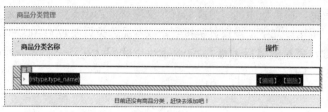

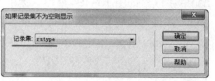

图 10-200　　　　　　　　　　　　　　　　　　　　　　　图 10-201

06　单击"确定"按钮，完成如果记录集不为空则显示区域的创建。选中页面中 id 名称为 no-pro 的 Div，将该区域设置为记录集没有数据时显示的内容，如图 10-202 所示。单击"服务器行为"面板上的加号按钮，在弹出的菜单中选择"显示区域">"如果记录集为空则显示"选项，在弹出的对话框中进行设置，如图 10-203 所示。

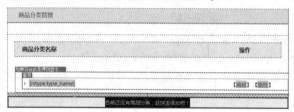

图 10-202　　　　　　　　　　　　　　　　　　　　　　　图 10-203

07　单击"确定"按钮，完成如果记录集为空则显示区域的创建，如图 10-204 所示。为页面左侧的文字设置相应的超链接，完成商品分类管理页面 type-manage.php 的制作，效果如图 10-205 所示。

图 10-204　　　　　　　　　　　　　　　　　　　　　　　图 10-205

10.5.7　添加、修改和删除商品分类

前面已经完成了添加商品、修改商品和删除商品页面的制作，这里添加商品分类、修改商品分类和删除商品分类页面的制作方法与前面讲解的方法是相同的，只不过操作的数据表是存储商品分类名称的 shop_type 数据表。

在添加商品分类页面 type-add.php 中，通过添加"插入记录"服务器行为，将表单中所填写的商品分类名称插入 shop_type 数据表中，"插入记录"对话框的设置如图 10-206 所示，完成添加商品分类页面 type-add.php 的制作，效果如图 10-207 所示。

在修改商品分类页面 type-updata.php 中，接收从商品分类管理页面 type-manage.php 传递过来的 URL 参数 type_id，通过该 URL 参数查询 shop_type 数据表，找到指定的记录，将字段绑定到文本域和隐藏域中，通过"更新记录"服务器行为来更新 shop_type 数据表中的该条记录，"更新记录"对话框的设置如图 10-208 所示，完成修改商品分类页面 type-updata.php 的制作，效果如图 10-209 所示。

图 10-206

图 10-207

图 10-208

图 10-209

新建一个空白的 PHP 页面，将其保存为 type-del.php，在该页面中接收从商品分类管理页面 type-manage.php 传递过来的 URL 参数 type_id，添加"删除记录"服务器行为，通过该 URL 参数删除 shop_type 数据表中指定的记录，删除成功后返回商品分类管理页面 type-manage.php 中，"删除记录"对话框的设置如图 10-210 所示。至此就完成了本章讲解的网站购物车系统的开发和制作。

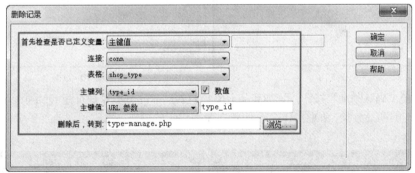

图 10-210

10.6　测试在线商城购物车系统

完成了网站购物车系统的开发，并且实现了所有的功能，接下来对开发的网站购物车系统进行全面系统的测试。通常都是从后台管理部分开始测试，因为数据库中还没有数据内容，需要从后台管理部分添加相应的数据，在前台才能够看到效果。

实 战　测试在线商城购物车系统

最终文件：无　视频：视频\第 10 章\10-6.mp4

01 在 Dreamweaver CC 中打开在线商城首页面 index.php，按快捷键 F12，在测

试服务器中测试该页面，目前还没有任何商品信息，效果如图 10-211 所示。单击页面左下角的"管理入口"超链接，跳转到商城管理登录页面 admin-login.php，输入管理账号和密码，单击"登录"按钮，如图 10-212 所示。

图 10-211   图 10-212

02 进入商品管理页面 prod-manage.php，目前数据库中还没有任何商品数据内容，效果如图 10-213 所示。单击页面左侧的"添加商品分类"超链接，跳转到添加商品分类页面 type-add.php，在文本域中输入商品分类名称，如图 10-214 所示。

图 10-213   图 10-214

03 单击"确认添加"按钮，添加商品分类，跳转到商品分类管理页面 type-manage.php，可以看到刚添加的商品分类，如图 10-215 所示。使用相同的操作方法，可以添加多个商品分类，如图 10-216 所示。

图 10-215   图 10-216

04 单击页面左侧的"添加商品"超链接，跳转到添加商品页面 prod-add.php，单击"上传图片"按钮，在弹出的窗口中选择要上传的商品图片，如图 10-217 所示。单击"上始上传"按钮，上传商品图片，上传成功后自动返回添加商品页面 prod-add.php，在该页面中填写商品相关内容，如图 10-218 所示。

图 10-217　　　　　　　　　　　　　　　　图 10-218

05 单击"添加"按钮，将填写的相关商品信息插入数据库中，返回商品管理页面 prod-manage.php，可以看到刚上传的商品，如图 10-219 所示。使用相同的操作方法，可以上传多个不同分类的商品，如图 10-220 所示。

图 10-219　　　　　　　　　　　　　　　　图 10-220

06 关闭所有浏览器窗口，在 Dreamweaver CC 中打开在线商城首页面 index.php，按快捷键 F12，在测试服务器中测试该页面，效果如图 10-221 所示。在页面左侧单击某一种商品类别，即可跳转到商品分类列表页面 prod-type.php，在该页面中只显示所单击分类中的商品，如图 10-222 所示。

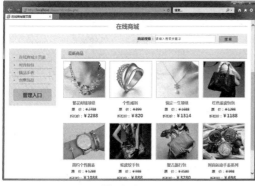

图 10-221　　　　　　　　　　　　　　　　图 10-222

提示

此处之所以要关闭所有浏览器窗口，再重新测试在线商城首页面 index.php，是因为当关闭所有浏览器窗口时，将清空 Session 变量，我们可以使用普通浏览者的身份来测试购物商城前台页面。当然也可以在后台管理页面中添加一个"退出登录"的超链接，并通过"注销用户"服务器行为来实现清除 Session 的操作。

07 如果在在线商城首页面的"商品搜索"文本框中输入搜索关键字，例如这里输入"时尚"，单击"搜索"按钮，如图 10-223 所示。将跳转到商品搜索结果页面 prod-find.php，并在页面中显示所有标题名称中包含"时尚"关键字的商品，如图 10-224 所示。

图 10-223　　　　　　　　　　　　　　　　图 10-224

08 在页面中单击某一个商品图片，即可跳转到商品详情信息页面 prod-show.php，如图 10-225 所示。单击"加入购物车"按钮，跳转到商品确认购买页面 prod-addcar.php，但由于目前是未登录状态，所以会自动跳转到会员登录页面 login.php，如图 10-226 所示。

图 10-225　　　　　　　　　　　　　　　　图 10-226

> **提示**
>
> 　　因为在商品确认购买页面 prod-addcar.php 中添加了"限制对页的访问"服务器行为，限制只有成功登录的用户才能够访问该页面，所在如果当前是未登录状态，单击"加入购物车"按钮时，会自动跳转到会员登录页面 login.php。

09 如果目前还没有会员账号，可以单击页面右上角的"注册"超链接，跳转到新用户注册页面 reg.php，填写会员注册信息，如图 10-227 所示。单击"注册"按钮，成功注册成为会员后，跳转到会员登录页面 login.php，输入刚注册的会员账号和密码，如图 10-228 所示。

10 单击"登录"按钮，以会员身份登录网站跳转到在线商城首页面 index.php，在页面右上角将显示会员名称，如图 10-229 所示。单击某一个商品图片，跳转到商品详情信息页面 prod-show.php，单击"加入购物车"按钮，即可跳转到商品确认购买页面 prod-addcar.php，在该页面中选择购买数量，如图 10-230 所示。

11 单击"确认购买"按钮，跳转到购物车页面 car.php，可以看到选购的商品，如图 10-231 所示。单击顶部导航菜单中的"在线商城"超链接，继续选购其他商品，可以看到购物车的效果，如图 10-232 所示。

12 在购物车页面中单击某一件商品后面的"删除"超链接，可以在购物车中删除该商品，如图 10-233 所示。在购物车页面中单击某一件商品后面的"编辑"超链接，将跳转到修改商品购买数量页面 car-updata.php，如图 10-234 所示。

图 10-227

图 10-228

图 10-229

图 10-230

图 10-231

图 10-232

图 10-233

图 10-234

13 在修改商品购买数量页面 car-updata.php 中可以修改商品的购买数量，如图 10-235 所示。单击"确认修改"按钮，跳转到购物车页面 car.php，可以看到修改购买数量后的购物车效果，如图 10-236 所示。

图 10-235   图 10-236